环境影响评价监督机制研究

Study of Supervisory Mechanism on Environmental Impact Assessment

吴满昌　著

中国环境出版社·北京

图书在版编目（CIP）数据

环境影响评价监督机制研究/吴满昌著. —北京：中国
环境出版社，2013.9
ISBN 978-7-5111-1549-2

Ⅰ.①环…　Ⅱ.①吴…　Ⅲ.①环境影响—评价
②环境监测　Ⅳ.①X820.3②X83

中国版本图书馆 CIP 数据核字（2013）第 194209 号

出 版 人　王新程
责任编辑　李兰兰
责任校对　扣志红
封面设计　玄石至上

出版发行　中国环境出版社
　　　　　（100062　北京市东城区广渠门内大街 16 号）
　　　　　网　　址：http://www.cesp.com.cn
　　　　　电子邮箱：bjgl@cesp.com.cn
　　　　　联系电话：010-67112765（编辑管理部）
　　　　　　　　　　010-67112735（环评与监察图书出版中心）
　　　　　发行热线：010-67125803，010-67113405（传真）
印　　刷　北京市联华印刷厂
经　　销　各地新华书店
版　　次　2013 年 9 月第 1 版
印　　次　2013 年 9 月第 1 次印刷
开　　本　880×1230　1/32
印　　张　10
字　　数　270 千字
定　　价　36.00 元

本书获教育部人文社会科学西部和边疆地区青年基金项目（10XJC820004）资助。

自　序

自 2007 年进入昆明理工大学法学院以来，除了教学科研工作，我同时也在云南省环境工程评估中心（当时称为"云南省环境审核受理中心"）从事环境影响评价技术评估的实践和研究工作。其间，从对环境影响评价的轻视（原来从事环境技术研究的所谓"硬科学"的许多学者对环境影响评价的看法大多偏于"无用"），到发现环境影响评价的复杂性和不确定性，以及包容技术、政策、法律和行政管理方面诸多学科和实务知识的广博性，并在实践中不断进行技术思维和法律思维的碰撞，由此产生了本研究的思路。最初的想法是研究环评与法律结合比较紧密的公众参与机制，然而在公众参与领域，已成为环境法学的一门"显学"，文章和著作较多。通过继续深入思考和交流，发现系统地进行环境影响评价监督机制研究的较少，可能主要是因为需要技术背景等因素。由此，撰写了课题申请，有幸获得了教育部人文社会科学研究基金的资助。

环境影响评价的监督机制应包括两个方面的内容：一是环境影响评价的监督功能；二是环境影响评价的过程监督机制，包括行政监督、社会监督和司法监督等方面的内容。两者相互补充、相互影响，从而形成一个较为完整的环境影响评价监督机制。环境影响评价的预防功能已经广为人知，但其监督功能却鲜为人知，环境影响评价制度从设立开始就是一种对项目和其他开发行为在环境管理方面的监督，督促开发行为遵守环境保护的法律法规和技术标准，从源头上预防环境污染和生态破坏。最初的环境影响评价仅涉及建设项目，对建设项目进行环境影响评价的过程，也是对该建设项目进行环境监管的过程。到了战略环境评价阶段，环境影响评价的监督功能延伸到了政策、规划和计划甚至立法等战略层面。战略环境评价（SEA）通过设立一种制度，融入到战略行为和决策中，督促其考虑环境因素，是环评监督功能的进一步深化和发展。环境影响评价的区域限批制度是我国在环境管理方面的创新，但自实施伊始因其所谓的"连坐"效应而广遭诟病，有学者甚至认为该制度违背了现代法治的基本原则。然而，区域限批有利于改变环保的地方保护主义，迫使地方政府考虑经济建设和环境保护之间的平衡。区域限批是对环境影响评价的发展，并在一定程度上弥补了《环境影响评价法》第31条关于"未批先建"的立法规定的缺陷。为此，本书从区域限批的法理基础、实施效果以及制度完善等方面试图阐述其合法性和正当性。

我国的环境影响评价分为建设项目环境影响评价和规划环境影响评价，两者在管理和监督方面有所不同，故本书分别对其监督机制进行研究。建设项目环境影响评价的分类管理和分级审批制度、"三同时"验收制度、后评价制度和环境风险评价制度构成了一个完整的、全过程的建设项目环境影响评价监督机制。而关于环境影响评价的法律责任，法律法规的相关规定均比较轻。尽管有关部门制定了诸多的法律规范，然而现阶段环境影响评价机构和环评市场的乱象凸显了监督机制的缺失。本书借鉴了其他专业领域如注册会计师、律师和医师等领域的专家责任的研究和实践，试图构建一个环境影响评价领域的专家责任制度。如果说注册会计师、律师涉及人们的经济和各种权利，医师涉及人们的健康权利，那么，环境影响评价专家涉及人们的环境权益。在环境污染日益严重的今天，其重要性并不亚于前者，故对环境影响评价领域的专家责任有必要进行深入的研究。我国的战略环境评价仅限于规划，虽然关于规划环境影响评价的监督机制并无建设项目环境影响评价"一票否决"的强制力，但规划环境影响评价的审查与监督、跟踪评价制度仍值得进一步研究。

环境影响评价的公众参与机制是目前最为规范和最具可操作性的公众参与环境保护的机制，因此，本书专门对其进行了论述，试图揭示环境影响评价公众参与机制的法理依据、参与程序和存在的问题。环境影响评价的司法监督机制一直少有人关注，在司法审查标准和强度方面的争议比较大，多数学者认为，涉及环评的司法审查一般以程序审查为主，实体问题则由于法官的技术和专业能力不足应尊重行政机关的自由裁量权。本书从实证的角度，分析了环境影响评价司法审查的实体问题和程序问题的交融，故所谓的回避实体问题的审查是不现实的。另外，本书还论述了环境影响评价司法审查证据的特殊性和复杂性问题。

十年前，我刚开始攻读环境工程博士的时候，由于"非典"肆虐，当年的国家司法考试改在了下半年的 10 月份。出于对科学技术研究的迷茫，于是从暑假报名开始准备司法考试，并参加了西南政法大学的辅导班，慢慢摸着了一点法律学习的门径，尤其是李建伟博士的《民法 60 讲》让我对民商法律体系和概念有了系统和清晰的理解。通过专心并潜心地学习，有幸通过了当年的司法考试。后来我在继续攻读博士还是当律师之间犹豫和徘徊了许久，最终仍然选择了前者。经过 4 年多的努力，终于拿到了工学博士学位，后经过多次的职业选择和辗转，最终又进入了环境法研究的行列。然而，自己也深知法学功底的薄弱，其中也苦闷、彷徨过，甚至试图重拾技术研究和工程实践。在我实在找不到学术研究突破点的最为苦闷的时刻，教育部给予了我这个基金，令我在无助中看到了一丝希望，激发了我继续从事环境法学研究的信心和勇气。本书也可以算作我从事环境法学研究 6 年来的一个总结，自认为不啻又完成了一篇博士论文（尽管水平也许远未达到）。书中的内容还存在诸多不尽如人意之处，敬请专家学者及广大读者批评指正。

吴满昌

2013 年 8 月于昆明

目　录

1 绪 论

1.1 环境影响评价及其监督机制的概念

1.1.1 环境影响评价

环境影响评价（Environmental Impact Assessment，EIA）有广义与狭义之分。[1]广义的环境影响评价，指对拟议中的人为活动（包括建设项目、资源开发、区域开发、规划、政策制定、立法等）对环境可能造成的影响或者环境后果等进行预测、分析及论证，并提出相应的环境保护措施和相关对策；狭义的环境影响评价仅针对建设项目而言。我国的《环境影响评价法》第 2 条规定："本法所称环境影响评价，是指对规划和建设项目实施后可能造成的环境影响进行分析、预测和评估，提出预防或者减轻不良环境影响的对策和措施，进行跟踪监测的方法与制度。"环境影响评价集技术、政策、法律等为一体，不仅是一种方法，同时也是一种制度。[2]总体而言，我国的环境影响评价制度有以下特点：①具有法律强制性，实行"一票否决"制的一项环境保护基本制度；②纳入了基本建设程序，具有重要地位；③实行建设项目环境影响评价的分类管理；④实行评价资格审核认定制，即持证评价；⑤评价以工程项目和污染影响为主。[3]

环境影响评价制度的建立有助于将环境影响评价中的技术方法在法律上予以明确，使环境影响评价的程序和标准用法律的形式确定下来，从而保证了环境管理决策的科学化，有效降低了决策风险

---

1 韩广，等. 中国环境保护法的基本制度研究[M]. 北京：中国法制出版社，2007：2.
2 李艳芳. 公众参与环境影响评价制度研究[M]. 北京：中国人民大学出版社，2004：54.
3 周国强. 环境影响评价[M]. 武汉：武汉理工大学出版社，2009：5.

和环境损害的发生。同时，环境影响评价制度也促进了公众环境意识的提高，加强了公众参与环境保护，从而有力地推动了环境管理决策的民主化。

1.1.2 建设项目环境影响评价

建设项目环境影响评价是指对拟议中的建设项目在建设前，对其选址、设计、施工以及运营和生产阶段可能对环境造成的影响进行分析和预测，从而提出相应的防治和减缓措施，为项目的环境管理提供依据。建设项目对环境的影响千差万别，不同的行业、不同的产品、不同的规模、不同的工艺、不同的原材料产生的污染物种类和数量不同，对环境的影响也就不同；即使相同的企业、相同的项目处于不同的地点、不同的区域，对环境的影响也不一样。[4]

1.1.3 战略环境评价

战略环境评价（Strategic Environmental Assessment，SEA）一般是指环境影响评价的原则和方法在战略层次的应用，是对政策（Policy）、规划（Plan）、计划（Program）和立法（Legislation）等战略行为及其替代方案的环境影响（包括自然、经济、社会影响）进行系统、规范、综合的预测、分析和评价的过程，并将结果应用于决策。[5]

如果以环境影响评价为核心，战略环境评价可视为评估政策、规划和计划所造成的环境影响的系统过程，以确保环境因素能够与经济和社会因素一样，在决策的早期阶段得以考虑和适时解决。[6]如

---

4 国家环境保护总局环境工程评估中心. 环境影响评价相关法律法规（2006 年版）[M]. 北京：中国环境科学出版社，2006：24.

5 Therivel R，Wilson E，Thompson S，et al. Strategic Environmental Assessment[M]. Earthscan, London. 1992 //王会芝，徐鹤. 战略环境评价有效性评价指标体系与方法探讨[A]//第三届中国战略环境评价学术论坛论文集. 2013：1-8.

6 Sadler B，R Verheem. Strategic Environmental Assessment：Status，Challenges and Future Directions[M]. Publication 53，Ministry of Housing，Spatial Planning and the Environment. The Hague，1996：17.

果以制度分析为核心，战略环境评价则被认为是"将环境和可持续性纳入决策过程主流的机制……（它）提出现有政策制定过程的不完善，因此需要进行实质性的组织制度改革"，而不仅仅是将战略环境评价作为项目 EIA 的拓展。[7]战略环境评价是一种参与型的决策工具，强化在战略层面上考虑环境因素对决策制定和实施的影响。我国法律目前仅对战略环境评价中的规划环境影响评价作了界定，政策层面的战略环境评价仅有一些试点和探索。规划环境影响评价，是指在规划编制阶段，对规划实施后可能造成的环境影响进行分析、预测和评价，提出预防或减轻不良环境影响的对策和措施的过程。

1.1.4 环境影响评价监督机制

环境影响评价监督机制包含两层含义：一是环境影响评价本身的监督功能。主要是指环境影响评价本身的作用，即对项目建设、政府决策过程的约束、引导和监督，使之符合环境要求，减缓对环境的不良影响。二是对环境影响评价程序的监督。即从项目的立项（或规划的准备）阶段开始，对环境影响评价的提出、委托有资质单位进行评价、公众参与、技术评估机构对环境影响评价文件的技术评估和环保行政部门的行政许可（或审查）、"三同时"验收等环节进行监督，构成对环境影响评价过程的监督。环境影响评价监督功能是环境影响评价过程监督机制的出发点和落脚点；环境影响评价过程监督机制的建立和完善有助于环境影响评价监督功能的落实，两者相辅相成，相互补充，有助于建立起环境影响评价监督机制的良性循环，真正实现环境影响评价的预防作用。

---

7 Connor R，S Dovers. Institutional Change for Sustainable Development[M]. Cheltenham，United Kingdom：Edward Elgar，2004：165.

1.2 环境影响评价及其监督机制的理论基础

1.2.1 可持续发展理论

可持续发展（Sustainable Development）是一种以人为本的概念，它将人类的利益放在首位，《我们共同的未来》中的经典定义"可持续发展是既满足当代人需求，又不危及后代人满足其需求的发展"甚至没有提及环境。[8]另一个被广泛接受的可持续发展的定义是："在支撑人类生存的生态系统的承载力范围内不断改善人类生活质量。"这个定义明确地涉及了环境的一个方面，有助于避免环境承载力的破坏，而环境承载力的破坏将会逐渐降低未来人类的生活质量。[9]当今社会因为太过于追求经济的发展，不断地向大自然索取资源并向环境排放大量的废弃物如废气、废水和废渣，最终招致大自然的重重反击，这是违背可持续发展理念的体现。热力学第一定律表明，物质既不能被创造，也不可能被消灭。该定律表明，从环境中获取的物质越多，最终回到环境中的废弃物也越多。热力学第二定律是熵增定律，表明一个封闭的系统中，能量是单向流动的，系统是从低熵到高熵，从有序到混乱，表明自然界中任何过程都不可能自动复原，要使系统从终态回到始态，必须借助外界的作用。[10]地球作为一个相对封闭的系统，除了能量可以从太阳获得外，其他的物质均需要自身的供给，如果掠夺式地利用资源，则资源很快就会耗竭，人类的生存和发展均不可持续。可持续发展作为一种关涉人类现在与未来的新思维，突破了"发展即经济增长"的单一思路，不再将经济的增长看做社会发展的全部，而是将发展视为经济与环境共进

---

8 张征. 环境评价学[M]. 北京：高等教育出版社，2004：46.

9 [英] Riki Therivel. 战略环境评价实践[M]. 鞠美庭，等译. 北京：化学工业出版社，2005：50-51.

10 张红凤，张细松，等. 环境规制理论研究[M]. 北京：北京大学出版社，2012：18-19.

的集中体现。[11]可持续发展要求人们在行动之前首先应当考虑开发行为可能带来的环境后果，以避免因盲目和无知而造成无法挽回的不利环境后果，影响社会发展的持续性。为推进可持续发展的实施，我国不仅在宏观层面制定了《中国 21 世纪议程》和《中国 21 世纪初可持续发展行动纲要》；在微观层面，我国政府自 1986 年开始，重点抓了国家可持续发展实验区创建工作。截至 2012 年 3 月，国家可持续发展先进区总数就已有 13 个，国家可持续发展实验区已经达到 95 个，已经形成了从点到面推进可持续发展战略的格局。国家可持续发展实验区的作用主要是加强法规制度建设和执法管理，运用市场机制和经济手段，依靠科技进步，合理开发利用资源，强化生态环境保护，创造良好的生活环境，促进城镇的可持续发展。[12]

近几年来，我国的环境影响评价工作紧密结合可持续发展理念，围绕产业结构和工业布局调整，坚持污染防治与生态保护并重的方针，在中国经济持续快速发展的情况下，对努力防止环境的进一步恶化起到了非常重要的作用。[13]战略环境评价（SEA）一直被视为连接宏观、抽象的可持续发展目标、原则与具体的、可操作的项目之间的桥梁，被认为是实施可持续发展的工具。[14]战略环境评价是一个系统的决策支持过程，目标是确保在政策、规划和计划制定过程中考虑到环境和其他可能的可持续发展因素；战略环境评价通过运用一系列评价方法和技术，致力于把科学的严谨性融入政策、计划和规划的制定；战略环境评价提供了一个有组织的决策框架，旨在支持更有效和高效的决策，为可持续发展提供一种有效的实现方式，并根据不同系统等级和水平选择合适的替代方案。[15]环境影响评价监督机制体现了可持续发展的理念，通过监督机制将环境影响评价这一预防功能把好关，使得可持续发展具有一个预防性、强制性和可

11 邓晓. 我国环境影响评价司法救济机制研究[D]. 昆明：昆明理工大学，2012：10.
12 刘学谦，杨多贵，周志田，等. 可持续发展前沿问题研究[M]. 北京：科学出版社，2010：49.
13 邓一峰. 环境诉讼制度研究[M]. 北京：中国法制出版社，2007：174.
14 尚金城，包存宽. 战略环境评价导论[M]. 北京：科学出版社，2003：3.
15 Thomas B. Fischer. 战略环境评价理论与实践——迈向系统化[M]. 徐鹤，李天威，译. 北京：科学出版社，2008：2.

持续性的监督手段。

1.2.2　权力制衡与决策模型理论

1.2.2.1　权利制衡理论

孟德斯鸠说过：一切有权力的人都容易滥用权力，这是亘古不变的一条经验。任何一种权力都要委托给个人来行使，而权力本身的扩张性和诱惑性，是每一个掌握公共权力的人仅仅依靠个人道德力量无法加以改变的，权力不受限制便会被滥用。德国历史学家 F·迈内克指出："一个被授予权力的人总是面临滥用权力的诱惑，面临逾越正义和道德界线的诱惑。"[16]所以，为了不让权力人滥用权力，制衡理论应运而生。制衡是指权力不可集中于国家机构的某一部门或某一部分人，任何个人都不可独占，而是分割成若干部分，由不同机构分别掌有，然后在不同权力之间形成牵制抗衡的关系。权力制衡，是指在公共政治权力内部或者外部，存在着与权力主体相抗衡的力量，这些力量表现为一定的社会主体，包括公民个人、群体、机构和组织等，他们在权力主体行使过程中，对权力施以监督和制约，确保权力在运行中正常、廉洁、有序、高效，并且使国家各部分权力在运行中保持总体平衡。该制衡不仅有利于保证社会朝着公正合理的方向发展，而且还有利于实现社会整体目标。权力制衡是近代社会民主政治的法治原则，孟德斯鸠及其他思想家将权力制衡的基本理论归结为两个基本思想：①不受约束的权力必会导致腐败，绝对的权力导致绝对的腐败；②道德约束不了权力，权力只有用权力来约束。[17]近代以来西方法治的发展，在严格意义上就是这两个基本思想的外化。而全部近现代法治史都证明了一个基本事实：不受约束的权力必然腐败，权力只有用权力来约束。

公民社会是权力制衡的前提，而公民社会存在的基础是人的主

---

16 马彩华，游奎. 环境管理的公众参与——途径与机制保障[M]. 青岛：中国海洋大学出版社，2009：23.

17 蒋德海. "为什么说权力制衡比权力监督更重要". 法律教育网. http://www. chinalawedu. com/news/20800/209/2004/11/li645519341611140022079 0_139772. htm.

体特性，因为每个个体都不具有与权力的对抗力量，所以才在利益与价值取向一致的前提下结成社会组织形成合力，以参与政治权力决策和对抗权力不正当侵害。[18]在环境影响评价阶段，由于建设项目、规划单位以及环保部门违反《环境影响评价法》及其他环境法的行为颇多，运用权力制衡理论，可以更加有效地执行环境影响评价程序和控制违反环境法体系规则的行为。环境影响评价司法监督机制是权力制衡理论在环境影响评价阶段的主要表现，以司法权力制衡行政权力。

1.2.2.2　决策模型理论

Martha S Feldman 和 Anne M Khademian 认为，政策形成有两种概念化方法。[19]一种是理性决策过程，其实现的基础是将政策的形成过程理解为理性决策的一系列线性阶段，决策的重点是定义政策问题，同时寻找并选择合适的解决方案。另一种是政策的制定，可以看作一个持续的过程：某一政策实施的行动并不因此政策结束而终结，行动仅仅是一个手段；每个行动都会引发下一系列的政策问题及其他各种可能。

（1）理性决策模型。

理性决策模型假设决策者拥有完整的信息。然而，这个假设在决策制定和政策形成过程中往往无法实现。经典的理性模型假设要求同时进行许多信息的处理，但人类在处理信息时存在局限性，这种局限性被称为"有限理性"，而将其相应的对策称为"满意性"。满意性包括选定一个选项来满足先前指定的标准，而不是最佳化或者最优化该标准。理性决策模型假设政策制定团体或是相关决策者（组织、机构、国家、合作网络）都是具有明确、一致且稳定偏好的单一行为者，而这些行为者制定的决策与其偏好是协调一致的。然而，这个假设中，政策的制定团体并不是单一行为者，常常由复合

---

18 曹延泗. 从纵向权力架构到横向权力架构：关于"权力制衡"的深度思考[J]. 理论月刊, 2011（5）：138.

19 Kulsum Ahmed, Ernesto Sanchez-Triana. 政策战略环境评价——达至好管治的工具[M]. 林健枝, 徐鹤, 等译. 北京：中国环境科学出版社, 2009：45-68.

行为者构成，目标多样且经常相互冲突。政策是通过目标相互冲突的复合行为者相互协调而制定的，有限理性的决策过程被多种方式同时影响，且在定义问题和确定偏好时，不仅需要技术上的考虑，还会涉及政治上的考虑。这时候，联盟是必需的，但组建联盟会涉及政治、权力以及相互间的冲突。因此，政策往往不仅要解决某个特定问题，还要实现一个支持者联盟的团结。理性决策模型又可以分为两种政策形成模型，即政府（或者官僚）政治模型和渐进决策模型。在政府政治模型中，决策者是复数的单一行为者，该模型的理念就是"坐什么位置说什么话"。如环保机构的人更注意和更关心的是某项政策对空气或水环境质量的影响，而商业或国防部门的人则更注意和更关心某项政策对经济或国家安全的影响，这体现了一种本位主义倾向。例如，对于中国的汽车产业，工业管理部门关注汽车行业的发展，而环保部门更关注汽车尾气排放产生的空气污染问题。参与决策过程的人们都会试图去影响决策，使其能向自己所希望的方向发展，而最终的政策就是多种多样、相互竞争的偏好的妥协的结果。

（2）决策的"适应性管理"模型和"包容性管理"模型。

将政策形成看作一个持续过程的模型包含两个子模型，即"适应性管理（Adaptive Management）"模型和"包容性管理（Inclusive Management）"模型。适应性管理模型力图通过学习以往的经验来支持政策的不断完善，应对决策的不确定性，参与者虽然对其所要达到的目标有清晰的认识，但是却不清楚为了实现目标而采取的行动会在实际中带来何种影响。适应性管理模型被广泛用于环境政策领域，其基本要素有：定期重审并据此调整管理目标；对其进行模型管理和选择；对结果进行追踪和评价；利益相关者参与和学习的决策机制。运用该模型进行决策，通常先尝试一项行动，通过对行动结果进行评价来决定下一步的行为，如此通过实验、评价、继续实验的流程使政策得以成型。然而，对已产生的事务是否中意，这是模糊性问题，需要用包容性管理模型来处理各种观点在政策的制定过程中不断融合不同利益相关方的观点，以应对决策的模糊性。决策的模糊性可能会通过各种政策制定的尝试显现出来。在每个政策制定和执行过程中，创建富有包容性的参与群体是包容性管理的关键。传统的管理模型将建设参与群体看成是解决政策问题的附带产物，而包容性管理模型则将这一能力建设变成重点和主要目标。这类群体的创建可能是有意为之，也可能只是顺其自然而产生的结果，这可以通过在特定项目中和参与者的会谈来实现。

适应性管理模型和包容性管理模型可以应用于环境影响评价的决策过程，环境影响评价的过程就是一个不断尝试、不断验证的过程。同时，需要建立公众的广泛参与来应对决策的模糊性，即不确定性。环境决策的不确定性，主要是指环境风险的不确定性，包括科学的不确定性、风险对人类健康及生态环境影响的不确定性和风险对人类文明和社会进程的不确定性。[20]

1.3 环境影响评价制度存在的问题

1.3.1 建设项目环境影响评价制度存在的问题

1.3.1.1 建设项目环境影响评价行政许可制度存在隐患，容易受到不当干预

现行的环境管理体制下，地方环保部门成为地方政府的组成部门，受到体制的约束，一旦上级党政领导对环保部门进行不适当的干预，环保部门的负责人很难顶住，所以在一些地方出现了"站得住的顶不住、顶得住的站不住"的现象，环保部门对建设项目环评的审批有时很难发挥法律规定的"一票否决"的强制作用。从统计数据来看，全国和一些地方的环评执行率很高，但环境污染、生态破坏的问题仍然十分严重。环境影响评价制度在一些地方形同虚设，阻挡不住污染项目的新建、改建和扩建。[21]实践中，一些建设项目的

---

20 赵俊. 环境公共权力论[M]. 北京：法律出版社，2009：8-9.
21 孙佑海. 超越环境"风暴"——中国环境资源保护立法研究[M]. 北京：中国法制出版社，2008：136-137.

开发可能是政府重点扶持工程，政府的决策一经确定，环境影响评价就仅仅成为一个形式化的程序走过场。如果在环境影响评价过程中遭遇专家或公众的反对，就重新组织专家评审，将反对的专家排除在外，直到最后论证通过；对于公众的反对意见，更容易操作，只需重新确定公众代表人选或直接操纵公众的意见即可。

甚至在国家层面上，国家环保部门的环境影响评价的管理仍然受到部门利益的制约。以大型水电项目开发环境影响评价为例。2009年6月11日，环保部宣布，因为龙开口和鲁地拉两座电站"未批先建"，违反了《环境影响评价法》，对金沙江中游的水电开发项目的环境影响评价暂停审批。但是，两大电力企业华能和华电集团对此无动于衷，其项目管理官员甚至认为这仅仅是一个履行程序的问题——两个水电站不可能停止开发和建设。他们的底气从何而来？原来在《环境影响评价法》正式实施1年以后，国家发展改革委和原国家环保总局联合发布了一份《关于加强水电建设环境保护工作的通知》（环发[2005]13号），该文件认为："考虑到水电工程位置偏远，'三通一平'等工程施工前期准备工作时间长、任务重，为了缩短水电工程建设工期，促进水电效益尽早发挥，在工程环境影响报告书批准之前，可先编制'三通一平'等工程的环境影响报告书（表），经当地环境保护行政主管部门批准后，开展必要的'三通一平'等工程施工前期准备工作。"该规定将水电工程所谓的前期工程的环评审批权限下放到地方环保部门。基于工程的两期划分和地方环保部门受制于地方政府的现实，想在地方层面上完善环境影响评价工作甚至否决项目的前期建设显然不太可能；而在移民、"三通一平"、导流洞、主体工程施工合同、部分设备和材料采购等工作已经基本完成的前提下，想要否决主体工程的建设，更是难上加难，几乎没有可能性。[22]为配合国家拉动内需的4万亿元投资政策的推进，2008年12月，环保部发布了《关于当前经济形势下做好环境影响评价审批工作的通知》（环办[2008]95号），该通知明确要求："对

---

22 汪永晨，王爱军. 困惑——中国环境记者调查报告（2009卷）[M]. 北京：中国环境科学出版社，2011：74-75.

符合环保要求，涉及民生、基础设施、生态环境建设和灾后重建等有利于扩大内需的项目，特别是国家重点项目，要开辟环境影响评价审批'绿色通道'，推动项目尽快落地、尽快开工、尽快形成实物经济工作量。"尽管该通知也明确要求"严格控制'两高一资'建设项目的环境影响评价审批"，但一些专家却认为，这个通知的发布意味着环保要为经济增长让路，环境保护工作可能会被弱化。[23]

1.3.1.2　环境影响评价的执行率高，但有效性不高

据环保部副部长张力军介绍，2009 年环保部对总投资 1 905 亿元的 49 个建设项目环评文件做出退回报告书、不予批复或暂缓审批的决定；对问题突出的地区和企业公开通报，对减排进度较慢的省（区）进行书面预警。尽管如此，我国各年度的《环境统计公报》显示，环评的执行率都高达 97%～99%，有些地方甚至报道有 100% 的环评执行率。汪劲教授及其课题组在浙江调查后发现问题出在统计基数上。环保局工作人员解释，由于统计基数不同，97%～99% 是以在环保部门立项的建设项目为基数，应当环评而未进行环评和未报环保部门审批的建设项目并未列入统计基数中；另外，即使是补办环评的建设项目也被算作已进行环评的建设项目。所以，环保部门公布的环评执行率将近 100%。[24]

但根据《2009 年中国环境质量公报》，环境问题仍然日益严重。2009 年，环保部共接报并处置突发环境事件 171 起，比 2008 年增加 26.7%，其中水污染事件 80 起，大气污染事件 61 起，固体废物污染事件 3 起，土壤污染事件 16 起。地表水污染依然十分严重，长江、黄河、珠江、松花江、淮河、海河和辽河七大水系总体为轻度污染，湖泊的富营养化问题突出，太湖、滇池水质总体为劣 V 类。[25]

1.3.1.3　环境影响评价文件的编制和审查机制存在问题

环境影响评价文件是由环境影响评价机构接受建设项目单位委

23 汪永晨，王爱军. 困惑——中国环境记者调查报告（2009 卷）[M]. 北京：中国环境科学出版社，2011：176.

24 汪劲. 环保法治三十年：我们成功了吗[M]. 北京：北京大学出版社，2011：83.

25 汪永晨，王爱军. 困惑——中国环境记者调查报告（2009 卷）[M]. 北京：中国环境科学出版社，2011：2-3.

托做出的，多数环境影响评价专家主要就职于隶属于政府行业主管部门下属的环境影响评价单位。考虑到人事关系和长远利益，他们中的大多数对政府部门主管官员的态度心领神会。因为任何脱离"潜规则"的主张都会招致"出局"的结果。齐晔教授认为，环评的另一项事实规则是项目业主和环评单位，甚至项目业主、环评单位以及环保部门的默契。环评单位以项目费为生，而项目费来自业主，业主不但可以决定谁承担环评项目，而且可以决定费用多少。在环评市场激烈竞争中，环评单位满足业主的愿望和要求几乎是必然的选择。环评单位不仅会努力满足业主的建设项目评价偏好，甚至会帮业主向环评审批部门做工作，以使环评报告顺利通过。[26]因此，由他们编制的环境影响报告书的结论大多都对项目的开工建设有利。除环境影响报告书的结论偏向于建设单位外，在专家评审会上专家的意见几乎也一边倒地偏向于政府主管部门，丧失了第三方咨询的客观性和公正性。

1.3.1.4 环境信息公开不足，环境影响评价监督机制存在缺失

美国的《信息自由法》（Freedom of Information Act）明确规定了获得政府信息的原则、例外和程序，公民凭借相关的程序规定，一般都能获得政府所掌控的信息。[27]我国于 2008 年 5 月同时实施的《政府信息公开条例》和《环境信息公开办法（试行）》都规定了公民获得政府信息的相关内容，但是欠缺配套制度，而且常与《中华人民共和国保守国家秘密法》冲突而不能协调，政府环境信息公开制度并未发挥出应有的作用。如今，我国在环境影响评价方面的专业网站已经建立了很多，如中国环境影响评价网、中国环境保护网等，对普及环境影响评价方面的政策法规起到了很大的作用。但很多时候，网站的更新速度过慢，对正在进行的重点项目本身的信息披露程度不够，只是停留在对过去已经实施完毕的环境影响评价进行披露，公众无法得到最新的相关信息。从环境影响评价的预防性特点来看，这种行政行为根本无法实现网站开放的实际作用，即针

---

26 齐晔，等. 中国环境监管体制研究[M]. 上海：上海三联书店，2008：93.
27 白贵秀. 环境行政许可制度研究[M]. 北京：知识产权出版社，2012：314.

对正在进行的项目向公众开放信息披露窗口。[28]这些网站大都只是提供一些无关痛痒的信息，而不为公众参与有关项目的评论并发表意见提供实质性的环境信息和机会，而且也没有要求企业环境信息公开尤其是环评信息公开的内容。

我国《环境影响评价法》第31条规定：建设单位未依法报批建设项目环境影响评价文件，擅自开工建设的，由有权审批该项目环境影响评价文件的环境保护行政主管部门责令停止建设，限期补办手续；逾期不补办手续的，可以处五万元以上二十万元以下的罚款，对建设单位直接负责的主管人员和其他直接责任人员，依法给予行政处分。未批先建的项目可以采取补办手续，而且与动辄上千万元甚至上亿元的投资相比，其处罚力度畸轻，故汪劲教授认为，《环境影响评价法》第31条甚至从根本上否定了环评机制。[29]《环境影响评价法》第31条之规定导致了未批先建项目，仅仅是为了所谓的程序合法，而补办环评行政许可手续而已。这就降低了政府的公信力，并使公众质疑环评的有效性，而且还造成环境影响评价单位草率行事、环保部门草率审批等使环境影响评价流于形式的不良后果。[30]《环境影响评价法》第31条的规定使环境影响评价的行政监督力量处于弱势，最终可能导致环评的监督和预防功能的丧失。

1.3.2 战略环境评价制度存在的问题

1.3.2.1 制度建设不足，战略环境评价仅限于规划层次

根据我国的环境影响评价法律法规，我国的战略环境评价的对象主要是规划，而政策以及具有中国特色的国民经济和社会发展规划都不在国家法定的战略环境评价范围之内，仅限于环保部门和一些地方层次的试点和探索。根据国外战略环评的经验，战略层次越高，涉及的部门越多，战略环评的实施受到的阻力也就越大。在《环境影响评价法》的制定过程中，曾经就政策是否纳入环境影响评价

---

28 汪劲. 中外环境影响评价制度比较研究[M]. 北京：北京大学出版社，2006：254.
29 同上注.
30 汪劲. 环境法治的中国路径：反思与探索[M]. 北京：中国环境科学出版社，2011：228.

范围进行了反复的讨论。但考虑到政策的不确定性较大、没有明确的制定程序，难以将政策战略环境评价纳入法律。由于一些政府重要部门的意见，国民经济和社会发展规划也没有纳入战略环评的范围。另外，《环境影响评价法》和《规划环境影响评价条例》对于专项规划、指导性规划及指令性规划分类不清。我国的规划种类繁多，而且一些规划的内容"你中有我，我中有你"，规划之间的界限难以分清，有关部门很难对规划作出合理的分类。往往对环境可能造成严重不良影响的规划，却被分成了综合规划或者专项规划的指导性规划，逃避了规划环评的公众参与程序和专家审查程序。[31]

　　徐鹤教授[32]总结了我国现行的规划环评制度存在的问题：一是有章不循。虽然规划环评有规范的法律体系以及明确的政策要求，但是在执行过程中往往得不到贯彻落实。二是制度不规范。规划环评的制度建设涉及的部门、机构、程序较多，虽然各有制度，但是不同制度的衔接性和融合性较差，整体制度不规范、不完善，具体到实践中，规划环评在技术和操作层面上的制度也不健全，还存在诸如资源开发、能源、旅游等领域的技术导则不健全的问题。包存宽教授认为，当前的战略环境评价理论和实践是建立在"追求经济效益最大化"的工具理性范式和价值规范上，在评价中仍是以服务和支持经济增长为前提，所谓的决策优化也多是技术、措施层面的修补，是一种改良式、被动应对式的反思和调整。[33]三是无章可循。规划环评开展过程中，其管理、监督、审查机制等有待于进一步构建和完善。没有具体的制度，从而为一些部门规避责任和争取不正当的利益提供了方便。这样的责任追究往往流于形式，难以实现，从而也就使得行政的监督力度软弱无力。规划环评过程中经费使用、跟踪评价及公众参与等内容难以有效落实，替代方案缺失的情况未见改善。此外，规划环评"自我评价"的客观性和公正性存在问题，

---

31 孙佑海. 超越环境"风暴"——中国环境资源保护立法研究[M]. 北京：中国法制出版社，2008：150.

32 徐鹤. 规划环境影响评价技术方法研究[M]. 北京：科学出版社，2010：27.

33 包存宽，何佳，等. 基于生态文明的 SEA 2.0 版内涵与实现路径[A]//第三届中国战略环境评价学术论坛论文集. 2013：19-28.

由于缺乏相应的制约机制，规划编制部门很难跳出规划设定的目标和框架而从环境及可持续发展的角度审视规划，致使战略环境评价流于形式。[34]

1.3.2.2 理论研究不足，方法学体系尚未建立

规划环评的理论研究起步较晚，早期的关注重点主要是围绕应用实践展开，战略环境评价的发展甚至不是以理论指导实践，而是基于实践的发展。虽然近年来有学者开始研究环境影响评价与规划、决策间的关系并取得了一定的进展，但尚未形成完善体系，研究经费相对短缺，重实践、轻研究的局面尚未完全改变。虽然我国在规划环评领域的实践中采用了众多方法，但尚未形成有指导性的方法学体系，方法的选择有较强的主观性、不同方法的评价结果的可比性不强。[35]综观我国关于战略环境评价的理论研究，同质化、碎片式、跟风式成果偏多，持续、深入、系统地开展战略环境评价研究的学者并不多，而真正能够结合中国国情和体制机制、政策与规划的学科特点开展创新性研究，从而引领战略环境评价发展方向的高质量成果更是稀少。对战略环境评价的本质属性、功能和价值取向等基本问题的阐释不清，导致战略环境评价失去了学科研究的独立性和存在价值，从而陷入其他学科与部门的认同危机。[36]

另外，我国极少有专门进行战略环评的学术研究机构。成立较早、影响较大的是南开大学战略环境评价研究中心；随后，清华大学也成立了战略环境评价研究中心；对海外影响较大的是香港中文大学中国环境战略研究中心；比较特殊的是环保部环境工程评估中心，具有从事战略环评的理论优势和技术评审的实践优势。但总体而言，由于研究经费不足和信息获取的有限性，战略环评的理论研究机构的实力和贡献较弱。

34 朱坦, 刘秋妹, 等. 中国战略环境评价的制度化和法制化//徐鹤, 等. 中国战略环境评价理论与实践[M]. 北京: 科学出版社, 2010: 43-44.
35 李文超, 陆文涛, 徐鹤, 等. 中国规划环境影响评价的实践进展——环评法十周年回顾[A]. 第三届中国战略环境评价学术论坛论文集, 2013: 9-18.
36 包存宽, 何佳, 等. 基于生态文明的 SEA 2.0 版内涵与实现路径[A]//第三届中国战略环境评价学术论坛论文集. 2013: 19-28.

1.3.2.3　战略环评的监督和管理机制不足

我国规划环评的规划编制机关对规划的责任、组织开展环境影响评价单位的责任、环评机构的责任、审查部门和专家的责任等的规定都存在缺失，这就造成各机构对规划环境评价责任的规避，而导致责任缺失的主要原因还在于相关制度的不完善，以及主体部门对战略环评的重视和认识不足。规划的编制单位不是一级政府就是政府部门，而落实《环境影响评价法》规定的行政处分的法律责任也由政府或者政府的监察部门实施，[37]对规划环评文件的监督仅存在于环保部门对环境影响评价最后结果组织审查，缺乏对整体工作的监管力度，环评机构没有压力。而且规划环评重审查轻质量，重事前评价轻事后监测和跟踪评价，难以对后续项目的建设形成有效的制约，尤其是生态建设指标、生态补偿制度和循环经济指标等难以在具体建设中实现，致使规划环评缺乏实用性，降低了规划环评对决策的影响力。

1.3.2.4　战略环评缺乏健康风险评价的内容

我国的规划环评缺乏对人们健康风险的关注，尽管《规划环境影响评价条例》第 8 条第（二）项规定，对规划进行环境影响评价，应当分析、预测和评估规划实施可能对环境和人群健康产生的长远影响；但《规划环境影响评价条例》第 11 条规定，规划环境影响篇章或者说明应当包括下列内容：①规划实施对环境可能造成影响的分析、预测和评估。主要包括资源环境承载能力分析、不良环境影响的分析和预测以及与相关规划的环境协调性分析。②预防或者减轻不良环境影响的对策和措施。主要包括预防或者减轻不良环境影响的政策、管理或者技术等措施。环境影响报告书除包括上述内容外，还应当包括环境影响评价结论，主要包括规划草案的环境合理性和可行性，预防或者减轻不良环境影响的对策和措施的合理性和有效性，以及规划草案的调整建议。从上述规定可知，《规划环境影响评价条例》第 8 条第（二）项虽然规定了规划环评要考虑"人群

---

37 蔡守秋. 论健全环境影响评价法律制度的几个问题[J]. 环境污染与防治，2009，31（12）：14.

健康产生的长远影响",但《规划环境影响评价条例》第 11 条对规划环评文件的内容却没有相应的要求,这就让人感觉《规划环境影响评价条例》的规定前后不一致,并令人质疑《规划环境影响评价条例》第 8 条第(二)项的落实情况。同样,《环境影响评价法》第10 条、第 17 条也没有相应的要求。[38]

综观环保部环境影响评价司编的《战略环境影响评价案例讲评》1~4 辑,几乎看不到有规划环评关注规划实施可能对人体健康产生的长远影响的案例。这主要是因为现有的导则都是关注环境因子及其预测核算等,而没有专门的关于环境影响评价中健康风险评价的技术规范。可见,无论是环评法律法规还是《规划环境影响评价技术导则(试行)》均没有规定在环评文件中有关人群健康影响的内容。

1.4　国内外研究现状

环境影响评价作为我国现阶段环境管理的重要手段之一,是环境保护中实现源头治理,落实科学发展观的最重要的预防制度之一,一直受到各方面的关注。综观许多探讨环境影响评价的文献,大多数是研究环境影响评价的技术方法、标准和经验分析等,对于环境影响评价的法律制度尤其是环评监督功能和机制方面探讨得比较少。目前关于环境影响评价制度的研究主要有以下特点:

(1)多数研究关注环境影响评价法律制度的构建和完善。

如王曦通过比较美国《国家环境政策法》和我国的环境法制现状后认为,我国法律没有为预防政府在资源环境问题上的决策失误做出严谨的制度设计,重对市场主体的控制,轻对市场主体的管制

38　《环境影响评价法》第 10 条规定:"专项规划的环境影响报告书应当包括下列内容:(一)实施该规划对环境可能造成影响的分析、预测和评估;(二)预防或者减轻不良环境影响的对策和措施;(三)环境影响评价的结论。"第 17 条规定:"建设项目的环境影响报告书应当包括下列内容:(一)建设项目概况;(二)建设项目周围环境现状;(三)建设项目对环境可能造成影响的分析、预测和评估;(四)建设项目环境保护措施及其技术、经济论证;(五)建设项目对环境影响的经济损益分析;(六)对建设项目实施环境监测的建议;(七)环境影响评价的结论。涉及水土保持的建设项目,还必须有经水行政主管部门审查同意的水土保持方案。"

者——政府的制约和监督。[39]汪劲认为，公众参与和替代方案是环境影响评价的两大基石，但我国环境影响评价的公众参与机制存在问题，替代方案更是没有体现。万俊等通过比较中美环境影响评价程序的权力机制后认为两者的监督机制存在差异，美国以司法审查制度为主，通过对行政案件的审理来实现对行政机关的监督；我国以行政监督为主，缺乏必要的司法干预，而行政监督又以内部监督为主，但由于行政上下级同属一个组织系统，存在直接的隶属关系，这种"自身反省"式的内部监督不宜期望过高。[40]朱谦对《环境影响评价法》第31条法律适用之困境进行了分析，认为该条及相关的法律解释混淆了违反环境影响评价制度的行为和违反"三同时"制度的行为，尽管它们之间有密切联系，但性质不同，功能不同，相应的法律责任的承担也应有所差异。[41]徐韬对我国环境影响评价的发展历程作了综述，并分析了我国环境影响评价的发展方向，但没有提及如何提高环境影响评价监督体系的建设问题。[42]此外，少数学者对环保部门实施的"区域限批"制度的理论基础和实施效果进行了研究和分析。现有的研究还关注环境影响评价法律责任的承担问题。如温英民等在分析了《环境影响评价法》和《建设项目环境管理条例》的立法缺陷后认为，这两个法律法规仅规定对于有关人员给予一定的行政处分或刑事处罚，但却未规定撤销该违法审批，如需撤销，需要相对人提出行政复议或行政诉讼，成本高昂，违法审批的外部效力的缺失必然会导致直接相对人从中受益，以较小的代价获得较大的利益。[43]

对环境行政许可的监督，多数学者认为是从许可事项发生以后实施，所以常常称为许可事项的"事后监督"。这种认识有所偏颇，

---

39 王曦. 论美国《国家环境政策法》对完善我国环境法制的启示[J]. 现代法学, 2009, 31（4）: 177-186.

40 万俊, 章玲. 中美环境影响评价程序的权力机制研究[J]. 北方环境, 2004, 29（2）: 68-70.

41 朱谦. 环境影响评价法第三十一条法律适用之困境分析[J]. 甘肃政法学院学报, 2008, 2.

42 徐韬. 我国环境影响评价的发展历程及其发展方向[J]. 法制与社会, 2009, 16: 326-327.

43 温英民, 崔华平. 浅议《环境影响评价法》的修改[J]. 环境保护, 2008, 3B: 47-50.

行政许可的监督,在许可审查过程中就已经开始。[44]详细的审查过程、公众参与等本身就是一种监督过程,通过审查程序的启动,可以发现申请人是否采取了必要的减缓或治理环境问题等的预防性措施,以消除对环境的危害。这是行政机关在环评行政许可中的监督功能的体现。

(2)一些研究集中于环境影响评价公众参与机制存在的问题。

许多学者认为环评公众参与的主体、范围、时间、程序、方法、方式和内容等均存在一定的问题,公众参与缺乏有效的行政和司法救济手段,对于救济的对象存在争议,一些学者认为救济的是公众参与权和知情权等程序性权利,而对于实体性的环境期待权(未来环境不受损害的权益)考虑不多。

(3)一些研究从"三同时"制度和后评价的角度进行研究,一定程度上对完善环境影响评价监督机制有所帮助。

环保设施的"三同时"验收和排污许可都是环评行政许可之后的事后监督行为。如果发现环保设施的运转或项目的运行对环境造成严重影响,就可能要进行环境影响的后评价。如姜华等认为,环境影响评价的后评价与建设项目环境保护竣工验收都是以现有环保相关法律法规为依据,在环境影响评价的基础上,检查环评提出的环保措施落实情况及其有效性,提出补救或整改措施,二者均作为环评的有机组成完善了整个建设项目的环境影响管理全过程。[45]李水生认为,后评价实质是对决策的一种监督机制,开展环评后评价工作,应避免出现"自己评价自己":一是不应由项目建设单位组织后评价,因为环评后评价的实质是一项管理手段,重点关注和评估建设单位是否落实环评文件和审批批复的要求,所以应该由环保主管部门组织进行;二是在后评价中应实施回避制度。然而,由环保主管部门组织后评价会增加其负担,且效果如何还须进一步探讨。[46]郜凤涛认为,"三同时"制度是我国建设项目环境影响评价制

44 白贵秀. 环境行政许可制度研究[M]. 北京:知识产权出版社,2012:211.

45 姜华,刘春红,等. 建设项目环境影响后评价研究[J]. 环境保护,2009,3B:17-19.

46 李水生. 论环境影响后评价制度的立法完善[J]. 环境保护,2008,3B:56-58.

度的一项重要组成，环评提出的环保措施和对策的实现最终要依赖于"三同时"制度的落实。但是，建设项目环保竣工的"三同时"验收调查的环评审批部门和后续的污染监管部门并不相同，这就存在管理衔接和信息沟通方面的问题，可能会给一些建设单位以可乘之机。[47]

（4）一些研究从法律监督的角度对环境影响评价司法监督机制进行了探讨。

吕忠梅在其《理想与现实——中国环境侵权纠纷现状及救济机制构建》中认为环境权益的确定是环境司法监督的依据，并从环境侵权的视角讨论了环境侵权民事救济机制、环境侵权社会化救济制度和环境侵权公共补偿制度，这为环境影响评价司法监督机制的建立提供了有益的研究基础。[48]徐祥民等在《环境公益诉讼研究——以制度建设为中心》中对环境公益诉讼的原告资格、可诉范围、救济方式、具体程序以及建构路径进行了深刻剖析和论证，用环境责任论说明了环境公益诉讼原告资格的来源，分析了现行法律对环境公益诉讼支持不足的缺陷和原因，虽然该书对环境公益诉讼进行了较多的论述，但其为环境影响评价司法救济的研究提供了方法和理论的依据。[49]汪劲教授在《环保法治三十年：我们成功了吗》一书中从司法和执法的实践角度，将其所进行的实地考察和调研的有关环保法治的资料整理成书，揭示了环境执法的瓶颈所在，道出了现实中的行政执法力度的薄弱，阐明了公众参与工作的低效，给出了多条有益的建议。[50]徐祥民、陈书全在《中国环境资源法的产生与发展》中认为，我国现今的环境影响评价工作紧密结合可持续发展战略，并影响着产业结构和工业布局的调整。开展环境影响评价工作是坚持污染防治与生态保护并重的方针。但这只能说明环境影响评价的重要性及实效性，没有谈及如何保障环境影响评价程序能够顺利而

47 邰凤涛. 建设项目环境保护管理条例释义[M]. 北京：中国法制出版社，1999：64.
48 吕忠梅. 理想与现实——中国环境侵权纠纷现状及救济机制构建[M]. 北京：法律出版社，2011.
49 徐祥民. 环境公益诉讼研究——以制度建设为中心[M]. 北京：中国法制出版社，2009.
50 汪劲. 环保法治三十年：我们成功了吗[M]. 北京：北京大学出版社，2011.

有效地实施。[51]白贵秀博士在其《环境行政许可制度研究》中以行政过程论的视角诠释了以环境影响评价为主的环境行政许可动态过程管理的重要性，同时，也在环境行政许可的标准论、程序论、监督论和救济论之中，体现了参与型行政的正当性，这为构建环境影响评价司法监督机制提供了必要的理论基础。[52]汪劲教授在《中外环境影响评价制度比较研究》中详细地介绍了各国（地区）的环境影响评价制度的精髓并与我国环境影响评价制度进行比较，得出我国环境影响评价制度未来的发展趋势，但对环境影响评价司法监督并没有进行深入的研究。[53]朱谦教授在《公众环境保护的权利构造》中主要以我国近年来环境影响评价争议的典型案例来实证分析公众参与环境行政的权利，并探讨了环境影响评价的司法救济问题，以此说明保障环境执法及公众环境权益的司法监督意义。[54]

虽然在《环境影响评价法》中规定了有关人员承担刑事责任的条款，但环境影响评价的司法救济手段仍然以行政复议、行政诉讼和民事救济为主。在实际的环评诉讼中往往将两者结合起来，先提起行政复议或行政诉讼，如果胜诉则再以合法性缺失为由向建设单位提起民事诉讼。然而，这种救济逻辑上存在问题：一是行政诉讼不易获胜；二是在现阶段我国实施相对严格的证据规则下，建设项目在环评阶段因其尚未实施或未完全实施而无法获得严格意义上的证据，往往会导致当事人败诉。一些学者在理论上倡导环境公益诉讼，也有一些地区在实践中进行探索，但囿于我国现有的诉讼法体系，环境公益诉讼在实践中仍存在不少困难。

（5）在战略环境评价领域，目前的研究多数集中在方法学和技术领域，以及实践的试点和探索上。

李文超等统计了 2007 年至 2013 年的文献研究成果，发现区域规划环评占绝大多数，土地利用、煤矿开发、城市建设即交通规划

51 徐祥民，陈书全. 中国环境资源法的产生与发展[M]. 北京：科学出版社，2007.
52 白贵秀. 环境行政许可制度研究[M]. 北京：知识产权出版社，2012.
53 汪劲. 中外环境影响评价制度比较研究[M]. 北京：北京大学出版社，2006.
54 朱谦. 公众环境保护的权利构造[M]. 北京：知识产权出版社，2008.

等方面的研究较多。[55]

　　尽管我国环评法及后来的规划环评条例均未规定政策战略环境评价，但还是有许多研究者进行了理论上的研究和实践上的探索。政策战略环境评价在理论和方法学研究上存在很大的难度。[56]政策战略环境评价的意义、特点、程序、原则和方法等是研究的重点，如何形成替代方案是难点；[57]对政策战略环境评价的公众参与[58]、评价流程[59]进行了初步研究；还对政策规律和环境影响的相互关系进行了研究。[60]在实践方面，李巍等对中国汽车产业政策进行了环境评价；[61]徐鹤等对天津市污水资源化政策进行了环境评价；[62]于书霞对土地利用政策进行了战略环境评价；[63]韦洪莲等对西部开发政策进行了战略环境评价；[64]杜安华等对我国的能源发展"十二五"规划进行了探索性的战略环境评价。[65]曾贤刚等对《规划环境影响评价条例》的颁布促使"区域限批"制度走向完善进行了分析。[66]林而达指出应该将适应气候变化纳入我国的规划环评；[67]徐鹤等开展了气候变化与中国

55 李文超，陆文涛，徐鹤，等. 中国规划环境影响评价的实践进展——环评法十周年回顾[A]. 2013：9-18.

56 赵立腾，李天威，等. 政策层面环境评价参与决策过程初探[A]. 第三届中国战略环境评价学术论坛论文集，2013：33-43.

57 李巍，杨志峰，等. 面向可持续发展的战略环境影响评价[J]. 中国环境科学，1998，18（增刊）：66-69.

58 李巍，王华东，等. 政策环境影响评价与公众参与——国家有毒化学品立法 SEA 中的公众参与[J]. 环境导报，1996，4：5-7.

59 王达梅. 公共政策环境影响评估制度研究[J]. 兰州大学学报，2007，35（5）：83-88.

60 洪尚群，贺彬，等. 基于政策规律的战略环境影响评价[J]. 重庆环境科学，2002，24（1）：9-12.

61 李巍，杨志峰. 重大经济政策环境影响评价初探——中国汽车产业政策环境影响评价[J]. 中国环境科学，2000，20（2）：114-118.

62 徐鹤，朱坦，等. 天津市污水资源化政策的战略环境评价[J]. 上海环境科学，2003，22（4）：241-246.

63 于书霞. 吉林省生态省建设土地利用政策评价[D]. 长春：东北师范大学，2002.

64 韦洪莲，倪晋仁. 面向生态的西部开发政策环境影响评价[J]. 中国人口•资源与环境，2001，11（4）：21-24.

65 杜安华，王志刚，等. 重大经济政策的战略环境评价研究——以国家能源发展"十二五"规划为例[A]. 第三届中国战略环境评价学术论坛论文集，2013：51-59.

66 曾贤刚，王新，等. 规划环评条例促"区域限批"走向成熟[J]. 环境保护，2010（4）：39-41.

67 林而达. 将适应气候变化纳入我国的战略环评[J]. 绿叶，2007，12：33-35.

战略环评的研究，构建了基于气候变化、低碳发展目标的规划环评技术框架和程序，并进行了天津滨海新区战略环评和气候变化融合的实践探索。[68]原国家环保总局在世界银行的资助下，曾委托中国环境规划研究院和北京师范大学组成研究团队对中国西部大开发战略进行探索性战略环境评价。国家环保总局希望了解西部大开发战略可能导致的环境后果及风险，从而对其具体内容做出适当调整并针对某些问题提出环境影响减缓措施。[69]

在国外，美国《国家环境政策法》（NEPA）的出台使环境影响评价制度作为一项基本的法律制度得到越来越多的国家和地区的认可。L Skipperud 等认为环境影响评价的有效性是实施环境影响评价司法救济的前提，很多对项目的客观评估将直接影响到国家或团体对环境司法救济的资金支持。[70]Sadler 等对很多国家的环境影响评价的实施情况进行调研后认为，在过去的 20 年间，出现了很多适用于环境影响评价的理论，很多国家在环境评价的政策方面取得了很大进步，但在实践方面仍有待于采取直接和有效的措施强化这一过程，并指出实施这一过程的关键：对问题的调查、重要性评估、环评报告的回顾和监管后续跟进。[71]Cashmore 等采用政治学的理论检验环境影响评价的有效性，他们将环境影响评价各个方面的实践过程作用于政治决策过程，从而简化了环境影响评价的有效性评估。[72]美国环境法奠基人 Sax Joseph L 在 *Defending the Environment：A Strategy for Citizen Action* 中回顾与分析了涉猎小河案等经典案例，以"公共

68 徐鹤，白宏涛，吴婧，等. 气候变化新视角下的中国战略环境评价[M]. 北京：科学出版社，2013，1：123-161.

69 [英] Barry Dalal-Clayton，Barry Sadler. 战略环境评价——国际实践与经验[M]. 鞠美庭，等译. 北京：化学工业出版社，2007：196-198.

70 L Skipperud，G Strømman，M Yunusov，etc. Environmental Impact Assessment of Radionuclide and Metal Contamination at the Former U sites Taboshar and Digmai，Tajikistan[J]. Journal of Environmental Radioactivity，2012.

71 B Sadler. Taking Stock of SEA [M]. Handbook of Strategic Environmental Assessment，2011：1-18.

72 M Cashmore，R Gwilliam，R Morgan，etc. The Interminable Issue of Effectiveness：Substantive Purposes，Outcomes and Research Challenges in the Advancement of Environmental Impact Assessment Theory[J]. Impact Assessment and Project Appraisal，2004，22（4）：295-310.

信托"理论进行分析，并谈及法院的角色，进而将问题深入至环境诉讼的提出，同时阐述了公民个人在环境政策立法过程中的作用，强调了公民的环境权益在环境工作中的重要地位。[73]迈克尔·E·沃勒的"美国公益诉讼制度"[74]和史蒂芬·P·本森的"加利福尼亚州 65号提案环境保护法规及公民诉讼执法的新途径"[75]都从现实环境破坏的实例中有选择地列举了几个典型案例，充分阐释了公民环境权益在宪法中存在的必要性及赋予公民执法的适用范围及限制的法律规范。《在环境问题上获取信息、公众参与决策和诉诸法律的公约》（以下简称《奥胡斯公约》）是一部让公众能够在环境问题上获得信息并参与决策和诉诸法律的公约。虽然我国尚不是该公约的缔约国，但其对我国制定及完善环保法律规范和实现公民环境权仍具有启示意义，其中环境信息公开制度、公众参与及司法救济制度都对环境影响评价阶段的监督管理具有实质性的指导意义。Stephen Jay 等通过对环境影响评价的程序实现问题和实质性的目标分析和探讨，认为确立环境影响评价的政治目的是环境影响评价改革的一个常被忽略却强有力的基础，该政治目的是促进环境规划的可持续发展。[76]

从上述文献综述可以看出，大多数学者并没有针对环境影响评价监督机制进行单独地探讨，往往是将环境影响评价的监督合并在其他方面进行研究，并没有专门提出环境影响评价监督机制。这很大程度上是由于环境影响评价发源地——美国在其《国家环境政策法》（NEPA）中对环境影响评价的法律定位主要是程序上的要求而非实体上的规范。然而，仅对环境影响评价作程序性的要求并不能

---

73 J L Sax. Defending the Environment: A Strategy for Citizen Action [M]. New York: Alfred A Knopf Company, 1971.

74 本文为迈克尔先生在中南财经政法大学与美国自然资源委员会 2006 年共同举行的"环境公益诉讼研讨会"上的演讲稿。迈克尔·E·沃勒. 美国自然资源保护委员会高级律师。

75 史蒂芬·P·本森: "加利福尼亚州 65 号提案环境保护法规及公民诉讼执法的新途径"//吕忠梅，[美]王立德. 环境公益诉讼中美之比较[M]. 北京：法律出版社，2009.

76 Stephen Jay, Carys Jones, Paul Slinn, Christopher Wood. Environmental Impact Assessment: Retrospect and Prospect[J]. Environmental Impact Assessment Review, 2007, 27（4）: 287-300.

完全地保障环境影响评价对政府的每一个计划行动都能起到约束作用。这种程序性要求淡化了环境影响评价的监督功能，并在一定程度上造成了监督机制的缺失。

1.5 研究环境影响评价监督机制的目的和意义

中国经过持续 30 多年的快速发展，城镇化、工业化以及传统的城市化和工业发展模式，导致了当今"资源约束趋紧、环境污染严重、生态系统退化的严峻形势"。40 年来，中国环境保护工作一直处于政府各项工作的"边缘"，环保工作屡屡让位于经济发展，环境底线、生态红线屡屡被突破；自然生态退化的趋势仍未得到有效扭转。[77]环境影响评价制度作为环境保护的一项重要制度，其有效性有赖于监督机制的完善。

（1）环境影响评价监督机制有助于落实环境影响评价的预防功能。

随着科技的发展和出现所谓的"风险社会"的现实，一些新的环境问题、环境风险层出不穷。预防原则正是建立在对现代风险社会不确定性的认知上。[78]"风险意识的核心不在于现在，而在于未来。在风险社会中，过去失去了它决定现在的权力，其被未来所取代。因而，不存在的想象和虚拟的东西成为现在的风险和行动的原因。我们今天变得积极是为了避免、缓解或预防明天或者后天的问题和危机。"[79]环境问题的潜伏期长、危害范围广、致害机理复杂，后果往往不可逆转，因此，采取事后治理和救济措施，往往得不偿失。环境影响评价制度突破了传统的观念，把环境污染控制在决策的源头，从源头上把人类活动对环境的影响减少到最低限度，较好地避免了造成危害事实后无法补救的后果，在一定程度上缓解和预防了环境污染和破坏。环境影响评价制度本身所具有的科学技术性、前瞻预测性和内容综合性等优点，已成为贯彻预防原则最重要的措施，

77 包存宽，何佳，等. 基于生态文明的 SEA 2.0 版内涵与实现路径[A]. 2013：19-28.
78 赵俊. 环境公共权力论[M]. 北京：法律出版社，2009：8-9.
79 [德] 乌尔里希·贝克. 风险社会[M]. 何博闻，译. 北京：译林出版社，2004：35.

对环境保护起到非常显著的作用，而完善的监督机制将使其真正落实预防原则。

（2）环境影响评价监督机制有助于提高环评制度的有效性和执行力，促进环评决策的科学化和民主化，提高决策的质量。

当今社会中，政府的宏观决策对国家的经济、社会、人口和环境的前途具有决定性的影响。宏观决策的科学性和正确性尤为重要。现代社会细致的分工、复杂多样的社会关系、快速的社会节奏，使政府宏观决策面临许多不确定性因素。科学决策是一项重要的系统原则，要求决策者在决策过程中，对整体和局部、内部条件与外部环境、当前利益和长远利益、主要目标和次要目标以及它们之间的相互关系和作用，加以系统地分析和综合平衡，然后进行决策。[80]环境影响评价制度缔造了新的决策机制，改变了以往决策过程主要考虑经济、技术和社会因素的片面做法，全面考虑拟议行动中的经济、技术、社会和环境影响，确保环境因素和经济、社会因素一起作为决策者进行行政决策时考虑的要素之一，为决策者提供关于政策、规划和计划、项目建设的环境影响的信息，有助于提高决策的科学性和正确性。作为环境影响评价制度的核心机制之一的公众参与机制是保障决策民主化的重要手段。公众参与机制通过利益相关者在战略环评或建设项目环评过程中参与进来，通过大众的逻辑和专家技术理性的互动，进而一起影响决策过程，从而完成环评决策模式从技术理性的专家治理向融合技术理性和大众逻辑的混合型治理转变，实现环境民主的目标。[81]公众参与机制还要求公众参与决策，重视部门之间、地方之间的协调，增加决策的透明度，做到公开、公正，有助于提高决策的民主化。

在实践过程中，环境影响评价存在比较严重的"重审批、轻监管"的现象，而在审批过程中，又存在一系列监督机制不健全的问题。《行政许可法》第 77 条规定："行政机关不依法履行监督职责或者监督不力，造成严重后果的，由其上级行政机关或者监察机关责

80 陈虹. 环境与发展综合决策法律实现机制研究[M]. 北京：法律出版社，2013：278-284.

81 吴元元. 环境影响评价公众参与制度中的信息异化[J]. 学海，2007，3：150-155.

令改正，对直接负责的主管人员和其他直接责任人员依法给予行政处分；构成犯罪的，依法追究刑事责任。"对行政许可事项的监督是行政机关的责任，"只许可、不监督"的行为，是一种行政不作为。现有的环境影响评价监督限于环境行政部门对建设单位和环评机构的单向监督，对环境行政部门的监督不够。在我国，从沱江污染事件、松花江污染事件、阳宗海污染事件等一系列重大环境污染事件中无不隐隐约约地能够看到环境影响评价的身影，先建后审者有之、未评先建者有之、未进行环评而排污者有之、已通过环评而违规排污者亦有之……我国的环境影响评价虽然取得了很大进步，但并没有从根本上改变环境继续恶化的趋势，严重影响我国正在贯彻和实施的科学发展观和加强生态文明建设战略。

　　本书力求通过对我国环境影响评价监督机制进行系统和完整的总结，并结合对国外典型国家和地区的环境影响评价制度监督机制的总结和分析。对我国环境影响评价监督存在的问题以及监督机制的构建进行研究，使我国环境影响评价制度得到进一步完善，并且为环境影响评价制度研究领域提供可供参考的中外环境影响评价在监督机制方面的资料及研究成果，这将有助于提高环境监督和管理水平，贯彻和落实科学发展观，建设生态文明。

2 中外环境影响评价监督机制的比较

由于环境影响评价的复杂性和不确定性，为了保证其质量，进行监督是必要的。根据监督主体的不同，环境影响评价的监督主要有行政监督、司法监督和社会监督（主要是公众参与监督）。行政监督是指由环境保护主管部门和相关的行政机关进行的监督。司法监督是指允许提出关于环境影响评价的诉讼，在法庭上就环境影响报告进行辩论，由司法部门作出裁决，是一种十分有力的监督形式。公众监督是公众对环境影响发表评论，供决策机构在决策时参考，公众监督虽然不具有强制性法律效力，但由于公众监督通常可以引发行政机关或司法机构的监督，因此其作用不可忽视。由于保密、政府意愿等因素，公众监督的程度常常受到限制。[1]

2.1 美国的环境影响评价监督机制

美国对环境影响评价监督机制的规定比较完善，美国环保局及其局长、法院和公众分别对环境影响评价进行行政监督、司法监督和公众监督。《国家环境政策实施程序条例》（CEQ 条例）规定美国环保局对其他联邦机构编制的联邦行动建议，包括其环境影响报告书享有独立的审查和评议功能。审查结果可以分为四种情形：①没有异议（Lack of Objections），即审查后没有发现重大环境影响的，不持异议；②环境关注（Environmental Concerns），即审查后发现有环境影响的，应予以重视并修改方案或提出减缓措施；③环境异议（Environmental Objections），指审查后发现具有重大环境影响，需要对所选方案作重大修改，或者考虑替代方案，包括"零"

---

1 汪劲. 中外环境影响评价制度比较研究[M]. 北京：北京大学出版社，2006，11：136-137.

方案，或者另行制定新的方案；④环境否决（Environmentally Unsatisfactory），指审查后发现所选方案有重大的不利环境影响的，美国环保局确信所提方案必须终止。[2]

在美国，若按照其《行政程序法》，无论行政机关采取什么样的行政措施，都必须依法接受必要的司法审查，尽管在涉及的环境影响评价的有关法律法规条文并无特别明示这一点。利益相关者有权利对在环评中没有按照相关的法律法规让公众进行必要的参与而造成信息或程序损害，以及主事机关被认定的其他违法行为，向司法机关提起必要的司法诉讼来维护自己的权益。[3]法院有权对联邦机关的行动进行司法审查，从而引发司法监督。美国环境影响评价制度的实施保障机制中最显著的一点就是美国法院在《国家环境政策法》实施过程中所起的积极作用。[4]这点可以从 1971 年著名的卡尔弗特悬崖协调委员会诉美国原子能委员会案可以看出，该案是第一例涉及环境影响评价制度的诉讼案，由美国哥伦比亚地区法院审理，该案使《国家环境政策法》正式确立了环境影响评价的原则和程序。[5]基于美国法院对诸多环境影响评价案件的公正裁决，使美国法院逐渐构建了相对成熟的环境影响评价制度的司法救济程序。法院的审查主要针对环境影响评价是否符合正当程序的要求，即主管机构是否履行了 NEPA 规定的要求。法院审查的范围包括事实问题和法律问题，但其司法审查的重点仍然是程序问题，而对于环境影响是否重大、替代方案是否合理等事实问题，法院一般尊重行政机关的意见。如果环境影响报告书经过司法审查被确认为在法律上缺乏充分性，该拟议行动违反了法律，那么法院可以颁布禁令禁止该项行动的实施。

根据《国家环境政策实施程序条例》（CEQ 条例）规定，公众有

---

2 国家环境保护总局. 美国、加拿大实施战略环境影响评价[J]. 世界环境，2001，4：16-17.

3 马绍峰. 美中环境影响评价制度比较研究. http://www. chinalawedu. com/news/16900/178/2004/12/li300252934172140022125_144165. htm，法律教育网[2013-8-10].

4 张红星. 中外环境影响评价制度比较研究[D]. 大连：大连理工大学，2008.

5 [美] 理查德·拉撒拉斯，奥利弗·哈克. 环境法故事[M]. 曹明德，等译. 北京：中国人民大学出版社，2013：62.

权对环境影响报告 EIS（草案）发表评论，负责机构必须在环境影响报告书最终文本中作出回应。回应的方式有：修改原方案或其他替代方案；发展或评估原先未慎重考虑的方案；补充、改进或修正原来的分析；对实施资料进行修正；如果最终定稿中并没有采纳公众意见，应当在报告书中说明未采纳之原因。不论公众的评论意见是否最终得到采用，该公众的评论以及对评论之回复都应当附于 EIS 定稿之中；若评论过于冗长，则只记载其概要即可。公众监督对于主管机构并没有约束力，其评论的采纳与否是主管机关的自由裁量权的范畴。但主管机关对于公众意见的态度应当有一个基本的准则，即作出的决议必须是在充分考虑所有的公众意见和评论的基础上得出的，而不能忽视某些公众意见。因此，公众监督在美国环境影响评价中的作用巨大。[6]

2.2　加拿大的环境影响评价监督机制

加拿大的环境影响评价分为联邦和省两级管理，加拿大有联邦的环境影响评价法律，各省也单独颁发自己的环境影响评价法律，如安大略省在 1975 年就有自己的环境影响评价法。加拿大的建设项目环境影响评价的监督制度，具有司法监督和公众监督等环节，此外，原来加拿大设有联邦环境评价办公室（FEARO），后来改为环境评价署，直接负责加拿大的建设项目环评和战略环评的审查和行政决定。加拿大原来的建设项目环境影响评价制度非常严格，尤其是公众参与环节的时间和周期显得非常冗长。2008 年金融危机以后，加拿大联邦政府为了加快投资进程，在 2012 年对《联邦环境影响评价法》进行了修改，其中，最重要的一点就是缩短了环境影响评价的周期。

加拿大战略环境评价机制是以内阁指令的形式进行的，缺乏相应的法律基础。这主要是因为内阁的决策过程是不受法律约束的，

6 汪劲. 中外环境影响评价制度比较研究[M]. 北京：北京大学出版社，2006，11：137-139.

导致内阁战略环境评价评价程序以弹性方式实施。由于这种弹性的存在，加拿大执行战略环境评价的途径也是多种多样的。战略环境评价的执行很大程度上是战略环境评价的联邦负责部门（机构）的责任。有时，执行的力度相当薄弱，缺乏相应的机制来处罚不遵守环境评价要求的机构，这是导致战略环境评价执行流于形式的重要原因。[7]例如，加拿大环境与可持续发展委员会（CESD）在 2004 年对战略环境评价体系进行了评估，发现"各部门不了解他们所开展的战略环境评价是如何影响决策的，最终其对环境的影响是什么也不清楚"，而且大部分部门没有认真执行战略环境评价内阁指令。2004 年评估报告认为，发生这种情况的一个很重要的原因是部门高层不够重视，部门成员不了解指令对本部门的重要性，对预期成果的要求也不明确，也就更没有足够的资源和人员来执行该指令。

由于必须进行战略环境评价的政策、规划和计划提案须由内阁和各部部长批准，因此，加拿大战略环境评价的行政监督由内阁和部长来进行，通过对评价结果的审查并决定是否批准该决策来实现。加拿大的战略环境评价对于公众监督的规定并不多，由于缺乏直接的咨询或公众参与，公众和利益相关者的意见只能通过政治游说的间接形式纳入评价的考虑因素中。此外，加拿大还存在议会监督，议会下院的常设环境委员会（the Housing of Commons Standing Committee on the Environment）有权要求任何内阁部长，就其新的政策、规划和计划的环境影响作出专门的说明。加拿大环境与可持续发展委员会每年都会对战略环境评价程序和系统的情况进行检查，也会对联邦政府的环境表现进行检查，还会通过加拿大环境评价局（CEAA）为战略环境评价的实施提供支持。[8]另一个妨碍战略环境评价执行的因素是缺少一个中央监管机构。加拿大环境与可持续发展委员会在 2004 年的评估报告中建议由枢密院办公室（Privy

---

7 Kulsum Ahmed, Ernesto Sanchez-Triana. 政策战略环境评价——达至良好管治的工具[M]. 林健枝, 徐鹤, 等译. 北京: 中国环境科学出版社, 2009: 35.

8 Thomas B Fischer. 战略环境评价理论与实践——迈向系统化[M]. 徐鹤, 李天威, 译. 北京: 科学出版社, 2008: 77.

Council Office）负责指派相应机构进行监管，确保各部门遵守内阁指令。但枢密院办公室不接受此建议，他们坚持认为战略环境评价是自我评价，而其质量应由现有部门间的合作机制来保证。[9]

2.3　荷兰的环境检验制度

荷兰的环境影响评价的"环境检验制度"也有值得借鉴之处。从 20 世纪 80 年代开始，荷兰政府尝试要求法律草案应附送"意外附带影响"的说明。到 1994 年，发展成为"环境检验"（Environmental Test，E-Test）制度，即要求对拟定的法律草案进行环境影响评价，环境检验作为附件和法律草案一同提交部长会议。进行环境检验的人员需要评价法律草案在下列几方面产生的后果，包括：能源的消耗和流动性；可再生与不可再生资源的使用；大气污染物和水污染物的排放、土壤污染；对城市空地的利用。环境检验的结果由法律草案联合支持中心（Joint Support Center for Draft Legislation）进行审查，该中心既是一个审查机构，同时也是一个提供信息和环境数据的协助机构。通过与司法部（Ministry of Justice）配合，如果环境检验没有提供有助于部长会议决策的信息，该中心可以反对该法律草案的提交。[10]

环境检验实施 5 年后，住房、空间规划和环境部（Ministry of Housing，Spatial Planning and the Environment）聘请咨询顾问对环境检验的有效性进行了评估。通过研究文献资料、走访相关人员和分析相关案例后发现，在法律草案起草过程中，环境检验开始得太晚，所以其对最终通过的法律的质量影响很小。而且，许多部门的工作人员对环境检验知之甚少。环境检验在政策制定过程中的作用有限，

9 Kulsum Ahmed, Ernesto Sanchez-Triana. 政策战略环境评价——达至良好管治的工具[M]. 林健枝，徐鹤，等译. 北京：中国环境科学出版社，2009：30-32.

10 Kulsum Ahmed, Ernesto Sanchez-Triana. 政策战略环境评价——达至良好管治的工具[M]. 林健枝，徐鹤，等译. 北京：中国环境科学出版社，2009：32-34.

而且对改进法律草案没有多大帮助。[11]针对该评估结果，政府将环境检验程序进行修改，分为两步。第一步是在政策制定早期的筛选步骤，即进行"快速审查"，[12]决定是否需要进一步的研究，如需要，则要为其制定工作大纲，该研究也就是"环境评估"，由法案草案的编制部门来实施；第二步是授权司法部进行监管。评估完成以后，司法部将编制"司法意见报告"，说明评估信息是否符合要提交的法律草案的要求。如果司法部发现信息质量不够高，它将与法律草案编制部门交换意见。协商之后，如果没有达成补充信息的协议，则应在"司法意见报告"中注明，同时在"司法意见报告"中还要注明"法律草案编制部门将此报告与其他文件一并提交部长会议。"[13]改革以后的荷兰环境检验制度实际上引入了第三方的审查机制来监督环评文件的编制质量。

2.4 韩国的环境影响评价监督机制

韩国的环境影响评价制度的发展经历了从最初的《环境保全法》和《环境政策基本法》等相关内容的法律颁布到专门的《环境影响评价法》颁布实施的发展过程。除了指引环境政策方向以外，《环境政策基本法》缺乏规范环境影响评价等更为专项性的具体细则，导致立法技术和实际操作面临现实的挑战和难题。为此，单独的《环境影响评价法》的单行本于 1993 年 6 月制定，同年 12 月开始实行。

---

11 Van Dremumel M. Netherlands Experience with the Environmental Test in Strategic Environmental Assessment at the Policy Level：Recent Progress，Current Status and Future Prospects. B Sadler 69-75. Szentendre, Hungary：Regional Environmental Center for Central and Eastern Europe：73//Kulsum Ahmed，Ernesto Sanchez-Triana. 政策战略环境评价——达至良好管治的工具[M]. 林健枝，徐鹤，等译. 北京：中国环境科学出版社，2009：34.

12 快速审查从程序上而言，非常类似于其他国家实施的 SEA 的范围界定阶段（Scoping）.

13 Van Dremumel M. Netherlands Experience with the Environmental Test in Strategic Environmental Assessment at the Policy Level：Recent Progress，Current Status and Future Prospects. B Sadler 69-75. Szentendre，Hungary：Regional Environmental Center for Central and Eastern Europe：73//Kulsum Ahmed，Ernesto Sanchez-Triana. 政策战略环境评价——达至良好管治的工具[M]. 林健枝，徐鹤，等译. 北京：中国环境科学出版社，2009：34-35.

但是，环境影响评价的程序规定存在问题，实践中常常出现一个建设项目涉及两个以上影响评价对象，导致了手续的重复和过多费用的支出，给建设单位造成时间和费用的浪费，也延误了建设项目的进程。为此，韩国于 1999 年 12 月 31 日颁布了《环境·交通·灾害等的影响评价法》，于 2001 年 1 月颁布实施，以解决建设项目环境影响评价中过于繁杂的问题。关于规划环评，韩国于 1977 年制定的《环境保全法》第 5 条规定："从事城市开发、产业选址和能源开发等影响环境保全的规划编制者，必须依照总统令的规定与保健社会部长官协商该项规划。"根据该规定，在韩国从事大型的城市开发、产业选址和能源开发等规划，规划的编制者必须要按照韩国总统令的规定与保健社会部长官对该规划项目共同协商。[14]

韩国的环境影响评价的司法救济主要是通过行政诉讼来实现的。韩国的环境行政诉讼是规定了行政处分的间接利害关系的第三人提起的诉讼，一般是第三人撤销诉讼或是义务履行诉讼。司法实践中，与实体审查相比，韩国法院在司法审查中更倾向于程序问题的审查。而与环境有关的行政规划由于具体性的权利难以界定，在司法实践中也很难对其提起行政诉讼。韩国法院对于与环境有关的城市规划或区域规划等是否具有处分性或可诉性的问题也是颇感棘手。韩国大法院在一次审理城市规划决定相关案件时指出，因为"……城市规划法第 12 条明示的城市规划决定如予以告示，将对城市规划区域内的土地或建造物所有人的土地性质的变更、建筑物的新建或改建等权利行使方面产生一定的限制……"属抽象行政行为的城市规划的告示决定，能对特定个人的权益及法律上的利益带来具体个别规制的效果，因此具有处分性，理应成为行政诉讼的对象。可见，韩国大法院并没有被动地实施司法救济，并贯穿了可持续发展理念，因为环境资源具有一旦破坏难以恢复的特点，所以必须从规划等早期阶段解决纠纷。

14 邓晓. 我国环境影响评价司法救济机制研究[D]. 昆明：昆明理工大学，2012.

2.5　中国香港地区的环境影响评价监督机制

香港从 1992 年开始建立 EIA 体系。其后，政府于 1998 年正式实施《环境影响评估条例》，规定指定的公共及私人项目必须进行法定的环境影响评估。香港环境影响评估程序的透明度是非常高的，因为环境影响评估的工作不仅针对个别工程项目，而且还适用于策略性政策和项目，是推行可持续发展的重要工具。[15]香港的环境影响评价程序比内地要复杂、详细且具有可操作性，大体有以下几个步骤：[16]①项目计划阶段申请环境影响评估研究概要或申请准许直接申请环境许可证；②署长在知会环境咨询委员会后，拟定并发出研究概要，或者书面通知准许直接申请环境许可证；③申请人拟备环境影响评估报告并报署长；④公布环境影响评估报告供公众查阅并通知环境咨询委员会；⑤署长批准、有条件批准或者拒绝批准环境影响评估报告；⑥申请环境许可证。在这个过程中，公众有多次参与监督的机会，同时，环保署长也要依靠环境咨询委员会进行技术审查和监督。最终，通过审查和公众参与的项目才会予以颁发环境许可证。行政监督和公众监督机制对环境影响评价的质量和效力发挥作用。

自《环境影响评估条例》实施近 5 年来，已经对 20 多个规划进行了评价，同时利用战略环境评价体系对主要的政策和规划开展了评估。战略环境评价体系是依照当时的港督施政报告建立起来的，它适用于所有提交执行委员会的政策、规划和计划提议。香港特别行政区不属于发展中地区，但是香港的战略环境评价实践和经验却与内地的应用情况以及与邻近的广东省尤其是珠江三角洲日益增多的跨界环境问题密切相关。2004 年 8 月，香港环境署编制了一份临时性的战略环境评价手册，总结了战略环境评价在规划、战略和某些政策提议中的应用实践，并列举了在香港召开的一些区域性

15 汪劲. 中外环境影响评价制度比较研究[M]. 北京：北京大学出版社，2006：97.
16 刘春华. 内地与香港环境影响评价制度比较[J]. 环境保护，2001，4：25.

及国际战略环境评价会议。[17]

香港一向重视环境保护的公众参与，对公众参与环境影响评价的程序规定得相当具体，具有可操作性，并规定了司法救济程序。如在香港上水至落马洲铁路支线环境影响评估争议案中，环保署署长充分考虑了公众的意见并根据所有可获得的信息，最终得出结论"在工程的建设阶段，很有可能造成重大的不利环境影响"，没有批准该工程的环境影响评估报告。对此决策不服的九广铁路公司向上诉委员会提起上诉，试图通过提出一些新的重大建议作为缓和不利环境影响的措施，但此类新建议并没有适当的公众参与和环境咨询委员会的参与。上诉委员会指出：在评估过程中，每一个步骤都是必要的和必需的；再加上由于新建议本身的不充分性，上诉委员会驳回了九广铁路公司的请求。[18]还有在香港维多利亚海湾填埋争议及其诉讼案中，保护海港协会反对城市规划委员会通过的整个中环填海工程计划。对在中环填海计划的三期中的第二期与第三期引起的诉讼，香港的高等法院及终审法院也都考虑了公众的环境权益（压倒性的公众需要）。[19]从上述两个环境影响评价案例可以看出，香港环境影响评价制度中关于公众参与、关于提起诉讼的原告主体条件的规定，对大陆地区环境影响评价制度的完善及贯彻实施，很有借鉴意义。

2.6 环境影响评价监督机制的比较

我国的环境影响评价监督机制也可以分为行政监督、社会监督和司法监督。对于建设项目环评的行政监督是通过审批或行政许可来进行的，对于项目的环评文件，行政审批以后一般有三种结果：①审核合格，对于该项目的环评通过审批；②审核中存在问题，则

---

17 [英] Barry Dalal-Clayton, Barry Sadler. 战略环境评价——国际实践与经验[M]. 鞠美庭，等译. 北京：化学工业出版社，2007：181-182.

18 汪劲. 中外环境影响评价制度比较研究[M]. 北京：北京大学出版社，2006：206-214.

19 汪劲. 中外环境影响评价制度比较研究[M]. 北京：北京大学出版社，2006：214-221.

要求其修改以后通过；③存在非常严重的问题，则不予批准。项目的环评行政审批结论具有强制性。规划环评的行政监督主要是审查，即组成审查小组对规划环评文件进行审查，审查结论也有三种：①审查合格，即予以通过；②存在问题，修改后通过审查；③存在重大问题，则不予通过审查。社会监督则主要以公众参与监督为主，通过一系列的法律法规建立比较完善的公众参与机制。建设项目的环评审批属于行政许可的范畴，因此具有行政诉讼的可诉性，可以提起行政诉讼，表明我国已具有建设项目环评的司法监督机制，但是对规划环评是否能够进行司法审查，法律未予以明确。而且对于规划环评的审查行为，并不是一个具有强制性的行政行为，也不具有可诉性，故规划环评缺乏相应的司法监督机制。

国际上的环评中公众参与监督是环境影响评价制度非常重要的一环，如在美国，公众参与和替代方案是环评的两大基石。[20]另外，国际上的环境影响评价文件的审查一般也是由一个独立的组织来进行专家审查，而且，专家审查并不是和公众参与分开进行，而是交融在一起，尤其是美国的听证会制度，具备准司法程序的特征，听证结果对各方都具有一定的法律效力。中国香港的环境影响评价监督机制的许多做法值得中国内地借鉴。在中国香港，环境影响评价的第一阶段是编制环境影响评估研究概要，这是法律规定的一个必备的独立环节。中国内地相应地有一个环评大纲的要求，但这仅仅是环境影响评价技术导则的要求，是否需要编制由有审批权的环保部门决定，不是法定的必备环节。而且自《环境影响评价法》实施以后，尤其是《行政许可法》出台以后，为了加快环评行政许可的进度，环保部规定有些环境影响相对较小的项目可以不用做环评大纲，直接编制环境影响报告书，而编制环境影响报告表则没有法律要求其编制大纲或概要。另外，中国香港的环境咨询委员会是一个独立的专家咨询组织，对环评文件进行专家咨询和审查。中国环保部设有一个类似的环境工程评估中心，进行环境影响评价报

---

20 汪劲. 中外环境影响评价制度比较研究[M]. 北京：北京大学出版社，2006：250.

告书的技术评估。香港环境影响评估程序的透明度之所以非常高，除了完善的法律规范以外，还因为其有一个良好的司法救济机制。如 2011 年发生的香港 60 岁的朱老太逼停了港澳珠大桥的建设，[21] 只因为港珠澳大桥的环境评估没有包括对臭氧、二氧化硫及悬浮微粒的影响评估，朱老太认为该环境影响评估不合法，于是向法院申请司法复核，寻求司法救济。这正是中国内地司法救济机制所缺乏的法律实践。

就战略环评的监督而言，行政监督为各国所共有，但具体规定有所不同。行政监督是成本最低而且最直接的方式，监督结果直接就可以体现在决策的通过与否上。司法监督是最有效的监督方式，但战略环评司法监督为美国所独有，加拿大的法院只在项目环评中可以进行司法审查，战略环评不能进行司法审查。公众监督虽然不具有法律效力，但由于其会引发行政监督和司法监督，因此会产生较大的影响。也就是说，公众监督只有在有司法监督作为后盾时才能真正发挥作用。[22]

通过对加拿大和荷兰的战略环境评价监督机制的研究，发现一个有效提高战略环境评价质量的方法，即建立一个监管机构来控制战略环境评价的质量。在加拿大，曾经建议枢密院来实施监督，但这项建议没有被采纳。在荷兰，则是由具有跨部门职责的司法部来负责监督环境评价的质量。当然，司法部的监管权力有限，它只对环境评价的内容是否符合法律草案作出评价，在发现环境评价不充分时，会提醒部长会议注意这一点。由于这种监管要求刚刚起步，所以它能否起到实效还有待进一步观察。在组建监管机构的同时，提高各部门对战略环境评价的认识，也是提高战略环境评价质量的有效手段。[23]

21 http://news. cn. yahoo. com/ypen/20110420/319134. html [2012-4-10].

22 汪劲. 中外环境影响评价制度比较研究[M]. 北京：北京大学出版社，2006：146.

23 Kulsum Ahmed，Ernesto Sanchez-Triana. 政策战略环境评价——达至良好管治的工具[M]. 林健枝，徐鹤，等译. 北京：中国环境科学出版社，2009：35.

3 环境影响评价的监督功能

3.1 环境影响评价监督功能的理论基础

3.1.1 预防原则与环境影响评价的监督功能

最早记述"预防理念"的国际法律文件是《国际防止海上油污公约》，该文件是 20 世纪 50 年代，西方发达国家和产油国为了应对和防止海上油污损害而签订的。[1]随后，美国政府受到雷切尔·卡逊的《寂静的春天》关于人类即将面临的生态危机的描述的影响，实行了各种环境限制及禁止行为，已开始体现出了一种"防患于未然"的预防理念，最终形成了农药政策的新导向，并于 1970 年成立了环境保护局。20 世纪 80—90 年代是预防原则获得全面发展的时期。1980 年由联合国环境规划署制定的《世界自然资源保护大纲》和 1982 年联合国制定的《世界自然宪章》及同年公布的《内罗毕宣言》等公约、宣言已将预防原则广泛应用于环境保护领域。其中以《内罗毕宣言》对预防原则的规定更加直接，其第 9 条明确指出："与其花很多钱、费很大力气在环境破坏之后亡羊补牢，不如预防其破坏。预防性行动应包括对所有可能影响环境的活动进行妥善的规划。"现在，许多国家在国内环境法上也确立了预防原则。

我国《环境影响评价法》的第 1 条就明确体现了预防原则："为了实施可持续发展战略，预防因规划和建设项目实施后对环境造成不良影响，促进经济、社会和环境的协调发展，制定本法。"期望通过对一些开发行为的环境影响作出预测、分析和评价，能够做到事

---

1 徐祥民，孟庆垒，等. 国际环境法基本原则研究[M]. 北京：中国环境科学出版社，2008：149.

前预防，避免或减轻环境污染和破坏，从而有助于实现可持续的发展。党的十八大提出的建设生态文明的理念更是从根本上要求我们在经济和社会发展过程中更加重视生态环境的保护。生态文明建设就在于"从源头上扭转生态环境恶化趋势"，包括三个源头：一是地理空间的源头。比如上风向地区、流域上游及源头地区。二是污染发生的污染源头。比如对于空气污染控制的能源与交通，对于控制工业污染的落后产能与"两高一资"产业类型，对于控制农业面源污染的种植业、养殖业等。三是在决策源头。即相对于建设项目的决策链末端，以"尽早介入、预防为主"为原则的政策、规划和计划战略环境评价正是实现从决策源头控制资源环境与生态问题的主要途径与重要政策工具。[2]

环境影响评价制度体现了预防原则，还在于许多国家为应对气候变化，已经尝试将气候变化因素纳入环境影响评价机制。如加拿大是最早在环境影响评价中考虑气候变化因素的国家。在 2003 年，加拿大要求大型开发项目都要进行气候变化影响的评估，为此，加拿大环境评价局（CEAA）专门制定了《气候变化因素纳入环境评价：从业者指南》，其内容包括：拟建项目温室气体排放的计算和评估方法；评估气候变化后果对拟建项目影响的方法；气候变化及其后果的数据和资料来源等。[3]

此外，英国、澳大利亚、新西兰等国家以及经济合作与发展组织（OECD）和国际影响评估协会（IAIA）都相继制定了相关的指南和导则，见表 3.1。从该表可以看出，有的国家和国际组织在大型项目环评和战略环评中引入气候变化因素，如加拿大、新西兰和OECD；有的则在战略环评中引入，如英国。

---

2 包存宽，何佳，等. 基于生态文明的 SEA 2.0 版内涵与实现路径[A]//第三届中国战略环境评价学术论坛论文集. 2013：19-28.

3 吴婧，等. 气候变化融入环境影响评价——国际经验与借鉴[A]//第三届中国战略环境评价学术论坛论文集. 2013：29-32.

表 3.1 气候变化融入环境评价的导则和指南

年份	组织机构	导则和指南
2003	加拿大气候变化与环境评价委员会（FPTC）	气候变化因素纳入环境评价：从业者指南
2007	英国可持续发展咨询中心	战略环境评价与气候变化：从业者指南
2008	经济合作与发展组织（OECD）	战略环境评价与气候变化应对
2008	新西兰环境部	气候变化后果和影响评估——新西兰地方政府指导手册
2009	荷兰环境评价委员会（NCEA）	NCEA 针对环境评价中气候变化的建议
2009	澳大利亚北部省政府	环境影响评价导则：温室气体排放与气候变化
2010	苏格兰环境保护署（SEPA）	战略环境评价中考虑气候因素
2010	经济合作与发展组织（OECD）	环境影响评价中整合气候变化影响与适应
2012	国际影响评价协会（IAIA）	影响评价中的气候变化——国际良好实践原则

目前我国气候变化融入环境评价的尝试是在战略环评层面。考虑的影响包括能源消费、温室气体减排、低碳发展和气候条件对发展的约束，由于没有相关的技术导则指引，缺乏实践经验，在实践案例中考虑气候变化因素的角度和评价方法大相径庭。[4]我国目前的环境影响评价法律法规、技术规范和标准中均未明确对气候变化因素的强制评价要求，仅在推荐性标准《规划环境影响评价技术导则（试行）》（HJ/T 130—2003）中将气候因素纳入环境因子中。由于气候变化的复杂性，实践中很少有规划环评会考虑将气候变化因素纳入规划环评，而建设项目环评基本上没有考虑气候变化因素。

3.1.2 比例原则与环境影响评价的价值功能

通常认为，比例原则起源于德国 19 世纪的警察法时代，在以控

---

4 吴婧，张一心. 关于中国将气候变化因素融入环境影响评价的探讨[J]. 环境污染与防治，2011（9）：91-94.

制"干涉行政"为重任的近代行政法理论中，当时的比例原则实指必要性原则而言。[5]必要性原则，也称最小侵害原则，英美法系的美国法也有类似的最小侵害原则，指的是为了实现特定的管制目标，必须选择对公民权利限制最小的方式来实现。其要求行政手段的选择除了符合正当程序，还必须满足对相对人和公众权利的限制和侵害达成最小，以此来选择经济和社会政策，从而确保对基本权利的实体性保护。[6]

比例原则的传统"三阶理论"，又称"三分理论"，包括适当性原则、必要性原则和均衡性原则。适当性原则是比例原则的前提；必要性原则是比例原则的基础；均衡性原则是比例原则的精髓。适当性原则是指行政措施必须适合于增进或实现所追求的目标，强调行政手段的目的符合性或契合性，但其既不就目的本身的合法性作出判断，也无法进一步检验国家公权力措施是否对公民的权利造成不当侵害。必要性原则，也称最小侵害原则，要求在相同有效地达到目标的诸手段中，选择对公民权利最小侵害的手段。均衡性原则，也称狭义比例原则，要求衡量手段所欲达成的目的和采取该手段所引发的对公民权利的限制之间是否构成过当或是否有失比例，其集中体现了公益和私益之间进行平衡的需要。均衡性原则实际上将公共利益和私人利益放在同一水平面上进行比较。传统的比例原则三阶论要求法院在应用比例原则时，采取一定的"阶层秩序"，即先审查适当性，其次是必要性，最后才是均衡性，只有符合了上一原则的要求，才能够进入下一原则的审查阶段。[7]然而，传统的"阶层秩序"理论显得比较僵硬，没有考虑比例原则适用的"包容性、跨越性、互换性和反复性"的可能性。[8]

在行政机关对于规制政策的选择过程中应用比例原则审查时，行政目标的确定及其正当性是我们对于规制手段判断的重要因素。

5 陈新民. 中国行政法原理[M]. 北京：中国政法大学出版社，2002：43.
6 蒋红珍. 论比例原则——政府规制工具选择的司法评价[M]. 北京：法律出版社，2010：22-23.
7 蒋红珍. 论比例原则——政府规制工具选择的司法评价[M]. 北京：法律出版社，2010：46.
8 蒋红珍. 论比例原则——政府规制工具选择的司法评价[M]. 北京：法律出版社，2010：50.

由于行政规制政策及措施的制定是一项容易被滥用的权力，行政机关的规制可能存在不良或不正当的目的，这在实践中屡有发生。因此，规制目标自身的正当性问题十分值得关注：首先，行政规范的颁布与规制措施的选择容易陷入一种"规制俘获"[9]的陷阱。在环境规制领域，利益集团可能包括污染企业、投资者、消费者、公众和非政府组织等。而污染企业是环境规制中最重要的利益集团和规制对象。然而，企业并非总是要求降低环境规制标准。它们一般以利润最大化为目标，如果建设污染治理措施并运行会增加其成本，降低利润，则企业有动机去游说规制机构，降低标准，放松对标准的执行与监督，降低处罚力度。当企业在污染治理成本或技术上有优势时，提高环境规制标准可以增加竞争对手的成本，削弱其竞争力，或阻碍潜在的竞争对手进入。此时，严格的环境规制标准成为优势企业的竞争优势，它们会积极支持严格的环境规制。此外，当环境规制能提高企业的经济效益时，企业也会支持环境规制。[10]例如，我国现阶段的企业承担的环境污染治理成本较高，而我国的环境标准的起草单位主要是各大科研院所，甚至是企业。这些行业团体具有难以替代的专业知识优势，但是，由于体制原因，行业团体和环境标准的实施之间可能具有直接的利害关系，故在利益的驱动下，起草单位制定的环境标准往往倾向于制定较为宽松的环境标准，[11]考虑其自身的利益，而不顾环境保护和社会公共利益。强大的利益集团往往占据相对固定的强大资源，既具有资金和人力资源优势，也具有在特定领域中的信息收集和技术研发的优势，甚至行政部门的决策有时都不得不依赖它。而且利益集团在长期与行政部门接触中会潜移默化地影响行政部门的政策立场或者阻挠不利于自己的政策的出台，这在中国现行的行政规制体制中屡见不鲜。因此，行政目的

---

9 规制俘获，是指在规制过程中，由于立法者或规制机构也追求自身利益最大化，因而某些特殊利益集团（主要是被规制的污染企业）能够通过俘获立法者或规制机构而使其提供有利于自身的规制。（参见：张红凤，张细松，等. 环境规制理论研究[M]. 北京：北京大学出版社，2012：200.）

10 张红凤，张细松，等. 环境规制理论研究[M]. 北京：北京大学出版社，2012：66.

11 汪劲. 环保法治三十年：我们成功了吗[M]. 北京：北京大学出版社，2011，139.

的正当性问题应该成为比例原则审查的必要前提。此外，政府收费或者直接分配货币的行为容易被"利益俘获"。虽然政府往往被作为公共利益的代表，但是政府常常陷入自身的部门利益与官员的个体利益中。政府官员此时容易受到利益的诱惑，如果又缺乏强有力的监管机制，就容易作出不正当的决定。例如，常见媒体报道一些政府官员挪用扶贫或救助资金（包括政府拨款和慈善捐赠），用于建盖豪华政府办公大楼。因此，目的审查是比例原则中作为适当性审查的一个要素，如果目的自身不合法或者不正当，就直接影响到行政行为的正当性。[12]

环境影响评价行政许可是环保部门一项最重要的行政权力之一。环保部门在进行环评的行政许可审查过程中，必须充分考虑运用比例原则。首先，应从适当性原则出发，审查规制目标中隐含的公共利益的需求，审查环评文件及建设项目的环境相符性和目的的正当性。其次，根据必要性原则进一步审查项目或规划及其环评文件是否做到了对公众权利的影响最小化，是否充分考虑了公众的权益；在公众权利受到侵害的时候，是否在不同的措施中选择了其中对公众权利侵害最小的措施等。最后，从均衡性原则审查项目或规划的环境影响是否考虑了公众利益和项目利益以及环境保护之间的比例，是否实现了建设项目的私益和公众的权益及环境公益之间的平衡。因此，比例原则在环评许可审查中的应用，充分体现了环评的预防和监督功能，也体现了环评的价值功能。

3.2 战略环境评价制度的发展与监督功能的完善

在政策、规划和计划构成的战略行为体系中，政策处于最顶端，规划居中，计划处于最低层，计划包含了一系列工程项目而使规划更具体明确。[13]Wood 和 Djeddour 认为，政策可以认为是行为的诱因

---

12 蒋红珍. 论比例原则——政府规制工具选择的司法评价[M]. 北京：法律出版社，2010：112-113.
13 Kulsum Ahmed, Ernesto Sanchez-Triana. 政策战略环境评价——达至良好管治的工具[M]. 林健枝，徐鹤，等译. 北京：中国环境科学出版社，2009：5.

和指导，规划是执行政策时的一组相互关联的、具有时效性的目标，而计划则是在特定地区的一系列工程项目。[14]战略行为从政策到规划，再到计划，最终到项目是分层次的，因此，评价也是分层次的，即从政策战略环境评价到计划战略环境评价和项目 EIA。[15]战略环境评价的发展基于两个方面的原因：一是较早来源于政策分析和规划的需求，以及后来可持续发展议题的影响；二是由于项目环境影响评价的局限性。战略环境评价除了在更为宏观的层面体现了环评的预防功能，也在一定程度上体现了环评的监督功能，即监督宏观的政策、规划和计划等战略行为是否考虑了环境因素，是否符合可持续性。

战略环境评价常常被形容为一个系统过程，它以线性假设为基础，假设公共政策是在递进的阶段中发展的，并依据个人和组织的理性能力来制定决策。包括以下步骤：通过筛选和分析，识别关键的环境影响；在一份报告中对所有问题进行评价，包括汇总信息、考虑替代方案、分析所有替代方案的潜在影响，以及提出减缓措施；在与利益相关者进行讨论之后，制定决策并实施建议；追踪结果并就其与利益相关者进行讨论。战略环境评价中含有决策形成的动态变化，与理性决策模型非常相似（见表 3.2）。[16]

表 3.2　理性决策模型和 SEA 的相似点

理性决策模型	战略环境评价（SEA）
1. 识别问题	1. 识别关键环境影响
2. 确定偏好	2. 内含在对关键环境因素的识别中
3. 列出所有选项或替代方案	3. 评价、考虑替代方案和减缓措施
4. 收集所有相关信息	4. 收集信息
5. 作出选择，从而使达到偏好的可能性最大化、效率最优化	5. 作出选择
	6. 追踪选择所产生的影响（重复步骤 4 和 5）

14 Wood，C，M Djeddour. Strategic Environmental Assessment：EA of Policies，Plans and Programmes[J]. The Impact Assessment Bulletin，1991，10（1）：3-22.

15 [英] Riki Therivel. 战略环境评价实践[M]. 鞠美庭，等译. 北京：化学工业出版社，2005：7.

16 Kulsum Ahmed，Ernesto Sanchez-Triana. 政策战略环境评价——达至良好管治的工具[M]. 林健枝，徐鹤，等译. 北京：中国环境科学出版社，2009：45-47.

近年来，研究人员逐渐由对战略环境评价质量的评价深入到对战略环境评价价值的评价，即对战略环境评价的实施是否实现了其开展的意义和目标，包括将战略环境评价纳入规划决策制定的过程中、战略环境评价对规划决策制定过程的影响和辅助作用、战略环境评价对规划决策内容的影响和完善作用等方面。并尝试性地提出评价战略环境评价有效性的标准和框架。[17]

3.2.1 国外战略环境评价制度的发展

Sadler 将战略环境评价的发展历程分为三个主要阶段：①萌芽阶段（1970—1989 年），战略环境评价开始出现在法律和政策之中，但很少被应用（主要是美国应用）。②成型阶段（1990—2001 年），一些国家和国际机构开始提出战略环境评价的不同要求和形式；③蓬勃发展阶段（2001 年起），以欧盟 2001/42/EC 指令为标志，相关国际法律和政策的制定促使战略环境评价被广泛运用。[18]战略环境评价体系已在 30 多个国家和地区中应用，包括发达国家、转型国家、发展中国家和国际合作组织。但是，战略环境评价的发展很不平衡，发达国家和发展中国家之间的发展差异较大。

3.2.1.1 美国

1969 年美国颁布《国家环境政策法》（NEPA）。NEPA 的第 102 条中要求"可能造成重大环境影响的立法提议或其他重大的联邦政府行为"应该附带提交详细的环境报告。这里的行为既包括项目行为——EIA 的评价对象，也包括战略行为——所谓的"纲领性 EIA"，即战略环境评价的评价对象。尽管如此，美国最初的环境影响评价仍然集中于建设项目环评，而对战略环评涉及较少。而且，该定义的灵活性已经导致很高的不确定性和大量的法律诉讼，这些诉讼是关于"行为"是否是主要的、联邦性的行为，是否会对人类环境造成重大影响。但正是这种灵活性和远见（要求对"行为"而非仅仅

17 王会芝，徐鹤. 战略环境评价有效性评价指标体系与方法探讨[A]. 2013：1-8.
18 [英] Barry Dalal-Clayton, Barry Sadler. 战略环境评价——国际实践与经验[M]. 鞠美庭，等译. 北京：化学工业出版社，2007：17.

建设项目进行评价）使得《国家环境政策法》既是一个战略环境评价规章也是一个 EIA 规章，这也意味着美国的战略环境评价体系领先其他国家 20 余年。[19]

计划环境影响报告书（PEIS）是国际上战略环境评价实践中建立时间较早、发展比较完善的领域。但在美国，PEIS 的应用仍然十分有限，只占了美国每年完成的 500 份 EIS 草案、终稿以及补充报告的很小一部分。[20]除了执行 NEPA 以外，1999 年的总统行政命令首次规定了对贸易谈判实施环境评价，2001 年美国政府批准了这个规定，并且在 2002 年制定了《贸易促进法》，此类评价主要针对贸易谈判的国内环境影响。在 2002 年，美国移民局自愿开展了关于提高移民入境条件的计划战略环境评价。

3.2.1.2 加拿大

加拿大的战略环境评价作为正式的要求主要是在联邦层次上。1990 年的联邦内阁指令是第一个战略环境评价体系，它独立于 EIA 法律，属于非法律程序，试图采用灵活和务实的方式，将环境因素纳入提交给内阁的或者内阁部长自己提出的政策和计划议案中。1999 年"关于政策、计划和规划建议的环境评价的内阁指令"（CEAA，1999）是 1990 年内阁指令的加强和发展，旨在加强战略环境评价在政策、规划和集合决策过程中的作用。它明确了政府部门和机构的义务，并且将战略环境评价与制定和实施可持续发展战略相结合，要求战略环境评价应该：考虑可能的环境影响的范围和特点；考虑减少或消除负面影响的减缓措施的必要性；考虑任何事后减缓环境影响的可能性；有适当的公众参与；以公开形式记录。1993 年加拿大联邦环境评价办公室（Federal Environmental Assessment and Review Office，FEARO）出版了战略环境评价的程序指南《对政策和计划提议的环境评价程序》，即所谓的"蓝皮书"。它概括地

19 [英] Riki Therivel. 战略环境评价实践[M]. 鞠美庭，等译. 北京：化学工业出版社，2005：33-34.
20 [英] Barry Dalal-Clayton，Barry Sadler. 战略环境评价——国际实践与经验[M]. 鞠美庭，等译. 北京：化学工业出版社，2007：66-69.

以非法律形式给出了战略环境评价的适用范围、政府官员的职责以及报告编写和公开的内容。在最初阶段，对战略环境评价的推行并不顺利，有些负责提交议案的政府部门和机构对其认识不足。加拿大战略环境评价受联邦环境评价办公室（FEARO）即后来的加拿大环境评价署名义上的监督和审查。随后，负责环境与可持续发展的委员分别于 1998 年和 1999 年对战略环境评价的执行情况和政府机构的工作进行了审查。[21]结果表明，许多政府部门对战略环境评价的执行力度不足。该审核结果对于政府部门的影响和触动比较大。2000年加拿大环境评价署编制了新的战略环境评价实施导则，导则具有灵活性（可以适用于各种政策）、实用性（无需专业技能）和系统性（基于合理、透明的分析）等特点。[22]

　　加拿大每年大约拟定 80 份战略环境评价报告书。加拿大联邦政府最早于 1993 年尝试对《北美自由贸易区协定》进行战略环境评价，并取得了一定的成就和经验。1999 年，加拿大外交和国际贸易署（DFAIT）公布了 1994 年多边贸易谈判乌拉圭回合对加拿大的环境影响并进行了事后评价，开创了对 WTO 贸易协定实施战略环境评价的先河。

3.2.1.3　欧盟

　　欧盟最初希望 1 个欧洲指令就能覆盖所有项目和 PPP[23]，但是直到 1985 年 85/337 EIA 指令通过时，它的应用还仅局限于建设项目环评。由于欧洲缺乏统一的战略环境评价要求，一些国家开始建立适应本国的战略环境评价系统。欧盟各成员国经过了 25 年的讨论和谈判，最终欧盟委员会于 2001 年 7 月 21 日通过了"关于制定规划和计划的环境影响评价"2001/42/EC 指令，并于 2004 年 7 月21 日执行。同 85/337EIA 指令一样，2001/42/EC 指令并不会直接对某个欧盟成员国产生效力，而是需要转化为每个成员国的国内

---

21 根据加拿大审计法，监察委员有广泛的权力，可以监督和要求政府，使其政策和行为考虑到环境保护和可持续发展。

22 [英] Barry Dalal-Clayton，Barry Sadler. 战略环境评价——国际实践与经验[M]. 鞠美庭，等译. 北京：化学工业出版社，2007：39-41.

23 PPP 指政策、规划和计划的英文 Policy，Plan，Program 的缩写。

法。[24]该指令第 1 条规定了战略环境评价的目标"能够更好地保护环境，在规划和计划的制定和实施过程中综合考虑各种环境因素，以促进社会的可持续发展，对可能产生重大环境影响的规划和计划实施环境评价"。欧盟指令中将战略环境评价的范围限制在规划和计划层面，没有对政策层面的战略环境评价进行要求。该指令第 5 条和附件 I 对规划和计划的战略环境评价提出了明确的要求。在准备环境报告时，应该首先识别执行规划或计划可能对环境产生的影响[25]，确定可行的替代方案，对其进行描述和评价，并应该在环境报告中给出充分的信息。[26]2001/42/EC 指令要求环境报告以及来自权力机构、公众和其他成员国的咨询意见"应该在规划或计划制定时和实施前给予充分考虑"（第 8 条），并要求进行信息公开和公众参与。[27]这些规定相对于 85/337 EIA 指令而言，是一个巨大的进步，大大改善了决策过程的透明度，确保对战略环境评价结论的综合考虑，使其不仅仅停留在形式和表面上。

欧盟 2001/42/EC 指令的实施在欧盟成员国战略环境评价的制度建设和实践方面取得了巨大的进步，但该指令最大的问题是缺乏政策战略环境评价的规范。而且对于环境的定义[28]存在一定的争议。如植物、动物和生物多样性之间的区别是什么？有形资产具体指什

---

24 [英] John Glasson，Riki Therivel，Andrew Chadwick. 环境影响评价导论[M]. 鞠美庭，等译. 北京：化学工业出版社，2007：256-257.

25 欧盟 2001/42/EC 指令附件 I 对环境影响进行了界定，即包括二次、累积、协同、短期、中期、长期、永久和暂时、积极和消极的影响。

26 欧盟 2001/42/EC 指令第五条和附件 I 要求 SEA 环境报告中应包括的信息有：1）规划的内容、主要目标及其与相关规划和计划的关系；2）环境现状的相关内容，以及不执行该规划时可能发生的环境演变；3）可能会受到重大影响的区域的环境特征；4）与规划相关的现存的环境问题；5）与规划相关的保护目标，以及把该目标和环境因素纳入规划制定过程中的方法；6）规划可能产生的重大环境影响；7）建议对重大的、不利的环境影响要采用的减缓措施；8）列出选择替代方案的原因，并叙述评价工作如何展开；9）建议采用的监控措施；10）对以上信息的非技术性总结。（引自：[英] Riki Therivel. 战略环境评价实践[M]. 鞠美庭，等译. 北京：化学工业出版社，2005：15.）

27 欧盟 2001/42/EC 指令第 9 条规定公开的范围："1）采用的规划或计划方案；2）一份综述，包括如何将环境因素纳入规划或计划中，如何考虑环境报告和咨询意见，与其他合理的替代方案相比，选择采用的规划或计划的原因；3）决定相关的监控措施。"

28 欧盟 2001/42/EC 指令附件 I 中关于环境，包括"对生物多样性、人口、人类健康、动物、植物、土壤、水、空气、气候特征、有形资产、文化遗产（包含建筑学和考古学遗产）、自然景观以及以上这些因素之间的相互关系"。

么？[29]与 2001/42/EC 指令相比，联合国欧洲经济委员会（UNECE）2003 年颁布的《战略环境评价议定书》更为科学，更能适应复杂的情况。议定书补充了 1991 年通过的《跨界环境影响评价公约》的内容，也认同了 1998 年通过的《奥胡斯公约》。

3.2.1.4 英国

在欧盟指令颁布前，英国实行了一个针对地方规划机构的评价导则，要求地方和区域发展规划实施简要形式的战略环境评价，即环境评估。英国从 20 世纪 90 年代初起就已经在土地利用、资源和废弃物发展规划中应用了目标导向型环境评价。[30]1992 年，政府建议地方权力机构对其发展规划实施环境评估，并在 1993 年颁布了具体的实施导则，包括三个步骤：一是识别可能会受发展规划影响的环境因素（如空气质量、城市可居性）；二是确保规划和政府关于环境和规划的建议相一致；三是利用政策兼容性矩阵确定规划的目标/政策的一致性，利用政策影响矩阵评价政策对环境因素可能产生的影响。截至 2001 年，英国 400 多个地方机构中的绝大多数至少对其发展规划进行了一次评估。在欧盟的战略环境评价指令颁布之前，英国的战略环境评价是快速、主观和内部性的。随着时间的推进，它已从单纯强调环境问题发展到综合考虑环境、社会和经济问题；从一种单纯对环境可行性进行评价的方法发展成为一个旨在将可持续性研究纳入规划方案制定过程的综合评价方法；从一个狭窄范围的方法发展到较宽范围的程序，有时会包含公众参与、本底环境描述以及对规划的可持续性替代方案的考虑。[31]

2004 年以后，欧盟要求实施战略环境评价指令，英国副首相办公室（Office of the Deputy Prime Minister）在 2006 年颁布了《战略环境评价指令实践指南》（*A Practical Guide to the Strategic Environmental Assessment Direction*），该指令成为英国实行战略环评

29 [英] Riki Therivel. 战略环境评价实践[M]. 鞠美庭，等译. 北京：化学工业出版社，2005：20.

30 Thomas B Fischer. 战略环境评价理论与实践——迈向系统化[M]. 徐鹤，李天威，译. 北京：科学出版社，2008：82-83.

31 [英] Riki Therivel. 战略环境评价实践[M]. 鞠美庭，等译. 北京：化学工业出版社，2005：12-13.

的重要准则之一，不但更加清晰地阐述了欧盟战略环境评价指令的要求，而且更加明确了战略环境评价的程序和范围。[32]

　　英国战略环境评价体系的一个主要优势是各种公开指导性文件，这些文件为战略环境评价实践提供了支持。然而，在欧盟战略环境评价指令生效之前，由于缺乏正式的规定和实质性的支持，战略环境评价的执行情况比较差，评价的质量也参差不齐。在发展规划制定过程中，评估的重点不是各种不同替代方案，而是政策优先的方式（在环境和可持续发展的目标基础上，实现发展政策的最优化）。在发展规划实践中，评估团队积极参与到规划制定过程中时，政策规划战略环境评价被认为能够有效影响规划的制定。但英国的战略环境评价缺乏必需的基础数据，没有考虑替代方案（在战略环评指令实施以后，战略环境评价加强了对替代方案的考虑），只有小范围的公众参与和咨询，在《区域空间战略的可持续性评估和地方发展框架》实施以后，公众参与已有所改善。[33]此外，还存在一个程序上的问题，即战略环境评价是一个"一次性"的程序，而政策的制定过程在多个阶段都需要进行决策。例如，某些政策在拟定初期进行了战略环境评价，这时政策草案很笼统，到了决策后期，加入了许多详细的内容，政策草案不断充实，也可能会产生很大的变化，而战略环境评价却没有后续的评估。这也从另一个角度证明了战略环境评价纳入决策过程的重要性。

3.2.1.5　南非

　　南非从20世纪70年代开始实施EIA，1998年，颁布了新的国家环境管理法（NEMA），规定"任何可能显著影响环境的行为（即政策、规划、计划和项目）都必须被仔细考虑、调查和评价"，并给出影响评价的最低要求，包括累积影响。1997年，南非科学和工业研究理事会（CSIR）出版了《战略环境评价议定书》草案，对于南非EIA和战略环境评价的概念性差异进行了较为详细的比较。但是，战略环境评价还没有在国家政策制定机构或政策制定过程中采用，

32　任伟. 英国战略环境评价简介与思考[A]//第三届中国战略环境评价学术论坛论文集. 2013：140-149.

33　Thomas B. Fischer. 战略环境评价理论与实践——迈向系统化[M]. 徐鹤，李天威，译. 北京：科学出版社，2008：82-83.

主要应用于规划和计划上，如工业专项规划、交通运输专项规划、港口专项规划、能源专项规划战略环境评价等。[34]南非的战略环境评价体系的特点：没有法律上的要求；靠私营部门推动；社会具有很高的环境意识；全社会的公众咨询和参与。南非的战略环境评价体系存在如下不足：薄弱的政治和行政的支持；战略环境评价和 EIA 基金的不足；缺乏环境和可持续发展的目标体系；战略环境评价的从业人员和评估人员的自身定位仅仅是技术人员，而不是一个主动的参与者。[35]1996—2003 年，南非进行了约 50 个战略环境评价。随后，在早期研究成果和实践经验基础上，南非科学和工业研究理事会（CSIR）与南非环境事务和旅游部一起编制了《战略环境评价指南》，作为规划和计划层次上主动的管理工具。该指南阐述了战略环境评价的主要优点及其对可持续发展的指导作用，并给出了战略环境评价的原则，从而为开发当地战略环境评价程序提供了基础。

总体而言，国际战略环境评价制度的发展有以下几个特征：①通过法律和行政手段建立战略环境评价。[36]一些国家通过制定法律来规范战略环境评价活动，如通过《环境影响评价法》（如芬兰）、《国家环境政策法》（如美国）来制定；而另一些国家则采用非法律规定如行政命令或政策指令的形式来规制战略环境评价，如加拿大采用行政命令的形式，而英国则采用政策评价和规划导则的形式。欧盟 2001/42/EC 指令是一部框架性法律，对特定规划和计划的评价程序作了最低的要求，但它并不是一部关于此方面的法律。当然，法律和非法律形式各有优缺点，法律手段的强制力比较强，但相比规划和计划的战略环境评价而言，政策和法案的战略环境评价更需要具有灵活性的非法律制度安排。②战略环境评价发展的多样化。[37]战略

---

34 [英] Barry Dalal-Clayton，Barry Sadler. 战略环境评价——国际实践与经验[M]. 鞠美庭，等译. 北京：化学工业出版社，2007：151-155.

35 Thomas B. Fischer. 战略环境评价理论与实践——迈向系统化[M]. 徐鹤，李天威译. 北京：科学出版社，2008：79-80.

36 [英] Barry Dalal-Clayton，Barry Sadler. 战略环境评价——国际实践与经验[M]. 鞠美庭，等译. 北京：化学工业出版社，2007：24-27.

37 [英] Barry Dalal-Clayton，Barry Sadler. 战略环境评价——国际实践与经验[M]. 鞠美庭，等译. 北京：化学工业出版社，2007：220-221.

环境评价体系随着各国加以规制的法律或行政手段，应用于政策、法律、规划、计划和其他提议的范围，以及同决策者的关系等方面的不同而变化。很少有国家能够说自己建立了覆盖范围全面的战略环境评价体系，即适用于所有可能产生重要环境影响的战略提议。一般来说，战略环境评价在规划和计划层次的应用要比政策和法律上更为平常，而且发展得更好。政策和法律战略环境评价虽然有所进展，但总体发展较慢。③战略环境评价发展的不平衡。[38]虽然现在大多数发达国家都有了战略环境评价安排，但是很多国家尚未开始执行。只有相对少数国家在该领域积累了全面深入的经验。很多战略环境评价实践的质量和效力还不是很确定，在国际机构层面上的战略环境评价发展很快，但在发展中国家国内战略环境评价则是混杂的、难以解释的。只有少数发展中国家建立了能得到认可的战略环境评价类型的过程和要素，而其他国家则更多的是有关准战略环境评价过程的经验。

3.2.2　战略环境评价在中国的发展

关于战略环评的几个对象之间的联系和区别，学者们认为，法律以政策为内核，是政策的定型化和具体化；规划是政策在时空上的具体应用和细化；计划是规划的近期安排。但是，我国的实践中并没有明确界定规划和计划的界限。因此，政策环境评价、规划（计划）环评都属于不同层次的战略环评。我国战略环评是从"区域环评"开始，并逐步发展起来的。战略环评的发展主要涵盖了三个层面，即区域环境影响评价、规划环境影响评价和政策环境影响评价。[39]

区域环境影响评价自 20 世纪 80 年代后期开始实施，在中国的改革开放背景下，出现了许多经济技术开放区。在区域开发过程中涉及一系列的开发建设活动，传统的建设项目环境影响评价仅能就

---

38 [英] Barry Dalal-Clayton, Barry Sadler. 战略环境评价——国际实践与经验[M]. 鞠美庭, 等译. 北京：化学工业出版社, 2007：222-223.

39 徐鹤, 王会芝. 中国战略环境评价研究进展//徐鹤, 等. 中国战略环境评价理论与实践[M]. 北京：科学出版社, 2010：4-5.

单个项目的环境影响作出预测，无法反映区域的整体环境状况和环境影响。区域环境影响评价着眼于一个区域内如何合理规划和建设，强调把整个区域作为一个整体来考虑，评价的重点在于论证区域内建设项目的布局、结构和时序；同时也根据区域环境的特点，对区域的开发规划提出建议，并为开展单个建设项目的环境影响评价提供依据。区域环境影响评价源于建设项目环境影响评价，同时又具有战略环境评价的特点，是介于建设项目环境影响评价和战略环境评价之间的一种特殊形态的环境影响评价。[40]1986 年，国家环保局发布的部门规章《对外经济开放地区环境管理暂行规定》第 4 条规定："对外经济开放地区进行新区建设必须作出环境影响评价，全面规划，合理布局。"这是我国最早的关于区域环评的规定；1993 年，国家环保局发布了《关于进一步做好建设项目环境保护管理工作的几点意见》，提出了区域环评的基本原则和管理程序，但未上升到强制性高度；1995 年，国家环保局在《中国环境保护 21 世纪议程》中指出，进行区域环境影响评价势在必行，并提出加强国际合作，在一些地区进行区域环评试点。1998 年，国务院颁布的行政法规《建设项目环境保护管理条例》第 5 章第 31 条规定"流域开发、开发区建设、城市新区建设和旧区改建等区域性开发，编制建设规划时，应当进行环境影响评价"；2002 年，国家环保总局发布的《关于加强开发区区域环境影响评价有关问题的通知》是一部专门针对区域环境影响评价的规范性文件；2003 年，国家环保总局制定了《开发区区域环境影响评价技术导则》，规定了开发区区域环境影响评价的工作程序和评价方法。这些规定使得我国的区域环评不断走向成熟和规范，区域环评也逐步向战略环评转变，《环境影响评价法》实施以后，建设规划的各类区域性开发建设活动逐步纳入规划环评的管理体系中，成为规划环评的一部分；尤其在 2008 年环保部出台了新的《建设项目环境影响评价分类管理名录》，将区域开发类环评排除在建设项目环评之外，彻底结束了区域环评定位不清的状态，完全成

---

40 朱坦，刘秋妹，等. 中国战略环境评价的制度化和法制化//徐鹤，等. 中国战略环境评价理论与实践[M]. 北京：科学出版社，2010：35-37.

为规划环评的一个类别。

规划环评是战略环评在我国的落脚点和切入点，也是现阶段我国战略环评的最主要形式。自 2003 年 9 月 1 日环境影响评价法实施以来，规划环评在过去的十年间取得了显著的进展。在环境影响评价法实施初期，着重于规划环评的制度建设、技术准备和能力建设等方面。[41]相继出台了一系列的规划环评的技术导则、技术规范、管理规章等规范性文件，明确了需要进行规划环评的范围、技术方法，加强了环评专家库建设等，为规划环评的实践提供了法律和技术支持。表 3.3 为 2003—2012 年国家出台的与规划环评有关的技术导则、法律法规等规范性文件。

表 3.3 环评法实施以来国家出台的与规划环评有关的导则、法律法规[42]

部门	实施时间	规范性文件名称
全国人大常委会	2003 年 9 月 1 日	《中华人民共和国环境影响评价法》
国家环保总局	2003 年 9 月 1 日	《规划环境影响评价技术导则（试行）》
国家环保总局	2003 年 9 月 1 日	《开发区区域环境影响评价技术导则》
国家环保总局	2003 年 9 月 1 日	《环境影响评价审查专家库管理办法》
国家环保总局	2003 年 10 月 8 日	《专项规划环境影响报告书审查办法》
国家环保总局	2004 年 7 月 6 日	《编制环境影响报告书的规划的具体范围（试行）》
国家环保总局	2004 年 7 月 6 日	《编制环境影响篇章或说明的规划的具体范围（试行）》
交通部	2004 年 8 月 19 日	《关于交通行业实施规划环境影响评价有关问题的通知》
国务院	2005 年 12 月 3 日	《国务院关于落实科学发展观 加强环境保护的决定》
国土资源部	2005 年 12 月 21 日	《省级土地利用总体规划环境影响评价技术指引》

41 李文超，陆文涛，徐鹤，等. 中国规划环境影响评价的实践进展——环评法十周年回顾[A]//第三届中国战略环境评价学术论坛文集. 2013：9-18.
42 同上注.

部门	实施时间	规范性文件名称
国家环保总局	2006 年 3 月 18 日	《环境影响评价公众参与暂行办法》
中央军委	2006 年 10 月 1 日	《中国人民解放军环境影响评价条例》
水利部	2006 年 12 月 1 日	《江河流域规划环境影响评价规范》
国家环保总局	2007 年 12 月 1 日	《关于加强公路规划和建设项目环境影响评价工作的通知》
国家环保总局	2008 年 5 月 1 日	《环境信息公开办法（试行）》
环保部	2009 年 7 月 1 日	《规划环境影响评价技术导则　煤炭工业矿区总体规划》
国务院	2009 年 10 月 1 日	《规划环境影响评价条例》
环保部	2009 年 10 月 30 日	《规划环境影响评价技术导则　林业规划》（征求意见稿）
环保部	2009 年 11 月 9 日	《规划环境影响评价技术导则　土地利用总体规划》（征求意见稿）
环保部	2009 年 11 月 9 日	《规划环境影响评价技术导则　城市总体规划》（征求意见稿）
环保部	2011 年 8 月 11 日	《关于进一步加强规划环境影响评价工作的通知》
国家海洋局	2011 年 9 月 20 日	《关于规范区域建设用海规划环境影响评价工作的通知》
环保部	2011 年 12 月 29 日	《关于加强西部地区环境影响评价工作的通知》
环保部、交通部	2012 年 5 月 11 日	《关于进一步加强公路水路交通运输规划环境影响评价工作的通知》

在实践层面，自 2005 年以来，规划环评逐渐为政府部门所重视并开展相关的实践活动。2005 年，我国开展了典型行政区、重点行业和重要专项规划 3 种类型 23 个规划环评试点。如中国环境科学研究院承担了"内蒙古自治区国民经济和社会发展'十一五'规划纲要"战略环境影响评价（2005 年）和全国林纸一体化工程建设"十五"及 2010 年专项规划环境影响评价；铁道部第四勘察设计院承担了

全国铁路"十一五"规划环境影响评价。[43] "内蒙古国民经济和社会发展'十一五'规划纲要"战略环境评价是我国第一个省级层面发展规划纲要战略环境评价，通过战略环境评价，内蒙古将煤炭产能从原来规划中的 5 亿 t 调整为 4 亿 t，淘汰落后火电装机容量 1 100多万 kW。该规划环评是当时我国层次最高的环境影响评价，为今后自治区发展的合理布局、结构调整和规模优化提供了科学依据，具有重要的创新成果和探索价值，为今后同类环境影响评价提供了可借鉴的案例。全国林纸一体化工程建设"十五"及 2010 年专项规划环境影响评价是《环境影响评价法》实施以来开展的第一个国家层面的规划环评；全国铁路"十一五"规划环境影响评价则是第一个涉及全行业宏观发展规划的战略环境评价，该类规划战略环境评价没有成熟的模式和方法，国内外都很少有先例。2006 年，"武汉市国民经济和社会发展第十一个五年总体规划纲要"战略环境评价也是我国第一个大型城市发展战略的战略环境评价；同年，宁波市委托清华大学开展了"宁波市国民经济和社会发展'十一五'规划纲要"的战略环境评价。这些探索性的战略环境评价已经突破了环评法和相关法律法规的限制，因为根据我国《环境影响评价法》和原国家环保总局的相关规章，我国法定进行规划环评的有土地利用、区域、流域、海域开发和 10 个专项规划等 14 个类别，并没有国民经济和社会发展规划等更宏观层面的战略环境评价要求。此外，按照法律规定，有些如铁路"十一五"规划属于综合性、指导性规划，只需要在规划草案中附规划环评的篇章和说明即可，但却完成了环境影响报告书，这些探索和突破对于完善我国的规划环评体系具有十分重要的意义。然而，随着规划环评的发展，这些突破性、探索性的规划战略环境评价反而减少了，或者层次降低了。除了内蒙古，迄今为止，还未见有第二个省级或更高层面的发展战略环境评价。

2008 年，环保部组织开展了《汶川地震灾后重建规划环境影响

---

43 国家环境保护总局环境影响评价司. 战略环境影响评价案例讲评（第一辑）[M]. 北京：中国环境科学出版社，2006：1-110.

评价》和《新增千亿斤粮食规划环境评价》[44]，推动了决策的科学化、合理化；同年，环保部还组织开展了辽宁沿海经济带"五点一线"、江苏沿海地区及广东横琴重点开发区规划环评，推动了上海等 30 个重点城市开展轨道交通规划环评；2009 年 2 月 19 日，"五大区域"[45]重点产业发展战略环境评价项目启动，意在探索在大区域层面建立以环境保护促进经济又好又快发展的长效机制，推动相关区域成为落实科学发展观的先行区和示范区，为以后的区域规划环评工作树立典范；2012 年 1 月 2 日，环保部正式启动了西部大开发重点区域和行业发展战略环评项目，这是继五大区域战略环评之后我国在重点区域战略环评工作中的又一重大举措，弥补了五大区域战略环评在西南的云南、贵州两省，西北的甘肃、青海、新疆三省区的空白；2013 年上半年，环保部基本完成了长江中下游城市群和中原经济区发展规划环评项目的招标工作。[46]随着国家重点区域和行业发展战略的深入推进，以规划环评为抓手从源头预防环境污染和生态破坏，破解重化工业布局与生态安全格局之间、结构规模与资源环境承载力之间的两对突出矛盾，是环境保护参与综合决策的重要途径，也是优化产业布局和国土空间开发结构的必然要求。

在地方层面，各省市逐步开展了大量的规划环评实践工作，主要以区域、流域以及交通行业发展规划环评为主。"十一五"期间、环保部环境工程评估中心共审核了 218 份规划环评报告书（见表 3.4），主要集中在煤炭矿区、开发区、轨道交通、港口及流域开发等方面。这与文献研究的侧重点基本吻合，表明实践和学术研究的共同发展。而在农业、畜牧业、林业及旅游等领域的规划环评实践较少，这和相关导则的缺失及政府相关部门的不够重视有关。

---

44 对于 SEA，国际上通用为"战略环境评价"，我国在 2008 年之前一般用"战略环境影响评价"，但之后也沿用"战略环境评价"的说法，实际上，无论是"战略环境影响评价"还是"战略环境评价"，意思是一致的，简称为"战略环评"。

45 "五大区域"指广西北部湾经济区、成渝经济区、黄河中上游能源化工开发区、环渤海沿海地区、海峡西岸经济区。

46 李文超，陆文海，徐鹤，等. 中国规划环境影响评价的实践进展——环评法十周年回顾[A]// 第三届中国战略环境评价学术论坛文集. 2013：9-18.

表 3.4 "十一五"期间环保部环境工程评估中心审核规划环评情况[47]

领域 \ 年份 数量	2006	2007	2008	2009	2010	合计
能源（煤炭矿区）	3	13	27	25	11	79
区域开发	3	9	13	8	2	35
城市建设（轨道交通）	2	8	8	8	6	32
交通（港口、航道）	5	3	4	4	13	29
流域开发	0	0	3	2	4	9
其他	10	1	10	4	4	29

政策环境影响评价位于战略环评的顶端，目的是为国家经济社会发展中的相关政策进行环境可行性论证，并提出实施建议，实现经济、社会的可持续发展。我国关于政策环评的理论研究不多，大多集中在对公共政策的评估和研究，政策层面的战略环境评价在理论、方法、制度和组织等方面都缺乏系统的研究和实践经验。

3.2.3 政策环境评价制度与政策分析（评估）制度

政策环境评价是战略环境评价原则在政策层面上的应用，是指对政策及其替代方案的环境影响进行分析、预测和评价，并对不良环境影响提出减缓对策和建议的过程。政策环境评价是战略环境评价的重要组成部分，也是其最新发展趋势。[48]与规划和计划层面的环境评价的广泛应用相比，政策层面的环境评价实践比较少。例如，欧盟 2001/42/EC 指令并没有要求进行政策环境评价，然而，一些国家和国际组织，如加拿大、丹麦、荷兰和世界银行等都采取措施将环境因素纳入公共政策的制定过程。政策分析最初实际上只是一种效率研究，仅限于决策的辅助分析工作。政策分析的前期准备要涉及问题的确认和资料的收集，最终目的是为决策者提

47 同上注.
48 李天威、李巍. 政策层面战略环境影响评价理论方法与实践经验[M]. 北京：科学出版社，2008：14-60.

供决策依据。[49]这种政策分析从 20 世纪 50 年代开始首先在军事领域得到运用，到 60 年代则在社会一般政策领域中普及，以美国兰德公司（Rand Corporation）为典型代表。这类基于理性原则的政策的投入-产出分析在政策分析领域影响甚大，构筑了现代政策分析的基础架构。[50]

随着政策科学的发展，政策分析已不仅限于政策方案的选择过程，还要考虑政策过程的其他环节，必须从各个方面对政策是否正确、公平、合理进行分析和评价，包括政策的环境影响分析。因此，政策环境评价可以看做是全面政策分析的一个方面。

3.2.3.1 政策环境评价的作用和工作步骤

环境评价的目的是通过决策过程的早期介入，以期影响决策过程。开展政策环境评价是环境评价发展的必然趋势和全面实施可持续发展战略的内在要求。实施政策环境评价，能为决策者提供更好的信息，有助于建立环境与发展综合决策机制；通过环境评价的公众参与，改变人们的态度和意识，并增强政府部门的环境意识；有助于落实科学发展观，建设社会主义生态文明。根据我国《环境影响评价法》和《规划环境影响评价条例》，目前我国的战略环境评价主要集中在规划领域。但是，随着经济和社会的发展，这种局限性给环境管理和决策带来了越来越多的限制。学界和有关方面积极探索环境影响评价的新形式。例如，根据 2008 年环境保护部的"三定"方案，其中关于环境影响评价司的工作职责就有一条"承担规划环境影响评价、政策环境影响评价、项目环境影响评价工作"，这是对现有制度的一种突破和尝试。

政策环境评价的主要工作程序[51]：①政策的初步分析，阐明政策内容和目标，提出问题，并确定评价工作方案；②明确政策建议的目标及其与相关政策的关系；③选择评价标准和依据，判断主要环

49 谢明. 政策透视——政策分析的理论与实践[M]. 北京：中国人民大学出版社，2004：37-60.

50 顾建光. 公共政策分析学[M]. 上海：上海人民出版社，2004：94-113.

51 李天威，李巍. 政策层面战略环境影响评价理论方法与实践经验[M]. 北京：科学出版社，2008：14-60.

境影响和评价范围（Scoping）；④选择和形成政策建议的替代方案，包括"零"方案；⑤进行环境现状调查；⑥预测和分析政策建议及其替代方案的环境影响；⑦对各种政策建议进行综合评价，包括经济、社会评价（包括公众参与）；⑧环境影响的经济分析和替代方案的筛选；⑨提出建议和相应的环保对策与建议；⑩进行监测反馈和跟踪评价，有重大环境影响的要进行后评估。[52]由于政策环境评价处于初步建立阶段，其工作程序也随着目标政策的不同而有所区别，但其核心仍然要遵循战略环境评价的指导思想和原则。政策和环境评价过程通常是完全紧密结合在一起的，而这种紧密结合是环境评价经常不能被完全识别的原因。在政策制定中经常对评估没有正式的要求，人们对各种政策的发展选择项所作出的评估都是非正式的，允许跨部门领域考虑问题和替代方案。[53]

3.2.3.2 政策分析的分类和工作步骤

政策分析是一个由多学科、多理论和多模型组成的综合研究领域。[54]政策分析根据时间先后可以分为前期分析和后期分析。关注备选方案可能性结果的分析属于事前或预先分析，还可以进一步细分为预测性分析和规范性分析。预测性分析是为了预测采取特定方案可能产生的未来结果；规范性分析是为了达到某种特定结果而提出如何行动的相关建议。关注政策过程的描述性政策分析即为后期分析，可以进一步细化为回溯性分析和评价性分析。前者关注到底发生了什么，主要目的是对以往政策进行历史分析；后者关注政策执行结果是否合乎政策目标，主要目的是对执行中的政策进行解释和评价。[55]根据研究的复杂程度和精确性的不同，还可以将政策分析分为研究分析和快速分析。研究型政策分析又称为政策研究，主要是由一些研究机构的学者和思想库的顾问对一些公共政策进行专门研

52 Thomas B Fischer. 战略环境评价理论与实践——迈向系统化[M]. 徐鹤, 李天威, 译. 北京: 科学出版社, 2008: 5-35.

53 Thomas B Fischer. 战略环境评价理论与实践——迈向系统化[M]. 徐鹤, 李天威, 译. 北京: 科学出版社, 2008: 31.

54 谢明. 政策透视——政策分析的理论与实践[M]. 北京: 中国人民大学出版社, 2004: 37-60.

55 冯锋, 李庆均. 公共政策分析·理论与方法[M]. 合肥: 中国科技大学出版社, 2008: 139-180.

究，其特点是研究周期长，投入成本高，所需资料多，效果显示慢。快速分析需要对政策问题作出及时反应，在时间资源稀有的条件下，快速提出有效的政策建议。快速分析以其简便、快捷的分析过程及其及时提供分析结果引起了决策者的广泛关注并受到政策分析人员的青睐，逐步在政策分析领域得到推广和应用。[56]

卡尔·帕顿和大卫·沙维奇（Carl V Patton and David S Sawicki）具体阐述了政策初步分析的六个步骤：①确认和细化政策问题。②建立评估标准。为了在备选方案之间进行比较、权衡和选择，必须确立相关的评估标准。③提出备选政策方案。备选方案也可能是委托人有了偏好的可选方案，分析人员可以将它推演，提供细节的帮助，其中"零"方案是值得推荐的策略。④评估备选政策方案。根据问题的性质和评估标准对备选方案进行评估，不但要考虑经济和技术可行性，更要考虑政治可行性。⑤展示和区分备选方案。根据评估结果，可能形成一系列备选方案及其符合标准的综合报告，备选方案之间的排序，以及所给予各个选项的空间等因素都能影响决策。⑥监督和评估政策实施。[57]作为政策分析人员，大多数情况下并不参与政策实施，要实现监督或参与政策执行比较困难，但还是有一定的监督和评估执行情况的责任，以取得政策实施的一些反馈并进一步完善。

比较政策环境评价和政策分析的工作步骤，可知一些步骤和思路是相同和交叉的，政策环境评价吸收和采纳了政策分析的成熟经验。

3.2.3.3 政策环境评价与政策分析的异同

政策环境评价和政策分析的对象都是政策，但政策环境评价侧重于环境，集中对政策的环境影响进行分析和评价，并兼顾政策的经济效益、社会效益和环境效益的统一。政策分析则是站在一个综合的角度，分析一个政策的所有方面（政治、经济、环境、社会和

---

56 [美] 卡尔·帕顿，大卫·沙维奇. 政策分析和规划的初步方法[M]. 孙兰芝，胡启生，等译. 北京：华夏出版社，2001：22-56.

57 同上注.

其他），其中也包括环境影响分析，但是分析的角度和程度有所不同。政策环境评价可以看做是全面的政策分析和广义战略环境评价在政策的环境层面上的交叉和融合，并且相互促进。[58]以传统EIA 和战略环境评价的经验和方法为基础，利用政策分析提供的系统分析框架，再针对政策的特点，综合和集成一些新的、适用的理论、经验、技术和方法，就可以初步建立起政策环境评价的程序和方法，可以有效促进战略环境评价进入政策的制定和分析过程。随着人们环境意识的提高和可持续发展思想的普及和深入，政策环境评价在政策分析中的地位和比重将逐步提高，它们将不断磨合，而最终可能形成以可持续发展思想为核心的一体化的政策分析和评价过程。[59]

当然，政策环境评价和政策分析存在一些差异。如实施过程中公众参与程度问题。政策环境评价源于环境影响评价，环境影响评价过程非常重视公众参与，政策环境评价也不例外。而传统的政策分析基于一种精英决策，将公众排除在决策之外。随着现代政策科学的发展，政策分析也逐步重视公众参与决策问题。[60]

3.2.3.4 环境政策评估和政策环境评价

王金南等[61]对环境政策的社会经济影响评估进行了研究，提出了一套完整的环境政策评估方法和程序，并应用于我国"关停小造纸"政策的评估中。他认为，环境政策评估和战略环境影响评价、可持续发展影响评价都有相当的重叠部分，在一定条件下可以相互转化。环境政策评估主要是对环境政策实施的有效性进行评估，包括效果评估、效率评估、影响评估和综合评估等方面。效果评估也称目标评估，是指对政策制定时的预定目标的实现程度进行评估；效率评估是指对环境政策的投入产出分析；影响评估特别关注政策的经济、

58 李天威，李巍. 政策层面战略环境影响评价理论方法与实践经验[M]. 北京：科学出版社，2008：14-60.
59 同上注.
60 诸大建，刘淑妍，朱德米，等. 政策分析新模式[M]. 上海：同济大学出版社，2007：46-56.
61 王金南，葛察忠，等. 环境政策的社会经济影响评估[A]//第二届环境影响评价国际论坛——战略环评在中国会议论文集. 2007：22-30.

社会影响评估。王金南等还提出了环境政策评估的原则：可持续性原则、创新性原则、目的性原则、整体性原则、相关性原则、协调性原则和公众参与原则等。对于环境政策评估的标准一般应包括以下几方面：①环境政策投入；②环境政策效益；③环境政策效率；④环境政策公平性；⑤环境政策回应度。环境政策评估的主要方法有：①社会调查法，包括公众调查、专家咨询等；②预测分析法；③定量化技术；④对比分析法；⑤逻辑框架法；⑥经济评估方法，如费用效益分析、价值评估法等。环境政策评估实质上是政策分析的理论和方法在环境政策领域的具体运用。

3.2.3.5 国内外政策环境评价和政策分析（评估）的经验

1993 年，加拿大政府对《北美自由贸易协定》进行了战略环境评价。但加拿大并没有将战略环境评价整合到《北美自由贸易协定》的起草过程中，因为该战略环境评价是在协定的谈判开始之后进行的。在公众参与方面，公众可以获得该战略环境评价的工作大纲，并且以信件的方式提出建议。不过，一般市民并没有直接参与协定条款拟定的过程。公众还可以通过国际贸易咨询委员会和咨询小组进行参与，参与的团体包括商业、环境、劳工和学术界的代表。[62]

斯洛伐克的能源政策环境评价（EP2000）的最成功之处是进行了广泛的公众参与。[63]在政策制定初期的参与咨询阶段，就由有关部门制定一个大纲征询 NGOs 的意见，然后为环境和自然保护的议员起草一份讨论文件。通过网络和其他形式对政策草案进行信息公开，并有两个月的时间给公众提交评论和意见，最后进行公众听证会和专家咨询。本案例证实了公众参与在政策环境评价的质量控制和保证中起到非常关键的作用。此外，政策环境评价和政策制定做到了完全融合。[64]战略环境评价专家是政策设计组的成员；政策制定和战

62 Kulsum Ahmed, Ernesto Sanchez-Triana. 政策战略环境评价——达至良好管治的工具[M]. 林健枝, 徐鹤, 等译. 北京: 中国环境科学出版社, 2009: 16-18.

63 [英]Barry Dalal-Clayton, Barry Sadler. 战略环境评价——国际实践与经验[M]. 鞠美庭, 等译. 北京: 化学工业出版社, 2007: 137-147.

64 Kulsum Ahmed, Ernesto Sanchez-Triana. 政策战略环境评价——达至良好管治的工具[M]. 林健枝, 徐鹤, 等译. 北京: 中国环境科学出版社, 2009: 25.

略环境评价之间并没有明显的界限。

而捷克能源政策环境评价是一个相对失败的例子。[65]在替代方案的比较、公众听证会等方面做得比较成功，战略环境评价报告的质量也很高。但信息公开迟缓，导致能源政策和战略环境评价文本受到广泛批评。而且由于增加额外复杂的分析（如多标准分析），使战略环境评价变得复杂，导致结论提交延后。政策环境评价需要应用简单易得的技术进行评价，可以节约时间和金钱；同时，政策环境评价需要考量更为广泛的政治决策的背景和环境，而不能仅仅考虑环境因素。其他的经验教训是：战略环境评价要应用最简单易行的技术来执行给定的工作，可以节省时间和金钱；政策环境评价需要融入更广泛的政治决策的背景和环境中，战略环境评价报告只是一个支持决策工具，是给决策提供信息，而不是对其进行约束。当其结论与政府的主要优先事项冲突时，就很可能被忽略。

王金南等[66]利用上述环境政策评估程序和方法，对"关停小造纸"政策进行了评估，得出了比较翔实、可靠的结论，说明这些程序和方法是行之有效的。宋国君等[67]对淮河流域水环境保护政策进行了评估，他们引用了大量的数据和资料，并进行了访谈，采用政策和规划评估方法，以水环境保护最终目标为评估的起点，根据污染物产生、排放、扩散到最终影响水质保护目标的逻辑主线向上反推，通过水质评估、排放标准、污染控制行动评估等分析环境政策和环境管理存在的问题，得到了一些令人信服的结论。该评估最大的特点是评估目标非常清晰，根据淮河流域的主要环境问题将评估目标集中于水质评估、污染物排放控制评估、水环境保护行动评估以及水环境保护政策和管理评估等方面。

65 [英]Barry Dalal-Clayton，Barry Sadler. 战略环境评价——国际实践与经验[M]. 鞠美庭，等译. 北京：化学工业出版社，2007：137-147.

66 王金南，葛察忠，等. 环境政策的社会经济影响评估[A]//第二届环境影响评价国际论坛——战略环评在中国会议论文集. 2007：22-30.

67 宋国君，谭炳卿，等. 中国淮河流域水环境保护政策评估[M]. 北京：中国人民大学出版社，2007：1-26.

3.2.3.6   洱海流域水环境政策环境评价的思路和方法

借鉴上述的环境政策评估、政策分析和政策环境评价的思路和方法，对云南洱海流域水环境保护政策进行了政策环境评价的试点研究，简要探讨政策环境评价的思路和方法。洱海流域水环境政策环境评价是一种后期的回顾性评价。确认其主要评价原则为：可持续发展原则，整体性原则，创新性原则，环境、经济和社会协调发展原则和公众参与原则等。

评价思路和逻辑框架分为七个部分：①政策概述。主要是对洱海水环境政策的目标，以《洱海管理条例》为主线，结合其他相关政策文件，将水环境政策进行归纳和梳理（见表 3.5），对政策的影响进行识别（见表 3.6），确定战略环境评价的评价范围和评价指标（见表 3.7）等。②政策环境评价的评价原则和指导思想。③政策回顾。论述洱海近 30 年来的水环境政策的演变，对洱海水环境政策的协调性分析（宏观和上层分析、存在的问题，主要是与 2008 年修订的水污染防治法比较，洱海旅游业开发与环境保护的矛盾等），对洱海水环境政策执行分析（微观基层分析，包括曾经和现有政策的执行比例、政策条款的适应性、执行效果、执行中的主要问题及原因等分析）。④洱海水环境保护政策影响评估。本部分是战略环境评价的核心，将政策进一步归类，形成污染削减类政策影响评价、水资源利用政策影响评价、生态服务功能恢复政策影响评价和水环境政策对大理城市规划和建设的影响分析等 4 部分评价内容。⑤洱海水环境政策的经济、社会评价。包括政策的费用-效益分析；政策实施的公众参与调查；政策的社会影响评价等（如失地农民和失业渔民的生产生活方式的改变等）。⑥对策和建议。包括从 2008 年修订的水污染防治法的立法精神分析洱海管理条例的立法趋势和完善，以及洱海管理体制的完善，根据评估等提出相应的对策和建议，政策环境评价的困难和不确定性等内容。⑦评价结论。

表 3.5 洱海流域水环境具体政策

政策研究 \ 体系	持续时间	主要内容	主要目标	执行范围	政策出处
水位调控政策	1988 年至今	洱海最高水位、正常水位、防洪水位的确定	水量和水资源的合理利用，提高水体自净能力，提高洱海生态环境质量	洱海水体和湖滨带、出湖河道	《洱海管理条例》第 3 条；省政府云政复[2004]42 号《云南省人民政府关于调整洱海运行水位的批复》
截污和污水处理政策	1986 年至今	建设下关、古城至西洱河的截污干管，截流城市生活和工业废水	减少污染物进入洱海水体。但另一方面也减少了洱海的入湖水量	洱海水体和湖滨带、下关和古城城区	《洱海管理条例》第 8 条、第 12 条
"双取消"政策	1996 年至今	取消洱海机动渔船动力设施和网箱养鱼	减少鱼类养殖的污染，保护和合理开发洱海渔业资源	洱海水体	1996 年大理州政府发布了《关于取消洱海机动渔船动力设施和网箱养鱼的决定》，《洱海管理条例》第 7 条
"三退三还"政策	2001 年至今	退耕还林/湖、退房还湿地和退渔还湖	扩大和恢复洱海湿地、湖滨带，防治洱海富营养化	洱海沿岸和滩地	《洱海管理条例》第 7 条
湖滨带生态保护和湿地恢复政策	1996 年至今	建设环洱海湖滨带	恢复洱海湿地湖滨带，提高洱海的湿地面积，增强其自净能力，保护生态环境	洱海周边	《洱海管理条例》第 7 条、第 15 条，《洱海流域治理和保护规划》
"两禁止"政策	1997 年至今	禁止在洱海流域使用含磷洗涤剂和禁止使用白色塑料袋	减少总磷的流入量，减缓洱海富营养化，防治洱海流域的白色污染	洱海管理区和流域	1997 年 11 月 22 日，大理州政府颁布了《关于在洱海汇入区内禁止生产、销售和使用含磷洗涤用品的决定》，《洱海管理条例》第 11 条；2006 年 9 月，大市政办发[2006]59 号关于禁止白色污染的规定

政策研究 \ 体系	持续时间	主要内容	主要目标	执行范围	政策出处
村镇垃圾清运政策	2001年至今	设立专项资金,采取政府、村民委员会和村民共同出资的形式,对农村村镇垃圾进行统一、定时收集,并集中到垃圾中转站,最后运至垃圾处理场	防治农村面源污染,进行入湖河道和洱海沿岸的垃圾整治	洱海流域和洱海管理区域	《洱海管理条例》第17条,《洱海流域村镇、入湖河道垃圾污染物处置管理办法》
入湖河道治理政策	1996年至今	加强对入湖河道的综合治理,设置污水、污物处理设施	减少污染源排入洱海,防治洱海水污染	洱海入湖河流	《洱海管理条例》第8条、第9条
封湖禁渔政策	1988年至今	年度封湖禁渔,对洱海珍稀鱼类实行长年封禁	保护渔业资源的自然增殖,维护水生动物的生态平衡	洱海水体	《洱海管理条例》第19条、第20条
水土流失防治政策	1998年至今	禁止乱砍滥伐、毁林开荒,禁止砍伐和破坏河道护堤林和环湖林带,封山育林,退耕还林	水土流失的防范和整治	洱海保护范围	《洱海管理条例》第13条

表3.6　洱海流域水环境政策影响识别表

政策名称 ＼ 影响因子	洱海水质		水资源			生态服务功能				经济	社会
	湖泊水体	入湖河流	饮用水	农业用水	工业用水	湿地和湖滨带	生物多样性	水体自净能力	水源涵养（水土流失）	渔业、农业、工业	生产方式、生活方式、公众满意度
水位调控政策	+s	+s	+s	+2r	+3r	+2s	+s	+s			
截污和污水处理政策	+3s	+s	+s	−s	−s		+s	+s		+s	+s
"双取消"政策	+s	+s	2s				+3s	+s			
"三退三还"政策						+3s	+s				
"两禁止"政策		+3s				+r					+s
村镇垃圾清运政策	+s	+s	s			+s					+s
湖滨带生态保护和湿地恢复政策	+s	+s				+3s	+s	+s			−s
入湖河道治理政策（包括养殖业污染处理）	+s	+s	+s							+s	+3s
封湖禁渔政策							+3r	+2r			−s
水土流失防治政策				+s					+2s		

说明："+"表示有利影响，"−"表示不利影响；"r"表示可逆或短期影响，"s"表示不可逆或长期影响；"3""2""1"分别表示强影响、中影响、弱影响。

表 3.7 洱海流域水环境政策 SEA 的目标与指标的建立

SEA 专题	SEA 专题的目标设定	SEA 专题的评价指标	主要评价方法
污染物削减政策	2010 年总体水质保持在Ⅲ类水体，水体营养化程度，最终水质恢复至Ⅱ类。城市污水和农村面源污染的控制	总氮、总磷、COD	资料收集法，污染物转换核算法，比较法，政策执行效果分析法，政策的生命周期评价法等
生态服务功能恢复政策	洱海生态系统的恢复，自净能力的恢复，包括湖滨带和湿地功能的恢复和扩大。环境容量的扩大，水土流失的保护，生物多样性的恢复	水环境容量（或自净能力）、珍稀物种栖息地、湿地和湖滨带面积	资料收集法，比较法，政策执行效果分析法等，政策周期评价法，德尔菲法
水资源合理利用政策	饮用水安全保障，保证工农业用水安全，发电	水位、水量、饮用水水源地	资料收集法，比较法，政策执行效果分析法，政策周期评价法等
水环境政策的经济影响评价	经济效益和环境效益的平衡和协调	政策执行费用[投入、损失（耕地、补偿）]、产出（鱼类产量增减）、环境效益（包括生态效益）	影子工程法、CVM法、成本-效益分析法等
洱海水环境政策的社会影响评价	保障政策实施的社会和谐，保障利益相关者的利益	利益相关者（失地农民、渔民）的生活和生产方式	田野调查法、访谈法、问卷调查法、资料收集法等

注：通过对表 3.5 和表 3.6 的环境影响识别，根据其功能，可以将洱海流域的水环境的具体政策进一步归类。一类是污染物削减政策；二类是洱海水环境生态服务功能恢复政策；三类是水资源合理利用政策等。当然，有些政策是具有多项功能的，可能兼有污染物削减和生态恢复的功能。

3.2.3.7　结语

政策环境评价是环境、经济、社会等方面的评价，侧重于环境影响分析；政策分析是对经济、政治、社会、环境方面的分析，侧重于经济、社会、政治的综合分析。政策环境评价可以从政策分析中借鉴许多方法和思路。两者的互相联系和借鉴，可以更有效地实现战略环评的目标——可持续发展。通过对洱海流域水环境政策环境评价的研究，借鉴政策分析（评估）的原则、方法和技术工具，提出了一个政策环境评价的评价思路和逻辑框架，可以提高政策环境评价的有效性和创新性，有效避免建立在传统项目环评基础上过于具体和局限性的缺点。此外，关于分析人员的法律责任问题不是很清晰。目前，均无法律规定政策环境评价和政策分析人员必须承担的责任。根据《环境影响评价法》，规划环评人员必须承担一定的法律责任，规划环评审查小组也承担一定的行政责任，审查意见从某种意义上而言是一种行政行为。在政策分析领域没有类似的规定，当然并不意味着政策分析人员没有责任。由于政策的高度政治性，政策分析人员承担的压力和风险并不小，随着现代政府问责制的完善，决策人员的责任更为重大，更需要做到决策科学化、民主化。

3.2.4　战略环境评价制度与环评监督功能的完善

战略环境评价有助于制定出更为有效的决策，通过系统性决策框架，战略环境评价提高了决策的效力和效率。[68]一方面，基于影响评价的战略环境评价通过预测政策、规划和计划对环境的影响并提出相应的保护和减缓措施，从而在较高层次的决策过程中综合考虑环境因素；另一方面，以制度分析为核心的战略环境评价旨在将环境因素和可持续性纳入较高层次政策制定过程的主流，评估制度和政策框架识别环境风险的能力，以及能否及时有效地管理这些环境风险的能力。然而，关于战略环境评价和决策之间的关系，专家们

---

68 Thomas B Fischer. 战略环境评价理论与实践——迈向系统化[M]. 徐鹤，李天威，译. 北京：科学出版社，2008：9-13.

存在争议，有学者强调了战略环境评价融合战略决策的重要性，[69]融合包括过程融合和横向融合。[70]有效的过程融合也包括战略环境评价与政策设计者建立伙伴关系，并取得他们对战略环境评价工作的支持。但是，也有专家担心融合会淡化对环境问题的关注，他们认为，战略环境评价应该独立进行，最好能与政策设计同时进行，因为独立的战略环境评价会特别关注环境因素。而加拿大贸易政策协定的战略环境评价程序给出了一种创新的方式，既保持了完全融合的特点，又没有削弱对环境因素的关注。[71]

战略环境评价可以通过 3 种主要功能促进战略行为制定过程对环境因素的考虑：①战略环境评价为决策者提供更好的信息。一些经验表明，高质量的信息能影响决策的产生和决策的实施者。当然，要为战略的制定提供更好的信息，公开程序和避免冲突是至关重要的。然而，在存在利益冲突和利益博弈的情形下，决策者可能为实现其政治目的，常以科学为证据将合理的信息扭曲，"事实"也因此向特殊的利益集团倾斜，因此，需要一个强大而有效的外部监督机制。②通过公众参与，战略环境评价能改变人们的态度和意识，进而影响到战略的制定。这就意味着战略环境评价可以将不同行为人和利益相关者的不同目标和价值放在一起。③战略环境评价能改变政府部门根深蒂固的行事惯例。战略环境评价通过改变政府部门偏好"环境不可持续"的政策行事惯例，形成一个更具环境意识的政府，战略环境评价可能因此对未来产生预防效应。[72]

战略环评制度通过影响决策并与决策过程融合，体现了环评的制约和监督功能。当然，战略环评制度监督功能的体现与其有效性

69 Kulsum Ahmed，Ernesto Sanchez-Triana. 政策战略环境评价——达至良好管治的工具[M]. 林健枝，徐鹤，等译. 北京：中国环境科学出版社，2009：27-28.

70 过程融合即 SEA 全面融合到战略决策的制定过程中；横向融合指 SEA 实施过程要认真研究环境、社会和经济之间的联系，识别战略决策实施所引起的经济和社会变化导致的间接环境影响。

71 Kulsum Ahmed，Ernesto Sanchez-Triana. 政策战略环境评价——达至良好管治的工具[M]. 林健枝，徐鹤，等译. 北京：中国环境科学出版社，2009：29.

72 Thomas B Fischer. 战略环境评价理论与实践——迈向系统化[M]. 徐鹤，李天威，译. 北京：科学出版社，2008：15-17.

分不开。战略环境评价的有效性包括执行过程的有效性和发挥功能的有效性。战略环境评价作为独立的系统，其内部存在交互作用的规律性，内部交互作用的各环节之间有效运作的程度可以称其为内部运行有效性，即执行过程有效性。同时，战略环境评价作为管理工具，其对整个规划体系的运行具有某种程度上的外部效应，战略环境评价发挥外部效应的程度可以称其为外部功能有效性，即指战略环境评价价值是否实现，以及何种程度上得以实现。战略环境评价发挥功能有效性主要包括以下两方面：第一，战略环境评价的内在效果，反映战略环境评价的直接功能，指战略环境评价作为辅助决策工具，结论和建议纳入规划和决策的制定过程中，对规划和决策的影响。第二，战略环境评价的外在效益，反映战略环境评价的间接功能。指在实现其直接功能以外，对组织以及个人关系所产生的影响。主要包括战略环境评价通过及时有效的信息反馈，为未来决策和完善决策管理水平提出建议，战略环境评价有助于提高规划透明度，改善规划、政府部门与公众的关系，提高规划人员、政府部门人员以及公众的环境意识。[73]

3.3 环境影响评价"区域限批"制度

3.3.1 区域限批的法理基础

3.3.1.1 区域限批的性质

区域限批制度是我国环境管理的一个创新，学界对于区域限批的概念并无统一的认识。一般而言，区域限批是指如果一个地区出现重大环境污染事故或出现违反环境影响评价法及其他环境法律的行为，环保部门有权停止审批该行政区域内一定范围和类别的建设项目环境影响评价文件，直至该受限区域环境治理达到要求或违规项目彻底整改为止。区域限批制度较好地体现了环评的监督功能，

---

73 王会芝，徐鹤. 战略环境评价有效性评价指标体系与方法探讨[A]//第三届中国战略环境评价学术论坛论文集. 2013：1-8.

通过一种带有制裁性的行政手段，规制地方政府加大环境保护和污染治理力度。

目前，关于区域限批的法律属性还存在争议，没有一个统一的说法，主要观点有以下几种：

（1）行政处罚说。

行政处罚是指特定的行政主体对被认为违反行政法律规范的公民、法人和其他组织所给予的一种制裁。行政处罚的本质特性是制裁性，这也是行政处罚和其他行政行为区别的主要标志。《行政处罚法》第3条规定："公民、法人或者其他组织违反行政管理秩序的行为，应当给予行政处罚的，依照本法由法律、法规或者规章规定，并由行政机关依照本法规定的程序实施。"胡建淼教授认为，行政处罚有六个主要特性：行政性、具体性、外部性、最终性、制裁性和一次性，其中，制裁性是行政处罚最本质的特性。[74]学术界中，认为环境影响评价"区域限批"属于行政处罚的学者居多，尤其认为与《行政处罚法》中规定的责令停产停业的处罚种类最为类似。[75]那么，区域限批是否属于行政处罚？可以对两者的特征进行比较：第一，行政处罚的对象是公民、法人或者其他组织，[76]而区域限批的对象不完全具有具体性，即区域限批针对的对象是该区域进行环评许可申请的企业，但其数量是不确定的。区域限批的形式内容是行政机关暂时停止履行法定审批职责，但其实质内容却是对有关企业申请权和特定区域发展权在一定时期内的剥夺。区域限批的相对人或利害关系人包括两类：一类是特定的区域或流域，但是两者均不属于行政处罚的对象；另一类是该区域内不定数量的企业（或建设项目）。就前者而言，区域限批决定具有具体性，符合具体行政行为的特征，但就后者而言，区域限批决定又具有一定的抽象性，故有学者认为，

---

74 胡建淼. "其他行政处罚"若干问题研究[J]. 法学研究，2005（1）：70-81.

75 吴卫军，唐娅西. 区域限批：合法性问题及其法律规制[J]. 国家行政学院学报，2008，1：68-71.

76 "其他组织"是指合法成立、有一定的组织机构和财产，但又不具备法人资格的组织，包括私营独资企业、合伙组织等九种类型。

符合抽象行政行为的一些特征。[77]第二，行政处罚的原因是存在违法性，区域限批虽然是针对受限区域存在违反环境保护法律的行为或后果，但并不是直接针对违法的企业，而是针对受限区域的所有可能申请环评审批的企业。第三，行政处罚具有一定的制裁性，区域限批的制裁性和行政处罚的制裁性不同，行政处罚的制裁性是专门直接针对违法行为人，尽管被限批的区域内所有企业申请环境影响评价的权利受到限制或剥夺，但区域限批制裁的直接对象却是区域及区域内环保主管部门的环评审批权限，以敦促政府履行环境监管职能，从而整治和改善区域的整体环境质量。故区域限批的真正目的并非要制裁企业，而是要迫使当地政府及环保部门切实重视环境治理。第四，行政处罚具有最终性，而区域限批是一种临时性或暂时性措施，即受限区域的企业只是暂时性地不能申请环境影响评价审批，这不构成对它们的最终处理。经过一定期限，达到解除限批的条件后，限批会自动或经过法定程序解除。最后，区域限批也不具有一次性。在限批期间，凡是受限的环境影响评价文件都不予审批，即限批可以多次运用，直到解除限批为止。可见，区域限批并不符合行政处罚的特征和构成要件，不应被视为是一种行政处罚。此外，《行政处罚法》第 14 条明确规定，除了法律、行政法规、地方性法规、规章以外，其他规范性文件不得设定行政处罚。而 2005 年颁发的《国务院关于落实科学发展观加强环境保护的决定》只是一个规范性文件，没有设定行政处罚的权限。因此，许多学者就认为，从行政处罚的角度看，该规定中有关区域限批的规定没有法律效力。所以，如果认为区域限批是行政处罚的话，会使 2007 年的第一次区域限批的合法性和正当性受到质疑。[78]

（2）行政强制说。

行政强制是指行政主体为实现一定的行政目的，对相对人的财产、身体及自由等采取强制措施的活动。一般而言，行政强制可以

---

77 吕成. 论区域限批的性质界定[J]. 河南社会科学，2012（3）：65-69.

78 吴卫军，唐娅西. 区域限批：合法性问题及其法律规制[J]. 国家行政学院学报，2008，1：68-71.

分为行政强制执行、行政上的即时强制与行政调查中的强制。[79]行政强制具有从属性、非制裁性，它并非以制裁违法为直接目的，而是以确保行政执法活动的顺利进行或者行政执法结果的实现为直接目的，其发生在行政决定做出之前的行政过程中。[80]区域限批从表面上看似乎也是为了制止违法行为、保护社会公众的环境权利而采取的将列入区域限批的企业集团、行政区域的建设项目实行停批、限批，直至彻底整改的强制措施。但是，区域限批不具有从属性特征。环保行政机关作出限批决定是独立的行政行为，并不从属于某个行政决定，其目的也不在于确保某个行政决定的履行。另外，区域限批也不符合行政强制的非制裁性特征。如前所述，区域限批有一定的制裁性，但这种制裁的直接对象是受限区域的环保部门或地方政府，间接对象包括该区域内的违法企业和未违法企业。可以说，区域限批的目的在于制裁，而不在于确保行政决定的实现。[81]因此，不宜将区域限批定性为行政强制。由于区域限批和行政强制之间的差异比较明显，故学术界持区域限批是行政强制的观点的学者并不多。

（3）行政许可说。

行政行为的发生方式不同，可以分为依职权的行政行为和依申请的行政行为，而行政不作为同样可以分为依职权的行政不作为和依申请的行政不作为。所谓依职权的行政不作为是指行政机关依照法定职权，负有某种法定义务，在应当履行该作为义务时不履行或者拖延履行的行为方式，其意思上有"应当为而不为"的含义。[82]《行政许可法》第2条规定："本法所称行政许可，是指行政机关根据公民、法人或者其他组织的申请，经依法审查，准予其从事特定活动的行为。"根据该条规定，行政许可是一种依申请的行为，即需要公民、法人或其他组织先进行申请，才会启动行政许可程序。由于区

---

79 姜明安. 行政法与行政诉讼法[M]. 3版. 北京：北京大学出版社，2007：325.

80 沈福俊，邹荣. 行政法与行政诉讼法学[M]. 北京：北京大学出版社，2007：193-194.

81 吕成. 论区域限批的性质界定[J]. 河南社会科学，2012（3）：65-69.

82 江必新，梁凤云. 行政诉讼法理论与实务[M]. 2版. 北京：北京大学出版社，2011：208.

域限批是有期限的"暂停审批",暂停受理和审批的是环境影响评价文件。因此,有学者认为区域限批的性质应当属于行政许可。但是区域限批是环保行政部门主动提出的暂停受理、审批环评文件的行为,并非依申请而启动。另外,行政许可的颁发存在一定的条件,如果不符合条件,则行政机关将作出"不予行政许可"的决定,并"应当说明理由,并告知申请人享有依法申请行政复议或者提起行政诉讼的权利"。而区域限批是在公民、法人或者其他组织的申请之前主动决定拒绝履行许可的职能,也没有对是否符合许可条件的审查。本来环评许可是环保部门依职权的行政行为,但是受到限批以后,环保部门即使在企业进行申请以后也不能启动许可程序,变成了依申请的行政不作为。[83]因此,区域限批不属于行政许可的范畴。

(4). 未型式化行政行为说。

为实现权力控制和权利救济的目的,我国行政法以行政行为为基本工具并以此为核心建构了行政法的体系。为此,行政法规制的基本方法是进行行政行为的模式定位,即判断行政行为属于何种行政行为模式,进而确定其适用的程序和救济渠道。行政行为的模式化建构了非常完整的多层次行政行为模式体系。行政行为模式化的目的在于尽可能地把所有行政行为都归结为某种模式,因为只有归结为某种模式,才能确定该行政行为所依据的法律、适用的程序以及其救济渠道。例如,行政处罚、行政许可、行政强制、行政契约、行政指导等都是类型固定的行政行为。但行政行为的模式化也有其缺陷,很多复杂的行政实践使得许多非正式的行为形式很难予以恰当的类型化,有些行政行为可能不符合当前既定的任何一种行政行为模式,不能被硬性地确定为某种特定的行政行为模式,难以类型化,有学者称之为"未型式化行政行为"。[84]由此,吕成博士通过分

---

83 不作为是针对申请企业而言,对于当地的环境保护却是另一种意义上的"作为"。

84 林明锵. 论型式化之行政行为与未型式化之行政行为[A]//当代公法理论[C]. 台北:台湾月旦出版公司, 1993: 341.

析区域限批的特征和行为，[85]将区域限批定性为一种"未型式化行政行为"，认为区域限批与当前较为成熟的行政行为模式均不相符。[86]

但是将区域限批定性为"未型式化行政行为"，存在如下问题：一是没有解决区域限批的合法性问题。任何行政行为都有内容和形式两类要素。行政行为的内容是行政主体的意思表示，即对权利义务的设定、变更或消灭，这是行政行为的必备要素，否则行政行为就不存在。行政主体的意思表示要通过一定的形式表现出来，这就是行政行为的形式。区域限批的形式和内容都存在争议，定性为"未型式化行政行为"仍然没有固定的模型来定性，从而产生法律控制不足之嫌。[87]二是"未型式化行政行为"的定性没有解决区域限批的正当性问题。环保部大部分区域限批的发文对象是省级环保部门，但其实际上是对省级环保部门下属的区域进行环评限批，行政行为的对象和执行者并不完全一致，更类似于一种"命令式"的行政行为。此外，"未型式化行政行为"并未解决流域限批、行业限批和企业限批的定性问题，尽管吕成博士认为，流域限批和行业限批是属于一种特殊情形的"区域限批"，但流域的概念明显不同于行政区域的"区域"。流域可能大于行政区域，也可能小于行政区域，而且对于流域限批中流域的界定不清，导致流域限批的操作在程序上更为困难。比如针对区域限批，环保部可能发文给某省的环保部门即可。而如果涉及多个行政区域的流域则存在发多个文的问题，也存在不容易监管的问题。行业限批也是如此。而将企业限批定性为更近似

---

85 吕成博士认为，区域限批具有以下特征：第一，区域限批是依职权的行政行为，具有主动性。第二，违法行为和不利后果的不对应性。除企业限批外，作为区域限批、流域限批和行业限批原因的违法行为其不利后果并非由违法行为人承担。当然，在区域限批的情况下违法行为人会承担被限批的不利后果，但是，该区域、流域和行业内的其他企业也会连带着一同承担不利后果。第三，目的和手段的不对应性。区域限批的目的在于惩罚，具有惩罚性。但其手段和传统的惩罚方式不同，传统的惩罚方式是限制或剥夺人身自由或财物，而区域限批的手段却是主动拒绝履行环境影响评价文件的审批权。第四，内容和形式的不对应性。环评审批是环境保护主管部门的法定职责，因此，区域限批这一行政活动在形式上是这一法定职责的拒绝履行，即拒绝履行环境影响评价文件的审批权，但是，区域限批的实质内容却是限制和剥夺企业的环境影响评价文件申请许可权。（引自：吕成. 论区域限批的性质界定[J]. 河南社会科学，2012（3）：65-69.）
86 吕成. 论区域限批的性质界定[J]. 河南社会科学，2012（3）：65-69.
87 朱新力，唐明良. 现代行政活动方式的开发性研究[J]. 中国法学，2007（2）：40-51.

于一种"行政处罚",[88]这种认识实际上又将区域限批和行政处罚的定性混淆了。这些都表明将区域限批定性为"未型式化行政行为"的缺点和不足。

（5）行政命令说。

在我国，行政命令有通俗的说法，即泛指政府的一切决定和措施。而行政法意义上的"行政命令"，是指行政主体为达到一定的行政目的，依法或依职权要求行政相对人为或者不为一定行为的带有强制性的意思表示。[89]行政命令是一种意思表示行为，通过指令相对人履行一定的作为或者不作为的义务而实现其行政目的，而不是自己进行一定的作为或不作为。与之相对应的是实力行政行为，如行政检查、行政强制执行等。[90]多数行政命令是根据法律或规范性法律文件明文规定的，但是，实践中大量的行政命令不是依据具体的法律条文作出的，而是由行政主体依据其职权作出的。行政命令有多种形式，如书面形式、口头形式，甚至还可以是动作形式[91]；其名称也不限于"命令"，可以用"布告""指示""通知"等名称。行政命令是行政机关维护公共秩序、实现行政管理目标和直接实现行政目的的有效手段，是行政机关不可或缺的监督手段和管理措施。[92]行政命令的内容根据有关行政机关的组织和职权的事项作出规定，其中有的属抽象规范性规定，具有普遍的约束力；有的则是针对个别具体事项表示的处理意见，是一种具体行政行为，如单纯命令。[93]

行政命令以行政制裁或者行政强制执行为保障。行政命令的作出往往会成为行政制裁或者行政强制执行的原因或依据，而行政制裁或者行政强制执行则成为行政命令形成效力的保障。然而，学者们对于行政命令的性质和内涵并没有达成一致，尤其是行政命令和

88 吕成. 论区域限批的性质界定[J]. 河南社会科学，2012（3）：65-69.

89 黎国智. 行政法词典[M]. 济南：山东大学出版社，1989：91；姜明安. 行政法与行政诉讼法[M]. 北京：北京大学出版社，高等教育出版社，2007：510.

90 胡建淼. 行政法学[M]. 北京：法律出版社，2003：207、258.

91 如交通警察在交通指挥中的各种动作手势.

92 张爱萍. 论行政命令[D]. 济南：山东大学，2008：12.

93 张爱萍. 论行政命令[D]. 济南：山东大学，2008：8-9.

行政处罚的关系往往模糊不清，行政命令与行政处罚之间存在着难以厘清的模糊地带。有学者认为，由于行政命令与行政处罚区分的两个关键问题在于命令是否有制裁性和处罚是否可以表现为意思表示行为上，所以可以采取两种办法：一是以是否有制裁性为标准，只要行为的内容有制裁性就将其定性为行政处罚，而不管其是否为意思表示行为，剔除具有制裁性行政命令的存在。二是以是否表现为意思表示行为为标准，只要该行为表现为意思表示行为，就定性为行政命令，而不管其内容上是否具有制裁性，剔除表现为意思表示行为的行政处罚的存在。[94]但是这种区分方法仍然存在问题，并未完全将行政命令和行政处罚分开。例如，责令当事人停止违法行为、改正或限期改正违法行为是学界和实践中较难以区分是行政命令还是行政处罚的行为，有时同一本教材对同一行为究竟是行政命令行为还是行政处罚行为的界定也会不同。[95]程雨燕博士认为，《环境行政处罚办法》第12条的出台正是基于上述责令改正制度在理论定位不明、立法迷蒙不清的现状，试图在环境行政处罚领域率先平息立法及实践中的争议，但该规定同样存在制度定性不正确、列举形式不周延、立法理由不充分等问题，[96]并未解决矛盾。学者王志华将行政命令和行政处罚之间的关系归纳为以下几种：一是行政命令和行政处罚分别单独适用。即构成一种程序上的排他关系，具体是指在

---

94 王志华. 行政命令与行政处罚关系之辨析与整合[J]. 河南公安高等专科学校学报, 2008 (5): 83-86.
95 如对限期治理，恢复植被行为性质的界定，罗豪才和湛中乐主编的《行政法学》第五章具体行政行为第一节行政命令中把治理已经被污染的环境、补种被毁坏的树林等界定为行政命令行为，第六节行政处罚中把课以相对方某种作为义务，如责令违法相对方限期治理、恢复植被等界定为行政处罚中的行为罚。(参见：罗豪才，湛中乐. 行政法学[M]. 北京：北京大学出版社，2006：229.)
96 该条规定："根据环境保护法律、行政法规和部门规章，责令改正或者限期改正违法行为的行政命令的具体形式有：(一)责令停止建设；(二)责令停止试生产；(三)责令停止生产或者使用；(四)责令限期建设配套设施；(五)责令重新安装使用；(六)责令限期拆除；(七)责令停止违法行为；(八)责令限期治理；(九)法律、法规或者规章设定的责令改正或者限期改正违法行为的行政命令的其他具体形式。根据最高人民法院关于行政行为种类和规范行政案件案由的规定，行政命令不属于行政处罚。行政命令不适用行政处罚程序的规定"。该规定的初衷在于通过立法明确责令改正的制度归属、具体形式及适用程序，(参见：程雨燕. 试论责令改正环境违法行为之制度归属——兼评《环境行政处罚办法》第12条[J]. 中国地质大学学报：社会科学版，2012 (1)：31-39.)

相对人出现违法行为时，法律只规定了适用行政命令或行政处罚。二是行政命令与行政处罚并行适用，在这种程序关系中，又可分为行政命令可以并处行政处罚，或行政命令应当并处行政处罚。三是行政命令作为行政处罚的前置程序。有些法律、法规将责令改正或者限期改正违法行为设定为行政处罚的前置性条件，即规定首先要责令违法行为人改正或者限期改正违法行为，逾期不予改正的，才可以给予行政处罚。[97]然而，执法过程中"重处罚轻命令"的现象比较严重。

笔者认为，区域限批是一种行政命令。判断一项行政执法行为是否属于行政命令，不取决于其名称形式，而取决于其是否为相对人设定了"义务"。[98]行政命令的形式是多种多样的，如通告、通令、布告、规定、通知、决定、命令和对特定相对人发出的各种责令等。[99]陈泉生教授认为，环境行政命令是环境行政机关依法作出的具有强制约束力的单方意思表示，并将环境行政命令的特点总结为：一是单方行政行为，通常是对下级行政机关或行政管理相对人有所指示或课以作为和不作为的义务；二是依职权的行政行为，无论对内对外都可以行使；三是环境行政命令具有一定的时效性和周期性，可以设定一定的时期，期间届满命令效力自行终止。[100]认为区域限批行为是一种行政命令行为基于下列理由：一是区域限批行为是由上级环保部门发布的具有强制约束力的单方意思表示，要求下级环保部门暂停履行环评审批行为。以环保部为例，环保部通过发文的形式下达命令，命令受限地区的地方环保部门暂行停止审批建设项目，是上级行政机关对下级行政机关的要求，区域限批并不是直接针对企业下达命令，但其最终的约束对象无疑包括受限区域正在或准备申请环评行政许可审批的企业。[101]二是区域限批行为是环保行政部门依职权的一种带有主动性的行为，保护环境、管理环境正是环保

---

97 王志华. 行政命令与行政处罚程序和谐关系之构建[J]. 山西省政法管理干部学院学报，2010（1）：21-23.

98 张爱萍. 论行政命令[D]. 济南：山东大学，2008，5：12.

99 王文革. 行政法与行政诉讼法案例教程[M]. 北京：法律出版社，2005：42.

100 陈泉生. 论环境行政命令[J]. 环境导报，1997（2）：12-14.

101 在此企业仅是一种简便的说法，因为申请项目的环评审批的不全是企业，可能还有事业单位或其他性质的组织。

部门的法定职责和职权，这从《环境保护法》和其他相关法律、法规的规定中可以看出，将区域限批定性为行政命令可以避免行政处罚说的法定性和行政许可说的被动性问题。[102]三是区域限批行为具有一定的时效性和周期性。环保部曾经发布的《区域限批管理办法（试行）》（征求意见稿）中有关于限批时间为 3 个月、6 个月等时限的限制。然而，实践中，环保部更多的是采取法律上的一种"附条件"的期限，即虽然没有具体时限要求，但要求受限区域完成一系列的环境管理或治理的行为后，经过环保部组织监督检查合格，才会给予解除限批的命令，这种"附条件"的期限更能体现区域限批的目的。例如，2011 年 8 月 31 日，环保部办公厅以环办[2011]109 号文《关于暂停云南省曲靖市工业建设项目环境影响评价审批的通知》对曲靖市实行区域限批。但是该文件的下达部门是云南省环境保护厅，抄送对象是曲靖市人民政府和曲靖市环境保护局。具体的限批条件如下："在追究相关人员责任、处置回运铬渣和污染土壤、对历史遗留铬渣堆场采取污染扩散防治措施、对被污染的非法倾倒场地开展环境风险评估、编制治理修复方案并落实治理责任和资金以及加强能力建设等整改任务完成之前，各级环保部门暂停受理、审批曲靖市工业建设项目的环境影响评价文件。"[103]类似地，针对广西河池市的区域限批，环保部办公厅以环办函[2012]137 号文发布的《关于暂停广西壮族自治区河池市建设项目环境影响评价审批的通知》，其中提及了一系列的限批理由，也可以认为是一种解除限批的条件。[104]

---

102 一些学者根据行政处罚的法定性而认为环保部的区域限批行为超越了法定权限。如前所述，行政许可是一种依申请的行政行为，相对人不申请，则无法启动行政许可程序。

103 http://www.mep.gov.cn/gkml/hbb/bgt/201109/t20110905_216960.htm[2013-7-5].

104 http://www.mep.gov.cn/gkml/hbb/bgth/201202/t20120213_223415.htm[2013-7-5].该限批文件中要求："一是依法严肃查处造成龙江河镉污染事件的环境违法企业；二是对全市所有排污企业特别是涉重金属企业开展全面彻底排查，对未经环境影响评价或达不到环境影响评价要求的一律停止建设，对环境保护'三同时'制度执行不到位的一律停止生产，对无污染治理设施、污染治理设施不正常运行或超标排放的一律停产整治；三是对污染严重、群众反映强烈、长期未得到解决的典型环境违法问题实施挂牌督办；四是开展区域和重点企业环境风险评估，优化调整产业结构和布局，从源头上提升环境风险防范能力；五是尽快制定重金属污染综合防治规划，通过推动企业转型升级，加快经济发展方式转变，实现经济社会与资源环境协调发展。在上述整改任务完成之前，各级环保部门暂停受理、审批河池市除单纯污染防治和循环经济项目外的所有建设项目的环境影响评价文件。"

综上所述，笔者认为，区域限批行为符合行政命令的内容和形式的要求，也符合环境行政命令的构成要件，是环境部门履行环境管理职权的一种行政命令，是环保部门履行其法定职权的行为。早期的区域限批的批评者认为，区域限批没有法律依据，而且是一种带有"连坐"的惩罚性的行政行为，并不符合现代法治理念。而行政命令说能够解决关于区域限批行为的合法性和正当性问题。尽管从理论上而言，行政机关的所有行为必须获得议会立法的依据，才具有正当性，即所谓的"依法行政"原则，不仅要求议会立法的优越地位，而且形成了"法律保留"的观念，所有侵害到公民权利的行为均需有法律的依据或授权。然而，随着专家行政、风险管制以及紧急状态理论的出现，相对滞后的议会立法很难满足繁芜的现代社会管理要求，要求行政对着法律照本宣科、难越雷池一步的局面已难以应对复杂的行政管理态势。[105]一方面，抽象性立法再严密，也无法完全缜密地掌握现实中所有可能发生的情形；另一方面，过分掣肘行政机关的行为，也可能造成行政机关的低效。

3.3.1.2　区域限批的法律依据

最早关于区域限批的依据是 2005 年的《国务院关于落实科学发展观　加强环境保护的决定》，其中第 21 条指出："严格执行环境影响评价和'三同时'制度，对超过污染物总量控制指标、生态破坏严重或者尚未完成生态恢复任务的地区，暂停审批新增污染物排放总量和对生态有较大影响的建设项目。"《节能减排综合性工作方案》第 24 条规定："对超过总量指标、重点项目未达到目标责任要求的地区，暂停环评审批新增污染物排放的建设项目。"根据这些规定，区域限批的对象只能是区域，但 2007 年国家环保总局已将其适用于四大电力集团。此外，这两个文件从法律属性而言均属于政府的规范性文件。2008 年修订的《水污染防治法》第 18 条第 4 款规定："对超过重点水污染物排放总量控制指标的地区，有关人民政府环境保护主管部门应当暂停审批新增重点水污染物排放总量的建设项目的

---

105 蒋红珍. 论比例原则——政府规制工具选择的司法评价[M]. 北京：法律出版社，2010，8：8-9.

环境影响评价文件。" 这是首次在法律层面上明确了区域限批制度，但是，《水污染防治法》的规定仅局限于水污染防治区域。《规划环境影响评价条例》进一步对区域限批制度进行了完善，其中第30条规定："规划实施区域的重点污染物排放总量超过国家或者地方规定的总量控制指标的，应当暂停审批该规划实施区域内新增该重点污染物排放总量的建设项目的环境影响评价文件"。《规划环境影响评价条例》是以国务院令形式颁布的仅次于法律的行政法规，为区域限批进一步提供了法律依据，让规划环评为区域限批提供了有效的法律支持，在一定程度上增强了规划环评的强制力和威慑力，从而促使各级政府或政府部门不得不重视规划环评的结论。环保部于2008年出台了《环境影响评价区域限批管理办法（试行）》（征求意见稿），对区域限批、流域限批、行业限批以及企业限批的程序和实施做了较为详细的规定，但由于一直存在争议，至今未见其正式颁布。从上述国家层面的法律法规可以看出，其中关于总量控制的区域限批法律规定均有涉及。学者王蓉通过分析认为，立足于损害预防的个体化浓度控制难以保证实现预期生产产量（环境质量标准）所需的协作生产者投入，由此产生了由总量控制代替个体控制，由过去立足于个体化的浓度控制向立足于整体的总量控制、区域控制的路径变革。[106] 而环境影响评价的区域限批制度在一定程度上可以作为环境污染排放总量控制制度变革的有力支撑。

　　一些省份也分别颁布了各自的区域限批的规范性文件。例如，河北省环保局于2007年出台了《环境保护挂牌督办和区域限批试行办法》，专门就省级环境保护挂牌督办和区域（流域）限批的适用范围、决定程序、解除条件和程序、法律责任等内容作出了具体规定。该办法的出台，标志着河北省的环境保护挂牌督办和区域限批工作在全国率先走向了规范化、制度化的轨道。2011年重庆市人民政府颁布了《重庆市环境保护区域限批实施办法》，该办法明确，对区县（自治县）行政区域、跨区县的流域、国家级工业园区和中央在渝企

---

106 王蓉. 中国环境法律制度的经济学分析[M]. 北京：法律出版社，2003：171.

业（集团）启动"区域限批"，由市环境保护部门提出意见，报市政府批准后实施；市环境保护部门有权直接对市级或市级以下工业园区（工业集中区）、企业（集团）、不跨区县的流域等启动"区域限批"。[107]湖北省早在 2007 年颁布了《湖北省建设项目环境影响评价区域限批规定》（征求意见稿），最终以省政府办公厅转发省环保局的文件《关于建设项目环境影响评价限批规定》实施区域限批。

　　但是，目前的法律法规并没有完全解决区域限批的两个问题：

　　一是限批区域的界定问题。从我国区域限批早期的实践来看，其中的区域是个广义的概念，包括行政区域、流域、行业、企业集团和企业，其中的行政区域又包括省、市、县甚至开发区。[108]例如，《水污染防治法》第 18 条第 4 款适用于"超过重点水污染物排放总量控制指标的地区"；《规划环评条例》第 30 条适用于"重点污染物排放总量超过国家或者地方规定的总量控制指标的规划实施区域"；《国务院关于落实科学发展观　加强环境保护的决定》第 21 条适用于"对超过污染物总量控制指标的地区"和"对生态破坏严重或者尚未完成生态恢复任务的地区"；《环境影响评价区域限批管理办法（试行）》（征求意见稿）适用于"不按法定条件、程序和分级审批权限审批环境影响评价文件，不依法验收，或者因不依法履行职责致使环评、'三同时'执行率低的地区"。上述国家层面上的法律法规虽然规定了"地区"，但并没有明确该"地区"是否包括行业、流域或企业集团。法律的模糊性导致了实践中关于企业限批、行业限批的争议，也使得一些地方性法规在区域的界定中无所适从。如《重庆市环境保护区域限批实施办法》第 3 条规定了区域限批适用于"区县（自治县）、流域、工业园区（含工业集中区，下同）或企业的建设项目"。该规定也包含了行政区域、流域和企业，但没有行业，而且工业园区可以认为是一种行政区域。同样，湖北省环保局颁发的《关于建设项目环境影响评价限批规定》第 2 条也规定了区域限批适用于"区域流域、开发区、工业园区和企业的建

107 http://www.cenews.com.cn/xwzx/cs/qt/201105/t20110518_702466.html[2013-5-30].
108 曹树青. 区域限批的限批区域和限批范围[J]. 环境保护，2011（5）：45-47.

设项目"。根据我国的行政管理体制，以行政区域为对象实行区域限批更具有可操作性。随着区域限批的实践，尤其是到了 2011 年以后，环保部更倾向于实行以行政区域为对象的"区域限批"，而企业限批、流域限批的操作难度和争议较大。

二是限批范围的界定问题。法律法规并没有明确限批的范围，即如何确定一次限批的项目的范围，何种类型的项目将会被限批？这就使环境保护部门下达区域限批的行政命令时没有法律依据，显得有点随意。如 2011 年对云南省曲靖市是限批"所有的工业建设项目"，2012 年对广西河池市是限批"除单纯污染防治项目和循环经济项目外的所有建设项目"。而且在什么情况下会启动区域限批也未予以明确。从上述两个案例来看，都是针对重大环境污染事故而引发的"区域限批"行为，但从两者的制裁力度而言，却不一样，河池市的制裁力度明显大于曲靖市。然而，行政机关如何判断？如何作出行政决定？曹树青博士通过分析我国目前的区域限批的立法和实践，将区域限批的违法类型分为以下四类：一是任务型违法。即没有完成总量控制指标的；污染物排放不能稳定达标的；没有完成淘汰落后产能的；未完成减排削减任务的；未完成生态恢复任务的。国家主要控制断面不能满足环境功能区划要求的；城市污水集中处理设施及其配套管网建设严重滞后的。二是程序性违法。即没有经过环评就开工建设的；不按法定条件、程序和分级审批权限审批环境影响评价文件的；不依法验收，或者因不依法履行职责致使环评、"三同时"执行率低的行为。三是偷排型违法。即通过明暗各种方式偷排或变相偷排污染物的行为。四是事故型违法。即多次发生重大环境污染事故的，环境风险隐患突出的。由此，区域限批范围的确定，可以依据两个原则：一是补偿原则，即某个违法行为导致或可能导致某种环境问题的出现，区域限批就针对该环境问题限批以避免该环境问题的加剧。如上述的任务型违法和偷排型违法，宜采用有针对性的局部限批。二是惩罚原则，对有些危害性大、危害面广的环境违法行为，区域限批的适用宜采用惩罚性限批：停批或暂停审批除污染防治、循环经济及生态恢复以外的建设项目，或干脆停批或暂停审批该区域内的所有建设项目。程序性违法、事故性违法宜采用此类限批。[109]由于缺乏具体的法律规范，关于程序性违法和偷排型违法的事件难以启动区域限批，因其争议较大，而且该类行为的影响较小，可以直接对其进行制裁。事故型违法的当事人比较明确，但由于影响恶劣，启动区域限批的阻力较小；而总量控制不达标的任务型违法也可以责成地方政府承担责任。因此，启动对后两类违法的区域限批的正当性较强。对于总量控制不达标地区的区域限批有一定的法律依据，但如何对限批的范围和条件以及因果关系进行界定，法律并没有规范。

3.3.1.3　区域限批行为的法律判断

理论和实践中，对于区域限批行为是一种具体还是抽象行政行为的争议非常大，目前并未达成共识；另一个问题是，区域限批是属于内部行政行为还是属于外部行政行为？

区分区域限批是属于具体行政行为还是抽象行政行为的意义重大，涉及区域限批行为能否具有可诉性，即是否具有司法救济权。一般理论上认为，具体行政行为和抽象行政行为的区分标准主要是：行政行为能否反复实施；行政行为的对象是否特定和明确；行政行为能否直接执行；行政行为针对的是过去还是未来的事项等。另外，抽象行政行为具有普遍约束力，但是，并非具有普遍约束力的规范性文件都是抽象行政行为。例如，某市卫生局向该市各医疗卫生机构发布禁止使用本市生产的肠衣线的通知，该通知在本市区域内具有普遍约束力，而且有一个规范性文件存在，但它不是一个抽象行政行为，而是一个具体行政行为。因为其对象是特定的，仅针对某市肠衣厂，而且不能反复适用，仅适用于禁止本市生产的肠衣线。[110]

就行政行为是否反复适用而言，行政机关实施具体行政行为实行的是"一事一理""一事不再理"的原则。具体行政行为是一次有效，不能反复实施；抽象行政行为能够多次有效，可以反复实施。区域限批行为仅针对受限区域的环评行政许可的审批权，是对环评

---

109 同上注.

110 江必新，梁凤云. 行政诉讼法理论与实务[M]. 北京：北京大学出版社，2011：251.

行政许可权的限制这一特定的事项或对象有效，而不及其他。反复适用应当理解为对事项或事件的反复适用，而不应理解为对人（或组织）的反复适用。[111]抽象行政行为可以反复适用。如《规划环境影响评价条例》第 30 条规定"规划实施区域的重点污染物排放总量超过国家或者地方规定的总量控制指标的，应当暂停审批该规划实施区域内新增该重点污染物排放总量的建设项目的环境影响评价文件。"此处的区域限批规定可以反复适用于我国任何"超过国家或地方规定的总量控制指标"的规划设施区域，属于抽象行政行为。而环保部针对某一区域发布的一次区域限批行为仅针对一定时间范围内的受限区域。尽管其针对不同的间接行政相对人（如企业）可以反复适用，凡是不符合限批要求的环评许可申请，均可能被拒绝，这就使得区域限批行为具有一定的反复适用性，表面上具有一定的抽象行政行为的特征，这种反复适用是针对申请环评行政许可这一事项，而不能理解为对申请企业的反复适用。而且，该命令并不能在其他区域反复适用，应属于具体行政行为。

就行政行为的对象是否特定而言，具体行政行为的对象是特定的，可以针对某一事项或某个人直接产生法律后果，而抽象行政行为刚好相反。区域限批行为的对象是特定的，无论其发文的直接对象——受限区域的省级环保行政部门，[112]还是其受限区域的间接行政相对人[113]都是特定的，即包括受限区域的所有可能申请环评行政许可的企业，尽管这种企业在数量上是不确定的。相对人不止一个并不意味着就是不特定多数人。抽象行政行为与具体行政行为的区分不在于人数或数量上的多少，不能认为涉及人数众多的行为是抽

---

111 姜明安. 行政法与行政诉讼法[M]. 3 版. 北京：北京大学出版社，2007：480.

112 根据我国环评审批的分级管理制度.环保部对某一行政区域的建设项目环评实行区域限批，可能限制其自身、省级环保部门和所在区域的市、县级环保部门。如曲靖市被区域限批，环保部的发文对象是云南省环保厅，要求各级环保部门暂停审批所有曲靖市的工业建设项目。所以，从行政内部管理制度而言，并无下级政府部门对上级政府部门提起行政复议或行政诉讼之说。

113 间接行政相对人是指行政主体实施行政行为的间接对象，其权益受到行政行为的间接影响。如行政许可关系中其权益受到许可行为不利影响的与申请人有利害关系的人（如公平竞争人或相邻人）。（参见：姜明安. 行政法与行政诉讼法[M]. 3 版. 北京：北京大学出版社，2007：163.）

象行政行为，涉及人数少的行为是具体行政行为。

就行政行为能否直接进入执行程序而言，抽象行政行为不具有直接执行力，必须借助一个具体行政行为作为中介，才能进入执行过程。具体行政行为具有直接的执行力。如《规划环境影响评价条例》第30条的规定不能直接进入执行过程，必须借助于环保部门的某一个具体的区域限批命令才能进入执行过程，是一个抽象行政行为。而环保部的某一个具体的区域限批命令就具有直接的执行力，命令一旦发布，并通知到相对人，即具有执行效力，受限区域的各级环保部门必须立即执行，暂停受理和审批来自受限区域的环评行政许可。

当然，也有人认为，区域限批是一个抽象行政行为，因为它必须通过地方环保部门的一个个具体环评行政许可"不作为"来实施。这种说法是不正确的，因为其没有区分区域限批行为和受限区域的环评行政许可行为。区域限批是一种行政行为，是针对受限区域而发布的一个命令，该命令就是针对受限地区的环境恶化或发生重大环境污染事故而采取的一种措施，即针对的是总量控制超标或环境污染事故的这一件事，进而采取一次性的措施——暂停该区域的环评行政许可，至于该措施生效之后的受限区域的环评许可受到限制的文件可能不止一个，那是环评许可的事情，和区域限批本身的行政行为并无直接关联。并非区域限批这个政策反复在受限区域实施，而是仅仅在该区域实施一次有时间和条件限制的"区域限批"行为。

综上所述，环保部门（包括环保部和省级环保部门）发布的某一个具体的区域限批命令是一个具体行政行为，具有行政诉讼的可诉性，接受公众和其他行政相对人的监督以及司法监督。

另一个问题是，区域限批发文的对象是下级环保部门，那么是否可以认为它是一个内部行政行为？根据《行政诉讼法》第12条的规定，公民、法人或其他组织对于行政机关工作人员的奖惩、任免等决定不服向人民法院提起行政诉讼的，人民法院不予受理。如何判断一个行政行为是内部还是外部行政行为，学术界有几种观点：一是对象说，即认为行政行为如果作用于公民、法人或其他组织则属于外部行为，如果作用于行政机关及其工作人员则是内部行政行为。[114]二是从属关系说，即认为行政法律关系主体之间是否存在从属关系，如果行政机关和行政相对人具有从属关系，则为内部行政行为，不存在从属关系而存在管理与被管理的关系则为外部行政行为。[115]三是认为是否属于内部行政行为主要看行为是否发生在行政机关内部，是否基于行政隶属关系，是否仅仅影响行政机关的内部事务。[116]然而，这几种观点虽都有一定道理，但都未完全概括内部行政行为和外部行政行为之间的差异。江必新教授认为，是否属于内部行政行为应当从行为的法律性质来进行判断。如果行政机关作出的行为仅仅涉及在行使行政机关内部的管理职能，其内容涉及政府机关及其工作人员的法律地位，则法律性质属于内部行政行为；如果行政机关作出的行为涉及外部管理职能，其内容涉及公共管理相对人的法律地位，则其性质属于外部行政行为。[117]行政机关在整体行政管理法律关系中虽然恒定为行政主体，但在具体的法律关系中，有时也会处于被其他行政主体管理的地位，成为行政相对人。[118]故就区域限批而言，其发文对象是下级环保行政管理部门，直接相对人为地方环保部门，间接相对人为申请环评行政许可的企业。区域限批对于下级环保部门和企业具有外部效力，属于外部行政行为。[119]但是根据我国环评行政许可审批的分级管理规定，环保部的命令也约束自己不能审批来自受限区域的、按规定属于环保部审批的项目。[120]此时，区域限批体现为一种内部行政决定的特征。[121]实际上，限批并非仅仅针对区域而言，环保部门还有另外一种形式的"限批"政策，即不符合相关法律、环保政策和产业政策的项目一般都不会被批

---

114 应松年. 行政法与行政诉讼法词典[M]. 北京：中国政法大学出版社，1992：92.

115 吴高盛，等. 行政诉讼法讲话[M]. 北京：机械工业出版社，1989：103.

116 张树义. 冲突与选择——行政诉讼法的理论与实践[M]. 北京：时事出版社，1992：117.

117 江必新，梁凤云. 行政诉讼法理论与实务[M]. 北京：北京大学出版社，2011：258.

118 姜明安. 行政法与行政诉讼法[M]. 3 版. 北京：北京大学出版社，2007：161.

119 吕成. 论区域限批的性质界定[J]. 河南社会科学，2012（3）：65-69.

120 根据我国《环境保护法》第 23 条的规定，大型重点建设项目、跨省建设项目归环保部审批；大型建设项目、跨市建设项目归省级环保部门审批；一般项目归市、县环保部门审批。

121 吕成. 论区域限批的性质界定[J]. 河南社会科学，2012（3）：65-69.

准。如原国家环保总局曾经公布了十类不得通过环评审批的项目。[122]
这些限批是一种抽象行政行为，面对的是全国范围内不符合规定的项
目，这些项目不得通过环评审批。

3.3.2 区域限批的实施效果分析

3.3.2.1 区域限批的实施效果

（1）遏制了一些环境地方保护主义，有效地推动了地区产业结
构升级和布局优化。[123]

2007 年 1 月 10 日，国家环保总局通报了对 82 个项目涉及全国
22 个省市的钢铁、冶金、电力、化工等 12 个行业的违规企业和地区
实施首次区域限批。国家环保总局在建设项目环保"三同时"核查
和新开工建设项目环评审批专项清查工作中发现其中 23 个项目严重
违反"三同时"环保验收制度，59 个项目严重违反环评制度。对 23
个"三同时"违规项目，国家环保总局责令限期办理验收手续、限
期改正或停止试生产。对于 59 个未批先建违规项目，国家环保总局
责令停止建设或生产。[124]首次实行区域限批政策，以遏制高污染高
耗能产业的迅速扩张，目前初显成效，整改工作整体进展顺利。其
中，吕梁市对全市焦化企业进行全面排查和整治，依法关停了 88 家
污染严重的焦化企业。吕梁焦化厂 60 万 t/a 机焦二期工程配套环保
设施已基本建成；河北省对辖区内钢铁项目进行拉网式清查，按照
环保准入条件和钢铁产业政策，制定分类查处和整治方案，全省已
关停 30 余家小型钢铁企业；其中唐山市以"区域限批"为契机，推
进经济结构调整和产业优化升级以及发展模式的转变。六盘水市对
区内焦化、钢铁等行业违规项目进行全面清理整顿。在 2007 年 7 月
开始实施流域限批后的两个月时间，各地共清理违规政策 112 件，
其中周口市清理文件 11 份，各区县修订文件 45 个，废止 5 个，同

122 韩林. 国家环保总局公布十类不得通过环评审批的项目. http://www. china. com. cn/zhuanti
2005/txt/2004-12/13/content_5727849. htm[2013-7-10].
123 成华. 环境保护导向的中国区域限批政策研究[D]. 大连：东北财经大学，2007.
124 陈跃，程胜高. 2007"环评风暴"及几点思考[J]. 黄石理工学院学报，2008（2）：30-34.

时对 372 家"挂牌保护"企业实施了摘牌；巴彦淖尔市清理废除 28 个文件；渭南市清理了 13 个文件；巢湖市和邯郸市废止了限制环保执法检查的文件；芜湖市清理了 6 个违反环保法规的"土政策"。

有人认为，区域限批会带来副作用，"连坐"效应将使一些可能环境治理良好的企业或项目无法建设和运营，增加了环境污染的成本。这种说法有一定的道理。从表面看，"区域限批"是因一个违规项目而停止审批区域内所有项目，似有"以偏概全"之嫌。实际上，这恰恰是督促地方政府或大型企业认真落实科学发展观、采取切实有效的措施降耗减排的重拳。[125]区域限批是比例原则在环境规制领域的应用，是在环境保护的地方保护主义这一环保大害和伤害环境守法企业之间的一种利弊权衡之后采取的一种果断的环境规制手段，即"两权相害取其轻"的比例原则的具体运用。

（2）体现了环保执法的威力，提高了环保部门的执法能力。

在区域限批的实施过程中，环境执法的人员、机构和配备上得到了一定的充实。例如，为配合流域限批工作，各地共增设了 19 个环境执法督察机构。同时，环境保护部门的执法方式也从项目执法转化为区域执法和产业执法，从主要是通过环境影响评价等措施来对单个项目把关转变为站在产业结构调整、区域环境承载力、重点流域的污染治理、城市或行业发展规划等更为宏观的层面上来严格监督各项目的市场准入，提升了环保部门的执法能力。在完善环境保护法律运行机制方面，"区域限批"体现了许多创新。[126]

在许多突发环境事故的区域被限批以后，当地政府才迫于压力，积极治理环境污染。例如，2011 年曲靖市发生了铬渣污染事件，刚开始随着非法倾倒的铬渣被清理完毕，当地政府及有关部门还想继续掩盖当地历史铬渣的污染事实。随着媒体和 NGO 的积极参与和监督，不断曝光铬渣污染的事实之后，环保部的一纸"区域限批"文件下来，才迫使曲靖市及陆良县政府和污染企业一起行动，处理历

---

125 琚迎迎. 论行政处罚的新举措——区域限批[J]. 法制与社会，2008，1（下）：177.

126 任景明，曹凤中，王如松. 区域限批是环境保护法运行机制软化的突破[J]. 环境与可持续发展，2009（5）：16-18.

史铬渣问题。[127]堆存 20 多年的近 20 多万 t 的历史铬渣在半年内就被清理完毕，终于消除了南盘江上游的一个重大的重金属污染源，这就是"区域限批"的威力。区域限批能够有效地迫使地方政府加大环境治理的力度。

实践证明，区域限批制度作为环境执法手段，效果明显，既解决了一些遗留的严重环境违法问题，也扭转了一些地方政府"先污染、后治理"的发展思路，使他们逐渐甩掉了对高耗能产业规模、数量的依赖，加速跨入发展新型产业的行列。"区域限批"的最终目的是要促进建设单位严格按照国家的相关法律、法规落实整改要求，从而确保国家宏观调控政策得以贯彻，实现国民经济又好又快发展。

3.3.2.2　区域限批制度存在的问题

（1）区域限批仍存在法律正当性和合法性问题。

区域限批作为一种行政行为，其产生的弊端也较为明显：其一，区域限批的"连坐"影响导致所有新建、改扩建项目无法通过审批，一些无辜企业或项目受到牵连，造成的损失谁来承担？其二，区域限批制度存在立法的不足。区域限批对相对人权益有重大影响，其与责令停产停业的处罚种类比较类似，所以它的设定权只有全国人大及其常委会制定的法律，或者国务院制定的行政法规享有，其他任何规范性文件都无权设定。《环境影响评价区域限批管理办法（试行）》（征求意见稿）和《国务院关于落实科学发展观　加强环境保护的决定》既不属于法律也不属于行政法规，前者如果正式颁发的话也仅仅是部门规章，后者只是国务院普通行政规范性文件。而 2008 年修订的《水污染防治法》虽然是法律，但其仅能为水污染防治领域中的区域限批制度提供合法性依据，并且也没有具体的可操作的条款来支持。[128]2009 年的《规划环境影响评价条例》规定了环评区域限批的设定权限，但也存在局限和不足之处，仅能适用于"规划实施区域"，而且规定非常模糊，并没有明确区域限批的实施主体及其权限范围，使得各级环保部门实施区域限批时缺乏法律正当性，

---

127 环保部的区域限批文件中明确要求：历史铬渣不处理完毕，不解除区域限批的处罚。

128 王韵. 浅析"区域限批"制度的法律规制[J]. 法制与社会，2011，4（上）：154-155.

有自我授权之嫌，难以经受住司法审查。[129]

区域限批行为的法律属性并没有明确，权益受到损害的相对人能否就区域限批行为提起行政诉讼等均没有法律规范。如有学者认为，在环评文件暂停审批期间，建设项目的环评文件被环保部门不受理、不审查或者不审批，如果建设项目环评文件的申请人依法提起行政诉讼，环保部门是否会面临败诉的风险？[130]

（2）区域限批的效果还有待进一步观察。

一些地方的党政领导还没有真正树立科学发展观，没有将构建生态文明，建设资源节约型、环境友好型社会作为执政的指导思想。一些严重污染环境的企业之所以如此肆无忌惮，正是地方政府一味地追求经济发展、忽视环境保护工作的结果。如果认识不足，在指导思想上不能破除"重经济、轻环保"的观点，则会成为环境保护的阻力源。[131]一些地方政府阳奉阴违，阻碍区域限批的实例也不少。例如，据《中国经济周刊》2007年报道，鉴于广东省清远市的乐排河和大燕河对广州、佛山的饮用水水源造成污染，广东省环保局于2007年2月发出《关于暂停清远市清城区有关建设项目环境影响评价审批的通知》（粤环[2007]19号），决定暂停清城区范围内的电镀、印染、制革、造纸、禽畜养殖等新增水污染物排放总量的建设项目环评审批。6月，广东省环保局再次发出《关于暂停茂名市茂南区部分行业建设项目环保审批的通知》（粤环[2007]49号），决定暂停茂南区范围内的电镀、印染、制革、造纸、禽畜养殖等新增水污染物排放总量的建设项目环评审批。然而，直到8月初，被点名的茂名市茂南区对于当地环保整改进度缓慢。而据茂南区当地政府介绍，被限批的项目均不是当地着力发展的行业，所以"限批令"也被当地不少人称作"重拳打在了棉花上"。[132]此外，以揭阳市电镀工业区

129 杨婧. 环保区域限批政策的有效利用和规制[J]. 环境保护与循环经济，2012（5）：24-27.

130 朱谦. 对特定企业集团的环评限批应谨慎实施——华能集团、华电集团的环评限批说起[J]. 法学，2008（8）：145-152.

131 朱邦冉. 影响环保执法的地方保护主义形式、原因及对策思考[J]. 中国资源综合利用，2006（6）：41-43.

132 谈佳隆. 广东环保区域限批为何遭遇执行难？[J]. 经济周刊，2007（41）：42-45.

为代表，粤西、粤东、粤北等广东省内一些地区环境督办工作也正陷入"执行难"的窘境。

2009 年 6 月 12 日，环境保护部下发《关于暂停审批中国华电集团公司建设项目环境影响评价文件的通知》（环办函[2009]600 号），决定对华电公司进行区域限批，是因为华电公司所属云南华电鲁地拉水电有限公司建设的鲁地拉水电站工程违反了《环境影响评价法》第 25 条的规定，存在"未批先建"行为。环保部根据《环境影响评价法》的有关规定对华电公司作出两个行政决定：一是责令华电公司进行"整改"；二是暂停审批除新能源开发和污染防治之外所有建设项目的环境影响评价文件。华能伊敏煤电有限责任公司建设的华能伊敏煤电联营三期工程不顾当地水资源匮乏而擅自将环评批复的直接空冷方式变更为水冷方式，对当地生态环境具有潜在的重大不利影响。环境保护部为此作出"暂停审批华能集团（除新能源及污染防治项目外）的所有建设项目"的区域限批决定。[133]事实上，早在 2007 年 1 月 10 日，国家环保总局就曾以同样方式对四大电力集团实施过"环评限批"。然而，事实并不容乐观，两大电力集团并没有真正把环评限批当回事。截至 2009 年 6 月 22 日，两大电力集团各有一家在建的水电站的施工并没有停下来。故有学者认为，区域限批与其说压力来自《环境影响评价法》等环境法上的法律责任，不如说是基于环境信息公开下的舆论监督。[134]

区域限批是环保部门行政权力的最大化运用，不光是针对违规企业及地方政府要穴的"撒手锏"，也是环保部门万不得已情况下使出的"撒手锏"。无论如何，"限批"只是审批与否的权力，是与政策运用对象在法律法规框架内的对话。因而，也只能对愿意在这一框架内对话的企业或地方政府起约束作用，而对那些根本不报告，也"无需"审批的项目则毫无作用，对不按游戏规则出牌的企业和

---

133 参见《环境保护部决定暂停审批金沙江中游水电开发项目、华能集团和华电集团（除新能源及污染防治项目外）建设项目、山东有钢铁行业建设项目环境影响评价，遏制违法建设及"两高一资"重复建设项目》，http://www.zhb.gov.cn/xcjy/zwhb/200906/t20090611-152671.han[2013-7-5].
134 朱谦. 对特定企业集团的环评限批应谨慎实施——从华能集团、华电集团的环评限批说起[J]. 法学，2009（8）：145-152.

地方政府则无能为力。[135]

3.3.3 区域限批的制度完善

现阶段，地方政府的 GDP 冲动使得环境保护的底线和红线屡屡被突破，地方保护主义浓厚，政府不作为是环境污染日益加重的重要原因，一些地方政府和企业对加强环保"口惠而实不至"，虽然签订了目标责任书，但并没有切实履行污染削减承诺。区域限批作为一种制度创新，开始显得非常规和非常态化。但是，我们可以通过制度构建使之成为常态化的环境规制制度，这也是为什么 2008 年修订的《水污染防治法》和 2009 年实施的《规划环境影响评价条例》中都明确将"区域限批"制度化的重要原因。所以，有人仅仅将区域限批当成是一种行政处罚手段是偏颇的。大量违规建设项目上马和被叫停，表面上是环境保护与经济发展的博弈，更深层次是局部与全局的博弈、政绩与民生的博弈、大资本与政府监管部门的博弈。区域限批不是要限制企业或项目，而是要限制地方政府的投资冲动，加强其环保责任，实质是限制地方政府的审批权力。要求其在环境治理方面得到改善后，才会解除限批。区域限批是要迫使地方政府综合考虑和决策，如果要确保当地经济的持续稳定增长，必须在单个项目和整体利益之间进行权衡，就要对自己批准的所有项目承担决策责任。地方政府就有压力和动力选择那些环境友好的项目，从而实现经济、社会和环境的综合平衡和发展。在规划环评制度缺乏强制力、偏软的现阶段，区域限批制度在一定程度上弥补了规划环评的不足，有效制衡了地方政府，迫使其在整个区域范围内更为宏观地进行环境决策和规制。区域限批制度是依据该地区规划环评确定的环境容量、排污总量及环境风险预防机制等进行执法：对不认真执行环境影响评价制度的地区暂停新项目环评审批，限制其上马；对在地区经济生产活动中超过环境容量发展或未及时达到污染削减总量的地区实现限批。区域限批就是利用环境影响评价制度的行政

---

135 琚迎迎. 论行政处罚的新举措——区域限批[J]. 法制与社会，2008，1（下）：177.

审批环节对违法企业所在的地区或行业进行全方位"围追堵截"，体现出鲜明的高行政性特点。所以总体来说，环境影响评价是区域限批制度的基础和平台，环评是手段和抓手，限批是结果；从某种程度上说区域限批制度是环境影响评价制度的"衍生产品"。[136]

区域限批也是在实践中不断完善，比如，最初实行的有区域限批、流域限批、行业限批和企业限批。但实践的发展和中国行政区划和行政管理体制的特点，使得流域限批慢慢被区域限批吸收，行业限批、企业限批由于涉及不同行政区域，不易操作和管理，不如区域限批只针对某一行政区域更为适合中国的国情，也更为有效，同时也更容易治理环保的地方保护主义，具有更强的针对性。因此，最终入法的只有"区域限批制度"，而没有流域限批、行业限批和企业限批制度。区域限批也是对建设项目环评制度的缺陷的一种弥补。众所周知，《环境影响评价法》第 31 条关于"未批先建"的处理规定，有学者认为彻底否定了环评制度。[137]区域限批制度则在一定程度上弥补了该制度的缺陷。

当然，区域限批仅仅是一个创新和探索性的环境规制制度，还存在许多不成熟之处。实施过程中也发现了不少问题，其中最主要的还是脱离不了"运动式"环保执法的嫌疑。张红凤等通过对环境规制目标选择均衡模型进行构建和分析后认为：严密的中央政府规制引起的亏损要大于相同程度的地方政府规制引起的亏损，而前者引起的受益也要小于后者。解决问题的关键在于寻求中央与地方之间一个最后分权程度，使地方污染性生产的外部效应内部化，使环境质量成为与财税目标等同的价值目标。[138]目前的区域限批制度主要由环保部这一中央部委行使，但是，中央集权的决策机制，存在无法克服的高昂的信息成本[139]、策略成本和不稳定的转换成本带来

---

136 曾贤刚，王新，等. 规划环评条例促"区域限批"走向成熟[J]. 环境保护，2009：39-41.

137 汪劲. 中外环境影响评价制度比较研究[M]. 北京：北京大学出版社，2006.

138 张红凤，张细松，等. 环境规制理论研究[M]. 北京：北京大学出版社，2012：54-56.

139 例如，正是由于高昂的信息成本，环保部在云南曲靖和广西河池就是通过曝光的环境污染事故来实施"区域限批"。

的低效率。[140]中央和地方政府有限分权的决策机制，虽然可以在一定程度上降低信息成本，但仍无法消除高昂的策略成本和不稳定的转换成本。[141]如何完善区域限批，并形成常态化的规制制度，将是一个新的研究和实践领域。随着国家对环境影响评价制度的重视与完善，区域限批制度也得以"底气增强，日趋成熟"。然而作为"行政权力的最大化运用"，区域限批制度本身由于法律规定不够具体、管理及监督机制存在问题等，仍需要改进。

3.3.3.1 完善区域限批的主体和对象

区域限批作为一项环境行政规制手段，管制措施所针对的对象，是指管制措施所改变的权利义务的承受体，即管制的行政相对人。所有的管制措施最终都需要依赖于管制对象的权利义务状态的改变来实现。许多看似针对特定标的所作出的决定，本质上都发挥着影响私主体（尤其是市场主体）权益的效果。例如，国家药品监督管理局叫停注射隆胸产品聚丙烯酰胺水凝胶（商品名"奥美定"）的生产、销售和使用，实际的管制对象是生产、销售和使用"奥美定"的私人主体。[142]同样，区域限批的管制对象表面上是受限区域的各级环保部门的环评审批权力，实质上还是受限区域的正在申请或准备申请项目环评审批的企业（市场主体）。管制对象的范围会影响到权利限制的大小，因此，在完善区域限批的管制对象时，必须进行比例原则必要性的审查及尽量最小侵害公民的权利而实现环境管制的目标。因此，区域限批的行政主体资格、限批的条件、对象和范

---

140 公共选择机制理论认为：公共选择机制的成本包括转换成本和交易成本，转换成本是指决策者在对收集到的决策信息进行筛选、研究基础上，确定供给机制各个环节的权利变量所需的成本；交易成本包括协调成本、信息成本和策略成本。协调成本指决策者与其他相关利益主体之间进行协商、沟通所花费的时间、精力和金钱的综合；信息成本指收集和组织信息的成本和由于时间、地点变量和一般科学知识的缺乏或无效混合所造成的错误成本，即信息收集及传递成本、时空信息成本和科学成本；策略成本是指个人利用信息、权力及其他资源的不对称分布，以牺牲别人的利益为代价而获得效益，从而造成转换成本增加，与公共选择有关的策略成本包括逆向选择和寻租。（参见：王蓉. 中国环境法律制度的经济学分析[M]. 北京：法律出版社，2003：34-35.）

141 王蓉. 中国环境法律制度的经济学分析[M]. 北京：法律出版社，2003：129.

142 蒋红珍. 论比例原则——政府规制工具选择的司法评价[M]. 北京：法律出版社，2010：284.

围等均需要法律加以明确。

区域限批的适用条件是其比较核心和争议较大的问题。所谓适用条件是指违规主体在何种情况下才能依法被限批、停批。区域限批是一种侵益性具体行政行为，极易对相对人及第三人造成侵害。为了防止区域限批被滥用，应当对其适用条件在立法上作严格的限制。例如，《重庆市环境保护区域限批实施办法》第4条规定了区域限批的条件：一是未按期完成国家或市政府下达的总量减排、污染防治等环保目标任务；二是环境问题突出，被国家或市政府挂牌督办，未按期完成整改任务；三是一年内发生两次较大以上环境污染事故或存在重大环境风险；四是国家或市政府要求实施"区域限批"的其他情形。而《湖北省建设项目环境影响评价区域限批规定》（征求意见稿）则对限批条件进行了更为详细的规定。[143]但是，国家层面的宏观规定缺乏，导致了地方层面的规定虽然详细，却未尽合理，有必要在国家层面对限批的条件进行完善。

3.3.3.2　完善区域限批的程序，形成常态化的环境规制制度

《建设项目环境影响评价区域限批管理办法（试行）》中，对限批的启动程序、时限、决定的公示程序、整改进度公示程序、解限

143　《湖北省建设项目环境影响评价区域限批规定》（征求意见稿）规定，针对下列违规的区域下达建设项目环境影响评价区域限批决定：（1）对未按期完成《污染物总量削减目标责任书》确定的削减目标的地区，暂停审批该地区新增污染物排放总量的建设项目。（2）对生态破坏严重或者尚未完成生态恢复任务的地区，暂停审批对生态有较大影响的建设项目。（3）对饮用水水源保护区、自然保护区、风景名胜区、重要生态功能区以及生态环境敏感区等区域发生一起严重违法建设项目的，暂停审批其所在地区除污染治理、生态恢复项目以外的建设项目。（4）对未按进度完成省政府小造纸、小水泥、小火电机组、城镇污水和四湖流域五个专项治理任务的地区，暂停审批该地区除污染治理、生态恢复项目以外的建设项目。（5）对发生一起无正当理由未实施或未按期完成国家确定的燃煤电厂二氧化硫污染防治项目的地区，停止审批该地区的燃煤电厂项目。（6）对发现两起违反《环境影响评价法》，未批先建的建设项目或严重违反环保"三同时"的建设项目所在地，暂停审批该区域内除污染治理、生态恢复项目以外的建设项目。（7）对发生两起不按法定条件、程序和分级审批权限审批环评文件，不依法验收；或者因不依法履行职责致使环评执行率低于95%，"三同时"执行率低于90%的地区，限期整改。整改期间暂停审批该区域内除污染治理、生态恢复项目以外的建设项目；逾期不整改的，暂停并上收一级该地区环保部门的项目审批权。（8）对发现两起未依法足额征收排污费的地区，限期整改。整改期间暂停审批该区域内除污染治理、生态恢复项目以外的建设项目；逾期不整改的，暂停并上收一级该地区环保部门的项目审批权。

方式等进行了具体的规定，但是对于详细的调查程序和审议程序并没有涉及，建议《建设项目环境影响评价区域限批管理办法》应该在这些方面进行细化和完善。除了决定程序外，立法还应考虑对区域限批的实施程序进行规定，以避免实施过程的混乱而减弱限批决定的效力。应当建立限批实施过程中的监督程序，主要包括执行主体对被限批方的监督、第三方及社会公众对被限批方的监督等，防止被限批方私自新建项目。还应当建立整改进度公示程序，主管部门应在一定期限内分阶段向社会公布被限批方的整改情况。对认真落实整改意见并取得实效的地方与企业应尽快解除限批禁令，对那些不予整改的地方与企业，延长限批期限，并追究相关负责人及直接责任人员的行政责任。[144]

建议《环境保护法》的修订应该将环境影响评价的限批制度吸收进来，从根本上使区域限批制度在环境保护的基本法中实现法制化，从过去运动式的"风暴"变成常规化的法律制度，在调整产业结构、转变经济增长方式、实现减排目标和打击环境违法行为方面发挥更大的作用。

3.3.3.3 完善区域限批的救济途径

法治社会中，无救济即无权利是公认的基本原理。[145]区域限批的命令能否具有司法救济途径，即是否属于一种具体行政行为，具有可诉性，也是目前区域限批制度亟待完善的问题。如果以不特定对象的企业而言，该行政命令并没有针对具体的企业。如果以特定区域的环保部门而言，则区域限批的对象是特定的，即被限批的地区，可以在一定程度上视为是具体行政行为，因为其有期限和责任要求对象等。那么，受该区域限批命令影响的企业能否提起行政诉讼呢？这个问题非常复杂。因为，从行政许可法的角度而言，企业针对其申请的环评行政许可，认为行政机关作为或不作为侵害了其自身的权益，当然可以就具体的行政许可行为提起行政诉讼。但是，

---

144 吴卫军，唐娅西. 区域限批：合法性问题及其法律规制[J]. 国家行政学院学报，2008，1：68-71.

145 同上注.

由于这种不作为又是区域限批行为造成的，这里就涉及企业能否就该区域限批行为提起行政诉讼。就笔者在前面的分析，将区域限批行为认定为具体行政行为，应该具有可诉性。但是具体如何进行司法救济与区域限批的目的之间的平衡是区域限批司法救济最难以考量之处。为此，希望进行立法加以明确限批的程序和救济途径。如行政主体在作出限批决定之前应当告知当事人及利害关系人有申请听证的权利，除相对人外，利害关系人也有权申请听证并通过参加听证表述意见，主张权利。

在行政管理的其他领域也有类似的案例，如建明食品公司诉泗洪县政府检疫行政命令纠纷案。[146]原告江苏省泗洪县建明食品有限责任公司（以下简称建明食品公司）告江苏省泗洪县人民政府（以下简称泗洪县政府）。2003 年 5 月 22 日，泗洪县政府分管兽医卫生监督检验工作的副县长电话指示县兽检所，停止对县肉联厂以外的单位进行生猪检。建明食品公司报请县兽检所对其生猪进行检疫时，该所即以分管副县长有所指示为由拒绝，致使原告的生猪无法进行屠宰检验和上市销售，被迫停业。于是建明食品公司认为泗洪县政府分管副县长的电话指示侵犯其合法权益，于 2005 年 4 月 21 日提起行政诉讼，请求确认被告分管副县长的电话指示违法。一审宿迁市中级人民法院认为：该电话指示对县兽检所的检疫职责不具有强制力，是行政机关内部的行政指导行为；电话指示内容未提到原告建明食品公司，不会对原告建明食品公司的权利义务产生直接的影响。故驳回原告建明食品公司的起诉。原告不服，向江苏省高级人民法院提起上诉，称电话指示是对内对外都具有约束力的行政强制命令，其目的就是要限制上诉人的正常经营，故属于可诉的行政行为。江苏省高级人民法院认为：审查行政机关内部上级对其下级作出的指示是否属于人民法院行政诉讼受案范围内的可诉行政行为，应当从指示内容是否对公民、法人或者其他组织的权利义务产生了实际影响着手。尽管分管副县长对县兽检所的电话指示是行政机关

---

146 案例材料引自：李正威. 行政命令法律问题研究[D]. 重庆：西南政法大学，2009.

内部的行政行为，但通过县兽检所拒绝对建明食品公司的生猪进行检疫来看，电话指示已经对建明食品公司的合法权益产生了实际影响，成为具有强制力的行政行为。分管副县长就特定事项、针对特定对象所作出的电话指示，对内、对外均产生了效力，并已产生了影响法人合法权益的实际后果，故属于人民法院行政诉讼受案范围内的可诉具体行政行为。

4 建设项目环境影响评价的监督机制

4.1 建设项目环境影响评价的分类管理和行政许可制度

4.1.1 建设项目环境影响评价的分类管理制度

我国在建设项目的环境影响评价上根据项目的环境影响评价程度不同而实行分类管理制度。《环境影响评价法》第 16 条规定：国家根据建设项目对环境的影响程度，对建设项目的环境影响评价实行分类管理。可能造成重大环境影响的，应当编制环境影响报告书，对产生的环境影响进行全面评价；可能造成轻度环境影响的，应当编制环境影响报告表，对产生的环境影响进行分析或者专项评价；对环境影响很小、不需要进行环境影响评价的，应当填报环境影响登记表。建设项目的环境影响评价分类管理名录，由国务院环境保护主管部门制定并公布。国务院颁布的《建设项目环境保护管理条例》也有类似的规定。总体而言，根据项目的环境影响程度不同，建设项目的环境影响评价分为编制环境影响报告书、环境影响报告表和环境影响登记表三类形式。国家环保总局于 2002 年以国家环保总局 14 号令的形式颁布了《建设项目环境保护分类管理名录》(2003版)，自 2003 年 1 月 1 日起施行。随着实践中发现问题以及分类管理的情况发生变化，环保部重新颁发了新的《建设项目环境影响评价分类管理名录》(2008 版)，自 2008 年 10 月 1 日起施行，同时废止了之前的名录。新、旧分类管理名录的变化比较大，归纳起来有以下几种情况：

（1）2008 版的分类管理名录取消了对编制环境影响报告书、报告表和登记表的判断原则的规定，同时取消了省级环保部门对于未列入名录的建设项目的管理类别的认定权。2003 版的分类管理名录第 1 条分别规定了需要编制环境影响报告书、环境影响报告表和环境影响登记表的建设项目的原则。例如，该条第 1 项列出了 7 条规定，来解释何谓"重大环境影响"，应当编制环境影响报告书；第 2 项列出了 3 条解释何谓"轻度环境影响"，应当编制环境影响报告表；第 3 项也列出了 3 条解释何谓"环境影响很小"，应当填报环境影响登记表。[1]同时，《建设项目环境保护分类管理名录》（2003 版）第 2 条规定："未列入本名录的建设项目，由省级环境保护主管部门根据上述原则，确定其环境保护管理类别，并报国家环境保护总局备案。"这些规定规制了一些建设项目环境管理方面的分类原则，也是实践中的分类判断标准。但在实践中，这些分类标准作为定性标准，存在难以操作和判断的问题，而名录的附件中又详细规定了一些定量的判断标准，故可能存在前后不一致之处。所以，《建设项目环境影响评价分类管理名录》（2008 版）将这个定性判断标准取消了，直接要求各级环保部门严格按照分类管理名录进行管理。对于未列入分类管理名录的项目，其中第 6 条规定："本名录未作规定的建设项目，其环境影响评价类别由省级环境保护主管部门根据建设项目的污染因子、生态影响因子特征及其所处环境的敏感性质和敏感程度提出建议，报国务院环境保护主管部门认定。"2008 版的分类管理名录

1《建设项目环境保护分类管理名录》（2003 版）第 1 条规定，国家根据建设项目对环境的影响程度，按照下列规定对建设项目实行环境保护分类管理：（一）建设项目对环境可能造成重大影响的，应当编制环境影响报告书，对建设项目产生的污染和对环境的影响进行全面、详细的评价。1. 原料、产品或生产过程中涉及的污染物种类多、数量大或毒性大、难以在环境中降解的建设项目；2. 可能造成生态系统结构重大变化、重要生态功能改变，或生物多样性明显减少的建设项目；3. 可能对脆弱生态系统产生较大影响或可能引发和加剧自然灾害的建设项目；4. 容易引起跨行政区环境影响纠纷的建设项目；5. 所有流域开发、开发区建设、城市新区建设和旧区改建等区域性开发活动或建设项目。（二）建设项目对环境可能造成轻度影响的，应当编制环境影响报告表，对建设项目产生的污染和对环境的影响进行分析或者专项评价。1. 污染因素单一，而且污染物种类少、产生量小或毒性较低的建设项目；2. 对地形、地貌、水文、土壤、生物多样性等有一定影响，但不改变生态系统结构和功能的建设项目；3. 基本不对环境敏感区造成影响的小型建设项目。（三）建设项目对环境影响很小，不需要进行环境影响评价的，应当填报环境影响登记表。1. 基本不产生废水、废气、废渣、粉尘、恶臭、噪声、震动、热污染、放射性、电磁波等不利环境影响的建设项目；2. 基本不改变地形、地貌、水文、土壤、生物多样性等，不改变生态系统结构和功能的建设项目；3. 不对环境敏感区造成影响的小型建设项目。

直接取消了原来省级环保部门对于未列入名录的建设项目的环境管理类别的认定权，而需要省级环保部门报环保部认定。

（2）2008 版的分类管理名录进一步对环境敏感区的规定进行了修改，并取消了省级环保部门对涉及环境敏感区的建设项目的环境管理类别的决定权。2003 版的分类管理名录将环境敏感分为三类，即"需特殊保护地区""生态敏感与脆弱区""社会关注区"。这些规定有其科学之处，但也存在前后重复的问题，比如"需特殊保护地区"中的"地质公园、世界遗产地、国家重点文物保护单位、历史文化保护地等"和"社会关注区"中的"具有历史、文化、科学、民族意义的保护地"有一定的重复。2008 版的分类管理名录将三类的规定进行了重新修改。其中变化最大的是取消了地方环保部门对于涉及环境敏感区的项目的分类管理的决定权。2003 版的分类管理名录第 4 条规定："位于环境敏感区的建设项目，如其环境影响特征（包括污染因子和生态因子）对该敏感区环境保护目标不造成主要环境影响的，该建设项目环境影响评价是否按敏感区要求管理，由有审批权的环境保护行政主管部门征求当地环境保护部门意见后确认。"这个规定在实践中产生了许多问题，尤其是对于一些环境敏感区的项目，一些地方环保部门为了规避环境敏感区的影响，利用该规定的疏漏，故意将其定为分类等级较低的类别，导致产生了许多纠纷。[2] 故 2008 版的分类管理名录第 4 条修改为："建设项目所处环境的敏感性质和敏感程度，是确定建设项目环境影响评价类别的重要依据。建设涉及环境敏感区的项目，应当严格按照本名录确定其环境影响评价类别，不得擅自提高或者降低环境影响评价类别。环境影响评价文件应当就该项目对环境敏感区的影响作重点分析。"由此，取消了地方环保部门对于涉及环境敏感区的建设项目管理类别的决定权。

（3）2008 版的分类管理名录提出了"就高不就低"的原则。对于一些跨行业、复合型建设项目，其环境影响评价类别按其中单项等级最高的确定。当然，对具体建设项目的分类管理的定量判断标准

---

2 关于分类管理名录产生的环评纠纷，在本书第 7 章将会进一步阐述。

也作了一些修订，限于篇幅，在此不再赘述。

4.1.2 建设项目环境影响评价的行政许可制度

我国对环境影响评价文件的管理采取行政许可制度，根据《环境影响评价法》第 25 条的规定："建设项目的环境影响评价文件未经法律规定的审批部门审查或者审查后未予批准的，该项目审批部门不得批准其建设，建设单位不得开工建设。"[3] 该条规定是我国环境影响评价制度确立的"先评价、后建设"原则得以实施的法律保障，也就是所谓环评"一票否决"制。[4] 环评的"一票否决"在《环境保护法》中也有类似的规定："环境影响报告书经批准后，计划部门方可批准建设项目设计任务书。"1998 年 11 月，国务院发布的《建设项目环境保护管理条例》也对此作出了明确的规定。环境行政部门对环境影响评价文件的行政许可审批行为实质上就是对环境影响评价行为进行的行政监督。但是，《环境影响评价法》第 31 条关于"未批先建"的补办环评手续的规定在某种意义上否定了建设项目"先评价、后建设"原则。

环境行政部门以分级审批为主要的行政监督形式。根据《环境影响评价法》第 23 条规定："国务院环境保护行政主管部门负责审批下列建设项目的环境影响评价文件：①核设施、绝密工程等特殊性质的建设项目；②跨省、自治区、直辖市行政区域的建设项目；③由国务院审批的或者由国务院授权有关部门审批的建设项目。前款规定以外的建设项目的环境影响评价文件的审批权限，由省、自治区、直辖市人民政府规定。"2002 年，国家环保总局以 15 号令颁布了《建设项目环境影响评价文件分级审批规定》，对建设项目环境影响评价文件的分级审批作出了更加细化的规定。2004 年 12 月，国

---

3 国家《行政许可法》出台以后，原来的环评行政审批按行政许可来管理，发布文件的名称也称为"准予行政许可决定书"。有学者认为，建设项目的环境影响审批应归于特别行政许可（参见：王装装. 建设项目环境影响评价审批制度研究[D]. 北京：中国政法大学，2009：5-6.）。实际上，虽然叫做行政许可，但和原来的审批没有实质性的差别，都具有"一票否决"强制效力。
4 全国人大环境与资源保护委员会法案室. 中华人民共和国环境影响评价法释义[M]. 北京：中国法制出版社，2003：92.

家环境保护总局、国家发展和改革委员会颁发的《关于加强建设项目环境影响评价分级审批的通知》中，再次明确了国家及地方各级环保行政部门的审批范围。2009 年 3 月 1 日，环境保护部以第 5 号令的形式发布了新的《建设项目环境影响评价文件分级审批规定》（2002 年的规定作废）。根据新的《建设项目环境影响评价文件分级审批规定》（环保部令第 5 号，以下简称《规定》）第 2 条规定，环保部可以将其法定的审批项目权限委托给项目所在地的省级环保部门行使，并向社会公告；受委托的省级环保部门在委托范围内以环保部的名义行使环评审批权。环保部对委托的审批事项负责监督，并对该审批后果承担法律责任。除了由环保部审批的项目，《规定》还对一些可能会造成重大环境影响的建设项目的行政审批层级进行了细化。其中有色金属冶炼及矿山开发、钢铁加工、电石、铁合金、焦炭、垃圾焚烧及发电、制浆等对环境可能造成重大影响的建设项目环境影响评价文件由省级环境保护部门负责审批。化工、造纸、电镀、印染、酿造、味精、柠檬酸、酶制剂、酵母等污染较重的建设项目环境影响评价文件由省级或地级市环境保护部门负责审批。也就是说，上述的项目不能由上级环保部门再发布规定分配给下级环保部门审批。不过这些分级审批规定也有不合理之处。比如，化工类项目的污染明显严重得多，却可以由市级环保部门审批。对于可能造成跨行政区域的不良环境影响的建设项目，有关环境保护主管部门对该项目的环境影响评价结论有争议的，其环境影响评价文件由共同的上一级环境保护主管部门审批。《规定》对超越法定职权的环评审批行为，由上级环保部门依法给予撤销或者责令其撤销超越法定职权、违反法定程序或者条件做出的环境影响评价文件审批决定的处罚；并建议任免机关或监察机关对相关直接责任人员给予行政处分。但是，仍然未规定一些通过违规手段获得的环评行政许可的撤销权限和程序。此外，还有需要进行重新审批的建设项目。《环境影响评价法》第 24 条第 1 款规定："建设项目的环境影响评价文件经批准后，建设项目的性质、规模、地点、采用的生产工艺或者防治污染、防止生态破坏的措施发生重大变动的，建设单位应当重新报批建设项目的环境影响评价文件。"

另外一种情形是需要重新审核环境影响评价。《环境影响评价法》第 24 条第 2 款规定："建设项目的环境影响评价文件自批准之日起超过五年，方决定该项目开工建设的，其环境影响评价文件应当报原审批部门重新审核；原审批部门应当自收到建设项目环境影响评价文件之日起十日内，将审核意见书面通知建设单位。"建设项目环境影响评价文件的重新审核是环境保护部门对于建设项目是否履行环境影响评价行为的进一步监督。《国家环境保护总局建设项目环境影响评价文件审批程序规定》第 16 条规定，建设项目的环境影响评价文件自批准之日起超过五年，方决定该项目开工建设的，其环境影响评价文件应当报国家环保总局重新审核。国家环保总局从下列方面对环境影响评价文件进行重新审核：①建设项目所在区域环境质量状况有无变化；②原审批中适用的法律、法规、规章、标准有无变化。若上述两方面均未发生变化，国家环保总局作出予以核准的决定，并书面通知建设单位。这就存在一定的风险，如果法规尤其是标准发生了变化是否需要重新进行环评，并重新进行报批环评行政许可？这是一个非常现实的问题，尤其是近年来，一些环境标准的变化和更新较大。从法理上而言，是应该重新进行环境影响评价并重新报批。

根据《国家环境保护总局建设项目环境影响评价文件审批程序规定》的规定，国家环保总局需要对环境影响评价文件进行审查，主要从以下方面对建设项目环境影响评价文件进行审查：①是否符合环境保护相关法律法规。建设项目涉及依法划定的自然保护区、风景名胜区、生活饮用水水源保护区及其他需要特别保护的区域的，应当符合国家有关法律法规该区域内建设项目环境管理的规定；依法需要征得有关机关同意的，建设单位应当事先取得该机关同意。②是否符合国家产业政策和清洁生产标准或者要求。③建设项目选址、选线、布局是否符合区域、流域规划和城市总体规划。④项目所在区域环境质量是否满足相应环境功能区划和生态功能区划标准或要求。⑤拟采取的污染防治措施能否确保污染物排放达到国家和地方规定的排放标准，满足污染物总量控制要求；涉及可能产生放射性污染的，拟采取的防治措施能否有效预防和控制放射性污染。⑥拟采取的生态保护措施能否有效预防和控制生态破坏。审查通过以后，国家环保总局作出予以批准的决定，并书面通知建设单位。对不符合条件的建设项目，国家环保总局作出不予批准的决定，书面通知建设单位，并说明理由。国家环保总局在作出批准的决定前，在政府网站公示拟批准的建设项目目录，公示时间为 5 天。作出批准决定后，在政府网站公告建设项目审批结果。

4.2　建设项目的"三同时"制度

4.2.1　建设项目"三同时"制度的发展历程

4.2.1.1　建设项目"三同时"制度概述

在建设项目的环境管理中，"三同时"制度与环境影响评价制度相辅相成，共同构成了环境管理的两个连续环节。"三同时"制度是落实环评中提出的环境污染减缓和防治措施、防止环境继续恶化的有效管制措施。我国的《环境保护法》和一系列的污染防治法律如《大气污染防治法》《水污染防治法》和《固体废物污染环境防治法》等都对"三同时"制度进行了规范。《环境保护法》第 26 条规定："建设项目中防治污染的措施，必须与主体工程同时设计、同时施工、同时投产使用。防治污染的设施经原审批环境影响报告书的环境保护行政主管部门验收合格后，该建设项目方可投入生产或者使用。"根据该条规定，环评行政许可和"三同时"竣工验收都是同一个环保部门组织实施。在实施过程中，一般由环保部门的环评行政许可的审批部门具体负责环保设施的"三同时"竣工验收工作。

4.2.1.2　"三同时"制度的发展

我国的"三同时"制度源于环境管理实践，是具有中国特色的环境保护制度，大致经历了逐步建立、不断发展完善与渐趋成熟三个阶段。[5]1972 年，国务院批转的《国家计划委员会、国家基本建设委员会关于官厅水库污染情况和解决意见的报告》第一次提出了"工厂建设和'三废'综合利用工程要同时设计、同时施工、同时投产"，这是"三同时"制度的雏形。1973 年，国务院《关于保护和改善环境的若干规定（试行草案）》中首次正式提出："一切新建、扩建和改建的企业，防治污染项目，必须和主体工程同时设计，同时施工，同时投产。正在建设的企业，没有采取防治措施的，必须补上。各级主管部门要会同环境保护和卫生等部门，认真审查设计，做好竣工验收，严格把关。"1979 年，《环境保护法（试行）》首次以法律形式对"三同时"制度做了明确规定，这为以后的有关"三同时"的法规和条例的制定提供了法律依据。1981 年 11 月，由国家相关部委联合颁布了《基本建设项目环境保护管理办法》，对"三同时"制度的内容、管理程序、违反"三同时"的处罚做了较全面和具体的规定。

1986 年，由国务院环境保护委员会、国家计委、国家经委联合颁布了《建设项目环境保护管理办法》又对"三同时"的内容进行了进一步细化。但是，到 20 世纪 90 年代中期，虽然国家环保总局又颁发了一系列的管理文件，但"三同时"制度的实施主要还是以建设项目环境保护设施竣工验收管理的形式，依托于项目的主体工程验收，是一种被动式的管理方式，并未形成独立的环保"三同时"验收制度。大部分建设项目尚未正式开展环境保护竣工验收，在建设项目环境保护管理中体现为"重头轻尾"，在法规建设方面还缺少一些可操作的指导性文件。

1994 年，国家环保局颁布了《建设项目环境保护设施竣工验收管理规定》（14 号令），使建设项目环境保护管理工作重点落在环保设施竣工验收的监督检查上，环保设施竣工验收从参加工程整体验收转为由各级环保部门组织单独验收，意味着"三同时"实施的独立化。同时在全国普遍加大"三同时"验收的执法力度。全国"三

---

5 陈庆伟，梁鹏. 建设项目环评与"三同时"制度评析[J]. 环境保护，2006，12A：42-45；汪劲. 环保法治三十年：我们成功了吗[M]. 北京：北京大学出版社，2011：81.

同时"执行率从 1994 年的 84.0%逐步上升到 1996 年的 90.0%，并保持稳中有升的趋势，基本扭转了建设项目竣工环境保护验收的被动局面。1996 年，国家环境保护局逐步推行了建设项目环境保护台账管理和统计工作，使建设项目环境保护的管理逐步纳入规范化管理的程序。国务院 1998 年颁布了《建设项目环境保护管理条例》，对建设项目竣工环境保护验收管理上提出更高的要求。这些都表明我国的"三同时"制度日趋成熟。

经过多年的不断发展与完善，"三同时"制度逐步形成了以浓度控制为基础，重点抓住污染物排放总量控制、污染防治与生态保护并重的良性运转局面，对实现环境质量目标起着重要的作用。随着我国环境影响评价制度的推行和完善，尤其是《环境影响评价法》的正式实施，"三同时"制度逐渐与环境影响评价制度进行融合。从管理主体的同一化和制度建设以及验收程序等方面得到了进一步的提高和细化。

4.2.1.3　"三同时"制度的局限性

我国目前缺乏对违反"三同时"制度的处罚和责任承担的法律规定，另外，"三同时"验收时侧重于对硬件设施如污染治理设备是否到位的关注，而对是否正常运行、是否常态化运营并不重视。尤其是在验收后，如何与日常监管机构的衔接基本缺失。虽然，《环境保护法》规定，环评审批项目的环保部门同时也是"三同时"验收部门，但是一些地方却没有按法律执行，上级环保部门在审批一些项目时，往往在建设项目环评许可文件中授权和要求下级环保部门进行"三同时"监督管理，而下级环保部门对此类建设项目的监管能力和影响力远远小于审批该项目的上级环保部门，监督的作用和效果也就大打折扣，导致企业对"三同时"工作的不重视。[6]另外，由于"三同时"验收部门与环境监管部门（如环境监察部门）的脱节，使得企业有空子可钻，有机可乘。

环评的有效性要靠"三同时"环保竣工验收来保障，但是长期

---

6 李良峰. 基层建设项目环保"三同时"管理存在的问题与对策[J]. 中国环境管理，2004（3）：33.

以来我国的环保验收管理相对薄弱，建设项目不落实环评要求、未经环保验收擅自投运等违法行为较为普遍。原国家环保总局曾经对 2000 年以后其审批的建设项目"三同时"执行情况进行核查。结果表明，已建成项目中至少有 10%未经验收擅自投产，至少 15%因"三同时"落实不到位被下达限期改正。[7]环境影响评价一开始就形成了根据建设项目大小进行分级审批、分级管理、分级进行并编制环评报告的局面；而"三同时"一开始在审批管理程序上就很模糊，从而产生了地方保护主义的土壤，使"三同时"验收形式化。同时，"三同时"验收制度刚开始就偏重于行政管理而忽视验收监测的技术工作。但实际上，"三同时"验收的关键在于技术把关，用技术手段和监测数据对工程的环境保护工作进行科学评判和鉴定。[8]

4.2.2 建设项目环保设施竣工验收制度

建设项目环保设施竣工验收是"三同时"制度的重要一环，指建设项目竣工阶段，工况稳定，负荷达 75%以上（特殊项目除外），由建设单位申请，环境保护部门根据《建设项目竣工环境保护验收管理办法》规定，依据环境保护验收监测或调查结果，并通过现场检查等手段，考核建设项目是否达到环境保护要求的活动。2001 年，国家环境保护总局第 13 号令《建设项目竣工环境保护验收管理办法》第 11 条规定，根据国家建设项目环境保护分类管理的规定，对建设项目竣工环境保护验收实施分类管理。建设单位申请建设项目竣工环境保护验收，应当向有审批权的环境保护主管部门提交以下验收材料：编制环境影响报告书的建设项目，建设项目竣工环境保护验收申请报告，并附环境保护验收监测报告或调查报告；编制环境影响报告表的建设项目，建设项目竣工环境保护验收申请表，并附环境保护验收监测表或调查表；填报环境影响登记表的建设项目，建设项目竣工环境保护验收登记卡。

---

7 汪劲. 环保法治三十年：我们成功了吗[M]. 北京：北京大学出版社，2011：84.
8 陈庆伟，梁鹏. 建设项目环评与"三同时"制度评析[J]. 环境保护，2006，12A：42-45.

4.2.3 建设项目环境监理制度

4.2.3.1 建设项目环境监理制度概述

建设项目环境监理是指建设项目环境监理单位受建设单位委托，依据有关环保法律法规、建设项目环评及其批复文件、环境监理合同等，对建设项目实施专业化的环境保护咨询和技术服务，协助和指导建设单位全面落实建设项目各项环保措施。[9]建设项目环境监理的主要功能有：①建设项目环境监理单位受建设单位委托，承担全面核实设计文件与环评及其批复文件的相符性任务；②依据环评及其批复文件，督查项目施工过程中各项环保措施的落实情况；③组织建设期环保宣传和培训，指导施工单位落实好施工期各项环保措施，确保环保"三同时"的有效执行，以驻场、旁站或巡查方式实行监理；④协助建设单位配合好环保部门的"三同时"监督检查、建设项目环保试生产审查和竣工环保验收工作。[10]

欧美一些国家早在 20 世纪 80 年代就已着手建立多种类型建设项目的环境监理制度。我国的建设项目环境监理自 20 世纪 90 年代起步，其发展历程经历了从无到有、逐步发展的过程，主要经历了起步（1995—2004 年）、探索（2004—2010 年）和试点（2010 年 6 月 18 日以后）三个阶段。[11]1995 年 3 月，世界银行贷款项目黄河小浪底工程率先引入了环境监理管理模式，揭开了我国环境监理制度的序幕。2002 年 10 月，国家环保总局、铁道部等六部委以环发 [2002]141 号文《关于在重点建设项目中开展工程环境监理试点的通知》，在全国范围内对 13 个生态环境影响突出的国家工程开展施工期环境监理试点。随后，部分省份和行业部门结合地区和行业特点对工程环境监理进行了积极探索。浙江、山西、辽宁、陕西、青海、内蒙古自治区等省区相继出台了关于开展建设项目环境监理工作的

---

9 环保部办公厅《关于进一步推进建设项目环境监理试点工作的通知》（环办[2012]5 号）。
10 同上注。
11 环境保护部环境工程评估中心. 建设项目环境监理[M]. 北京：中国环境科学出版社，2012：10.

通知。交通部、水利部也明确提出在本行业开展工程环境监理工作。2010 年 6 月 18 日环保部发布《环境保护部关于同意将辽宁列为建设项目施工期环境监理工作试点省的复函》（环办函[2010]630 号），正式拉开了开展环境监理试点工作的序幕。随后，环保部又发布了一系列文件，试点省份逐步扩展，于 2012 年发布《关于进一步推进建设项目环境监理试点工作的通知》（环办[2012]5 号），全面明确了环境监理的定位、功能、类型，并推荐 11 个省、自治区、直辖市作为第二批环境监理试点省份。可见，环境监理制度是一项非常新颖的环境管理制度，在国内外尚无成熟的经验和制度可供借鉴。

4.2.3.2 建设项目环境监理的类型和要求

根据环保部办公厅《关于进一步推进建设项目环境监理试点工作的通知》（环办[2012]5 号）的规定，各级环境保护主管部门在审批下列建设项目环境影响评价文件时，应要求开展建设项目环境监理：①涉及饮用水水源、自然保护区、风景名胜区等环境敏感区的建设项目；②环境风险高或污染较重的建设项目，包括石化、化工、火力发电、农药、医药、危险废物（含医疗废物）集中处置、生活垃圾集中处置、水泥、造纸、电镀、印染、钢铁、有色及其他涉及重金属污染物排放的建设项目；③施工期环境影响较大的建设项目，包括水利水电、煤矿、矿山开发、石油天然气开采及集输管网、铁路、公路、城市轨道交通、码头、港口等建设项目；④环境保护主管部门认为需开展环境监理的其他建设项目。各省级环境保护主管部门可根据本辖区建设项目行业和区域环境特点，进一步明确需要开展环境监理的建设项目类型。

建设项目环境监理除了按相关技术规范和规定要求开展外，还应对如下内容予以高度关注：①建设项目设计和施工过程中，项目的性质、规模、选址、平面布置、工艺及环保措施是否发生重大变动；②主要环保设施与主体工程建设的同步性；③环境风险防范与事故应急设施和措施的落实，如事故池；④与环保相关的重要隐蔽工程，如防腐防渗工程；⑤项目建成后难以落实或存在不可补救的环保措施和设施，如过鱼通道；⑥项目建设和运行过程中可能产生不可逆转的环境影响的防范措施和要求，如施工作业对野生动植物的保护措施；⑦项目建设和运行过程中与公众环境权益密切相关、社会关注度高的环保措施和要求，如防护距离内居民搬迁；⑧"以新带老"、落后产能淘汰等环保措施和要求。

4.2.3.3 开展环境监理的意义

近年来，随着我国国民经济的快速发展，建设项目的数量明显上升，环境监管任务十分繁重。各级环境保护主管部门现有监管力量不足，难以对所有建设项目进行全面的"三同时"监督检查和日常检查，使得项目建设过程中产生的环境问题在投产后集中体现，给环保验收管理带来很大压力。通过推行建设项目环境监理，有利于实现建设项目环境管理由事后管理向全过程管理的转变，由单一环保行政监管向行政监管与建设单位内部监管相结合的转变，对于促进建设项目全面、同步落实环评提出的各项环保措施具有重要意义。

（1）环境监理是提高环境影响评价有效性、落实"三同时"制度，实现建设项目全生命周期环境监管的重要手段。国家通过颁发一系列的法律法规，确立了以环境影响评价和"三同时"制度为核心的建设项目环境管理的法律地位和管理体系。在落实环保"三同时"制度过程中，"同时设计"可依靠环境影响评价和相关设计规范加以保障和制约；"同时投产使用"也有竣工验收的相关法律法规和规范加以保障落实；唯独"同时施工"缺乏相应的监督管理手段，如何加强项目建设期的环境管理成为提高建设项目环境管理水平的关键问题。[12]环境监理是一条将事后管理转变为全过程跟踪管理、将政府强制性管理转变为政府监督管理和建设单位自律的有效途径，对于减少施工对环境不利影响、保证工程建设和环境保护相协调，预防和通过早期干预避免环境污染事故等方面都有重要的作用。

（2）环境监理是强化建设单位环境保护自律行为的有效措施。建设项目的环境保护具有点多面广，专业性、技术性和政策性强等

---

12 环境保护部环境工程评估中心. 建设项目环境监理[M]. 北京：中国环境科学出版社，2012：6.

特点，建设单位需要借助和利用社会监理机构的人力资源、技术和经验、信息及测试手段，委托环境监理单位作为"第三方"开展环境监理和环境管理。环境监理单位按照"公正、独立、自主"的原则为建设单位提供技术和管理服务，也是工程环境管理最经济和最有效的手段。

（3）环境监理是实现工程环境保护目标的重要保证。工程建设期，将结合工程地质条件、场地条件，对工程施工布置、施工时序、部分辅助设施规模等进行优化调整，决定了施工期环境保护也应动态变化并应及时优化调整，以符合实际需要。而基于前期设计成果形成的环评文件，其环境保护措施的设计深度难以较好地适应工程建设优化调整的需要，诸多环保问题需要环境监理进行专业性的现场协调和解决，以保证工程环境保护符合相关要求。

4.2.3.4　环境监理制度存在的问题及完善

（1）环境监理制度缺乏相应的法律规范。尽管《环境保护法》和其他相关的环境法律规定了环境影响评价制度和"三同时"制度，对于建立环境监理制度具有一定的法律依据，但环境监理制度是一项从实践中来的制度，并没有直接的法律法规加以规范。一些试点省份颁发了工程环境监理的地方性法规，如《辽宁省建设项目环境监理管理办法》（辽环发[2011]22 号）、《陕西省建设项目环境监理暂行规定》（陕环发[2011]93 号）、《青海省建设项目环境监理管理办法（试行）》（青环发[2011]653 号）。随后，环保部于 2012 年 1 月颁发了《关于进一步推进建设项目环境监理试点工作的通知》（环发[2012]5 号），明确了环境监理的定位、功能、类型等内容，为环境监理在全国范围内铺开奠定了基础。然而，这些文件仅仅是规范性文件，甚至达不到部门规章的法律地位。因此，环境监理制度的法律规范缺失是推进其应用的最大障碍。故今后要加快立法工程，真正确立建设项目环境监理的法律制度。

（2）没有建立环境监理单位的资质管理制度。环境监理的资质如何？是否和工程监理单位采用同样的资质管理？虽然在 2002 年国家开展了 13 个重大项目环境监理试点工作，要求必须委托具有相应资质的第三方单位，对工程施工期间环保措施实施情况进行监理。但是，并没有明确环境监理单位的资质管理是否和工程监理资质管理一样，环境监理单位和工程监理单位是否可以为同一家单位？在工程监理制度推行得非常成熟的时候还要专门推行环境监理制度，表明环境监理的特殊性和专业性，需要专门单位实施，故需要对环境监理单位的准入条件和资质要求进行规范，加强对环境监理单位的监督和考核。

（3）对工程监理和环境监理的工作如何衔接还没有制度规范，缺乏环境监理的技术质量保障体系。在实践中，环境监理如何和工程监理工作进行协调和配合，是环境监理工作开展得成功与否的重要一环，因此，需要在制度建设中加以规范，并建立建设项目环境监理技术质量保障体系，如颁布环境监理技术规范、技术标准、指标考核与验收、收费指导标准等；[13]以及建立环境监理的报告制度和法律责任的承担方式等。

（4）缺乏相应的专业人才队伍。环境监理是一项非常新颖的制度，缺乏相应的专业技术人才。因此，应加快培养相应的环境监理技术人才，探索符合环境监理发展实际的人才培养机制。

4.3 建设项目环境影响后评价制度

4.3.1 概述

我国目前还没有对建设项目环境影响后评价的概念达成一致。一般而言，建设项目环境影响后评价是对建设项目实施后的环境影响预测和结论以及减缓和防治措施的有效性进行跟踪监测、检查和验证性评价，通过对项目环境影响的系统、客观的回顾性分析和进一步的预测评价，达到总结项目环境保护经验和教训、提出环境保护补救方案和措施以及环境管理工作的改进建议，实现项目环境保

---

13 环境保护部环境工程评估中心. 建设项目环境监理[M]. 北京：中国环境科学出版社，2012：15.

护目标的可持续性。[14]

建设项目环境影响后评价可以看做是前期环境影响评价过程向项目建设、营运阶段的一种延伸，是改进整个环境影响评价过程及其方法学的一种非常有效的工具。[15]建设项目的后评价和环境影响评价既有联系又有区别，两者在评价时段、目的和内容等方面都有不同：①环境影响评价反映的是针对项目的一种未来的预测和评估，是相对务虚的行为，环境影响评价的结果应通过项目建设和运行过程中的现场监测和后评价来检验；后评价是反映建设项目实际的环境影响，是相对务实的行为，是对环境影响评价的预测结论和减缓措施的事后验证。②环境影响评价在某种程度上是一种静态评价，具有一定的局限性和不确定性。后评价反映了评价目标的可持续性，提出补救或改进措施，弥补了静态评价的局限性。环境影响后评价具有独立性、现实性、复杂性、反馈性和跟踪性等五个特征。[16]

4.3.2 建设项目环境影响后评价制度的必要性

根据《中华人民共和国环境影响评价法》第 27 条的规定："在项目建设、运行过程中产生不符合经审批的环境影响评价文件的情形的，建设单位应当组织环境影响的后评价，采取改进措施，并报原环境影响评价文件审批部门和建设项目审批部门备案；原环境影响评价文件审批部门也可以责成建设单位进行环境影响的后评价，采取改进措施"，产生不符合经审批的环境影响评价文件一般包括以下情形：①在建设、运行过程中产品方案、主要工艺、主要原材料或污染处理设施和生态保护措施发生重大变化，致使污染物种类、排放强度或生态影响与环境影响评价预测情况相比有较大的变化。②在建设、运行过程中，建设项目的选址、选线发生较大变化，或

---

14 全国人大环境与资源保护委员会法案室. 中华人民共和国环境影响评价法释义[M]. 北京：中国法制出版社，2003：92；魏密苏. 环境影响后评价在环境影响评价中的意义和作用[J]. 环境，2007，9：98-99.

15 魏密苏. 环境影响后评价在环境影响评价中的意义和作用[J]. 环境，2007，9：98-99.

16 引自：陈凯麒在中国环境科学学会 2013 年年会上的发言"建设项目环境影响后评价理论与实践"，昆明，2013-8-1.

运行方式发生较大变化可能对新的环境敏感目标产生影响，或可能产生新的重要生态影响。③建设、运行过程中，当地人民政府对项目所涉及区域的环境功能作出重大调整，要求建设单位进行后评价。④跨行政区域、存在争议或存在重大环境风险。[17]建设项目环境影响后评价的作用在于：①对环境影响预测和减缓措施进行验证。预测方法是否合理，参数选用是否恰当，结论是否正确，需要工程运行实践进行检验。通过环境影响后评价，将实际发生的环境影响与环境影响预测评价成果相对照，可以验证评价方法的合理性和评价结论的正确性。[18]后评价是基于实际运行的监测数据来分析和评估项目运营过程中的环境问题，反映了建设项目对环境的实际影响和累积影响。尽管建设项目有"三同时"环保竣工验收程序。但一般在竣工验收阶段，项目处于试运行阶段，开工不足，相关监测数据相应缺乏，尤其是项目的累积环境影响并未显现出来。②后评价具有信息调控与反馈功能，促进社会环境风险的适应性管理，为工程环境管理提供科学依据，促进全过程的环评管理，为后续类似项目环境影响评价提供借鉴和支持。

　　根据有关规定，建设项目环境影响评价的后评价由建设单位组织进行，并报原环境影响评价文件审批部门和建设项目审批部门备案；另外，原环境影响评价文件审批单位也可责成建设单位进行后评价，以采取改进措施。环境影响后评价是对环境影响评价的一种重要的监督形式，能够较好地应对环境影响评价的技术标准、环境状况的变迁及人们对于环境质量要求的提升，以及提高"决策于未知"的风险管理能力。

4.3.3　建设项目环境影响后评价制度的实施概况

　　荷兰是世界上最早进行环境影响后评价研究工作的国家之一。1986 年，荷兰在环境立法中将后项目分析（Post-Project Analysis，

---

17 国家环境保护总局环境工程评估中心. 环境影响评价相关法律法规（2006 年版）[M]. 北京：中国环境科学出版社，2006：34-35.
18 魏密苏. 环境影响后评价在环境影响评价中的意义和作用[J]. 环境，2007，9：98-99.

PPA）纳入环境影响评价之中，PPA 成为环境影响评价的一部分。PPA 是在项目决策及实施乃至退役过程中的环境研究，以确定影响预测的精度和减缓措施的有效性，以便把经验推广到类似的未来项目中；评估环境管理的有效性和环境影响评价过程，以改进项目环境管理。[19]这些研究工作促进和保证了环境影响评价所提出建议的落实，改进了环境影响评价的效能。之后，欧盟在 1988 年开始实行环境影响后评价，并逐步形成比较完善的后评价的法律法规和技术体系。

我国曾经对水利水电行业和煤矿开采行业等典型行业进行了环境影响后评价，对不同的评价重点、评价内容、评价方法等进行了探索和研究，取得了一定的经验和方法。[20]环保部环境工程评估中心曾经先后开展了贵州乌江水电开发项目、黄河小浪底水利枢纽工程等项目的环境影响后评价，为后评价的制度和技术完善提供了一定的经验。广东沙角电厂环境影响后评估研究报告书重点研究了建设项目建设规模与大气环境承载力匹配关系分析及环保措施的有效性。沙角电厂后评价的特点是：污染气象观测与大气现状监测、锅炉源强测试、煤质成分测试、最大落地浓度跟踪测试同时进行，电厂 10 台机组大于 95%运行负荷。[21]在江苏省高速公路网规划环境影响评价案例中，要求对规划中项目的运营期进行环境影响后评估，对项目前期环境影响预测情况进行检验并对预测的误差提出修正；检查项目执行过程中对环保工程措施的执行落实情况，对执行不力和效果不好的要提出加强和改进措施；总结经验，以利于改进对新项目的环境影响评价工作和环境管理，最大限度地实现高速公路交通的环保总目标。[22]

---

19 严立冬，冯静. 荷兰的环境政策及启示[J]. 环境导报，2000（2）：37-39；姜华，刘春红，韩振宇. 建设项目环境影响后评价研究[J]. 环境保护，2009，3B：17-19.

20 姜华，刘春红，韩振宇. 建设项目环境影响后评价研究[J]. 环境保护，2009（6）：17-19.

21 同上注.

22 国家环境保护总局环境影响评价司. 战略环境影响评价案例讲评（第一辑）[M]. 北京：中国环境科学出版社，2006：243.

4.3.4　建设项目环境影响后评价制度存在的问题与完善

环境影响后评价是项目建成以后对其进行的继续评价，保证环评的有效性和正确性。但是后评价在实施过程中还存在很多问题：

（1）法律对于后评价的规范的内涵不明确。《环境影响评价法》第 27 条的规定事实上混淆了建设项目环境影响评价与后评价的关系，因为"不符合经审批的环境影响评价文件的情形的"，既可以是环境影响结果与评价结论不符，也可以是项目存在扩建、改建情况而与评价结果不符，在实践过程中容易与该法第 24 条"重新报批建设项目环境影响评价文件"的规定相冲突。[23]

（2）目前缺乏完善的后评价的法律法规，后评价的管理办法和技术导则等都没有详细的规范，有待深入研究。虽然《环境影响评价法》第 27 条对后评价进行了规定，但规定较为笼统，缺乏可操作性，是不具有强制约束力的规定，仅要求建设单位组织实施。同时，法律对于环境影响后评价文件的法律效力，以及是否具有强制性等问题仍未明确。[24]而且仅限定后评价"在项目建设、运行过程中产生不符合经审批的环境影响评价文件的情形"下才要求启动后评价程序，并针对性地提出补救和改进措施。然而，国际上关于后评价的功能远不止是一种补充评价，还具有对环境影响评价进行验证的功能。目前我国实施环境影响评价制度已经 30 多年，这也是我国经济的快速发展时期，全国进行的建设项目的环境影响评价数不胜数，我国也逐步对环境影响评价的法律法规和技术规范进行了完善，制定了一系列的各行各业的建设项目环评技术导则。导则中也规定了各种预测模型和评价方法，就如何验证这些预测模型和评价方法的科学性和合理性而言，后评价是一种非常重要和合适的验证手段。

---

23 李水生. 论环境影响后评价制度的立法完善[J]. 环境保护，2008，3B：56-58.

24 尽管全国人大环境与资源保护委员会法案室编写的《中华人民共和国环境影响评价法释义》对于环评法第 27 条的解释中认为，环境影响后评价文件具有法律效力，而且建设单位的后评价具有一定意义上的强制性，但是后评价的备案制显得其法律强制性的底气不足。（参见：全国人大环境与资源保护委员会法案室. 中华人民共和国环境影响评价法释义[M]. 北京：中国法制出版社，2003：98-99.）

（3）相关部门和学术研究中对于后评价的认识还不一致。相关的研究对后评价的概念没有取得一致，有"环境影响回顾性评价、环境影响事后评价、环境影响评价项目后分析、环境影响后评估"等名称，这些名称虽然与环境影响后评价的内容、目的有一致之处，但也是各有侧重，这在一定程度上会影响环境影响后评价工作的开展。同时，我国的环境影响后评价也未形成较为完善的理论和技术方法体系。因此，有必要在法律和技术规范方面完善环境影响后评价的启动条件、评价程序和科学、适当的后评价指标和方法。

4.4　环境风险评价机制

环境保护部副部长张力军在 2010 年 12 月的全国环境应急管理工作会议上指出：当前，我国的环境安全形势依然严峻，其中一个表现是环境风险异常突出，从对全国重点行业企业环境风险及化学品检查情况来看，在检查的 4.6 万家企业中，12%的企业距离饮用水水源保护区、重要生态功能区等环境敏感区域不足 1 km，10%的企业距离人口集中居住区不足 1 km，72%的企业分布在长江、黄河、珠江和太湖等重点流域沿岸，危险化学品行业企业布局性环境风险十分突出，尾矿库的风险也十分严重，安全、环保投入严重不足，环境风险隐患突出，极易次生突发环境事件。由于我国目前突发性环境事件频发，多数研究者和有关部门关注的重点是突发性环境事故的应急管理问题，而对环境风险评价关注较少。在严峻的环境问题面前，做好预防是关键，科学和完善的环境风险评价能有效避免突发性环境污染事故的发生，为环境风险管理决策提供科学依据，促进社会可持续发展。[25]

---

25 关于环境风险评价制度的部分内容笔者曾发表于 2011 年环境资源法学年会. 见：吴满昌，李金园. 环境风险评价机制的完善[A]//2011 全国环境资源法学会年会论文集（第一册），2011：279-282.

4.4.1 环境风险和环境风险评价

4.4.1.1 环境风险的含义

环境风险，是指突发性环境事故对环境（或健康）的危害程度，一般指事故发生概率和与事故所造成的环境（或健康）后果的乘积。它是一种客观存在的风险，但人们对它的认识同时受科技水平和人类主观意识能力的影响。其存在以下特性：①不确定性。环境风险属于不确定的风险，人类对许多环境风险的发生、传递以及反应的机制充满不确定性，对风险的到来还无法完全预测和了解，这就导致人们在对风险进行管理决策时充满不确定性。但是风险的不确定性并不影响风险事实的存在。"它们（风险）一直在那里，它们不可见并不证明它们不存在；相反，因为它们事实上发生在不可见的领域中，这就给它们可疑的危害以无限的空间。"[26]②潜伏性和不可逆转性。环境风险与损害常常跨越时间和空间，再加上科学技术发展的局限性，使人们对于损害环境的活动所造成的长远影响和最终后果，往往难以及时发现和认识，而且后果一旦出现，就已无法挽救。③影响范围广泛。环境风险更多地表现为国家性、区域性甚至全球性的风险。[27]

4.4.1.2 环境风险评价的含义

《建设项目环境风险评价技术导则》（HJ/T 169—2004）将环境风险评价定义为：对项目建设和运行期间发生的可预测突发性事件或事故（一般不包括人为破坏及自然灾害）引起的有毒有害、易燃易爆等物质泄漏，或突发事件产生的新的有毒有害物质，所造成的对人身安全与环境的影响和损害，进行评估，提出防范、应急与减缓措施的行为。但有学者认为还应对因自然因素引发的环境风险进行评价，如胡二邦认为，环境风险评价是对由于自然原因或人类活动引发的，通过环境介质传播的，能对人类社会及环境产生破坏、损

26 [德] 乌尔里斯·贝克. 风险社会[M]. 何博闻，译. 北京：译林出版社，2004：88.
27 罗大平. 环境风险评价法律制度研究[D]. 武汉：武汉大学，2006：6-7.

害等严重不良后果事件的危害程度的评价。[28]

　　环境风险评价的目的是分析和预测建设项目存在的潜在的危险、有害因素，建设项目建设和运行期间可能发生的突发性事件或事故（一般不包括人为破坏及自然灾害），引起有毒有害和易燃易爆等物质泄漏，所造成的人身安全和环境影响及损害程度，提出合理可行的防范、应急和减缓措施，以使建设项目事故率、损失和环境影响达到可接受的水平。环境风险评价应把事故引起厂（场）界外人群的伤害、环境质量的恶化及对生态系统影响的预测和防护作为评价重点。

4.4.1.3　环境风险评价与安全评价、环境影响评价的关系

　　环境风险评价源于安全评价，但两者之间还是有所区别：①环境风险评价关注的重点是事故对厂（场）界外环境和人群的影响，而安全评价主要关注事故对厂（场）内环境和职工的影响；②环境风险评价关注火灾或爆炸产生或伴生的有毒有害物质的泄漏造成的危害，而安全评价主要关注火灾产生的热辐射和爆炸产生的冲击波带来的破坏影响；③我国目前的环境风险评价导则关注的是概率很小或极小但环境危害最严重的最大可信事故，而安全评价主要关注的是概率相对较大的各类事故，并不能包括最大可信事故。

　　目前，无论是学界还是有关法律规范，以及环境风险评价的实践中，均将环境风险归于环境影响评价的组成部分之一。但是，环境风险评价和环境影响评价还是有所区别：①环境影响评价主要关注可确定的环境影响问题；而环境风险评价关注不确定性的最大可信事故发生的概率。②环境影响评价研究重点是正常运行工况下，长时间释放污染物，采用确定性的评价方法，评价时段较长，采用的多为确定论方法和长期措施；而环境风险评价其重点是事故或非正常情况下，瞬时或短时间释放污染物的影响，评价方法多以概率论和随机方法为主，评价时段较短，其对策以防范措施和应急计划为主。

28　胡二邦. 环境风险评价实用技术、方法、案例[M]. 北京：中国环境科学出版社，2009：1-8.

4.4.1.4　环境风险评价的发展历程

环境风险评价的发展大体经历了三个阶段：①20 世纪 30—60 年代，风险评价的萌芽阶段。以定性研究为主，主要采用毒物鉴定方法进行健康影响分析；②20 世纪 70—80 年代，风险评价研究的高峰期，基本形成风险评价体系，主要以事故风险评价和健康风险评价为主；③20 世纪 90 年代以后，风险评价不断发展和完善，以生态风险评价和综合评价为新的研究热点。[29]我国目前主要还是关注事故风险评价。在国际事故风险评价上是沿着三条线发展的：一是概率风险评价（Probability Risk Assessment，PRA），它是在事故发生前预测某设施（或项目）可能发生什么事故及其可能造成的环境（或健康）风险；二是实时（Real-time）后果评价，其主要研究对象是在事故发生期间给出实时的有毒物质的迁移轨迹及实时浓度分布，以便作出正确的防护措施决策，减少事故的危害；三是事故后（Past Accident）评价，主要研究事故停止后对环境的影响。[30]

4.4.2　环境风险评价机制简介

4.4.2.1　环境风险评价的法律法规

我国目前还没有专门的关于环境风险评价的立法，只有一些关于环境风险评价程序的技术规范和技术导则。如 2004 年国家环保总局颁发了《建设项目环境风险评价技术导则》，而早在 1993 年颁发的《建设项目环境影响评价技术导则—总纲》（HJ/T 2.1—93）中规定：对于风险事故，在有必要也有条件时，应进行建设项目的环境风险评价或环境风险分析。2005 年，吉林化工总厂爆炸导致松花江污染特大风险事故后，国家环保总局接连发布了《关于加强环境影响评价管理防范环境风险的通知》（环发[2005]152 号）、《关于检查化工石化等新建项目环境风险的通知》（环办[2006]4 号）、《关于在石化企

---

29 黄娟，邵超峰，张余. 关于环境风险评价的若干问题[J]. 环境科学与管理，2008，33（3）：171-174；毛小苓，刘阳生. 国内外环境风险评价研究进展[J]. 应用基础与工程科学学报，2003，11（3）：266-272.

30 胡二邦. 环境风险评价实用技术、方法、案例[M]. 北京：中国环境科学出版社，2009：1-8.

业集中区域开展环境风险后评价试点工作的通知》（环函[2006]386号），对化工石化类项目的环境风险评价提出了更严格的要求。2007年实施的《中华人民共和国突发事件应对法》中规定："国家建立重大突发事件风险评估体系，对可能发生的突发事件进行综合性评估，减少重大突发事件的发生，最大限度地减轻重大突发事件的影响。"这可以认为是包括环境风险在内的风险评价的法律依据之一。此外，国务院颁布的《国家突发环境事件应急预案》中规定，开展突发环境事件的假设、分析和风险评估工作，完善各类突发环境事件的应急预案。

4.4.2.2　环境风险评价的基本程序

　　根据我国目前的实践，环境风险评价的实施主体是项目的建设单位，由其委托相关环境影响评价机构对项目的环境风险进行评价，评价范围主要包括含有有毒有害和易燃易爆物质的项目。环境风险评价的基本流程是：风险识别—源项分析—后果计算—风险计算和评价—风险管理。评价机构和评价人员首先根据项目的物质危险性和功能单元重大危险源判定结果，以及环境敏感程度，将环境风险划分为一级、二级；其次对项目进行风险识别，以确定危险因素和风险类型；通过风险的源项分析，确定最大可信事故及其概率，并对其进行后果计算，确定危害程度和范围；根据有关标准对最大可信事故进行风险评价，以确定风险值和可接受水平；最后提出风险防范措施和应急预案等风险管理手段。

4.4.3　我国环境风险评价机制存在的问题

4.4.3.1　法律法规的缺失

　　我国目前没有单独的关于环境风险评价的法律法规，虽然有关技术规范将环境风险评价归于环境影响评价，作为环境影响评价的一个重要组成部分，规定一些含有危险源的项目在环境影响评价中要具有环境风险评价的专章。如《建设项目环境风险评价技术导则》（HJ/T 169—2004）明确指出，为有利于项目建设全过程的风险管理，将建设项目环境风险评价纳入环境影响评价管理范畴。[31]但是,《环境影响评价法》和《建设项目环境管理条例》中也没有明确环境风险评价的条文,只是根据两者之间的联系在实践中将其归于环境影响评价中。2007 年实施的《突发性事件应对法》则关注对突发性事件的紧急应对,侧重于事故发生时和结束后的应急管理和应对,仅对突发性事件强调预防为主、防治结合。由于法律法规的不完善,导致环境风险评价的主体、范围和法律责任等方面存在缺失。

4.4.3.2 环境风险评价的范围过窄

目前,建设项目的事故风险评价仍然是环境风险评价的主流和重点。而事故风险评价主要集中在微观方面,以事故发生前的概率预测为主,关注风险源对周边区域的潜在影响,一般只对事故和危险物质本身的风险性进行评价,忽略了与其他物质发生联合作用后造成风险的研究,这类风险评价关心的空间范围小、时间短,而一些污染事故已经表明其污染范围不仅仅只集中在其附近地域,对其进行大区域范围内的环境风险评价已经逐渐成为必要。[32]关于环境风险的评价对象,《建设项目环境风险评价技术导则》(HJ/T 169—2004)中主要关注涉及有毒有害和易燃易爆物质的生产、使用、储运等的新建、改建、扩建和技术改造项目(不包含核建设项目),而对生态风险评价和低浓度排放的长期环境风险评价并未涉及。此外,该导则也将自然因素引发的环境风险和核建设项目的环境风险排除在外。

规划环评中缺乏环境风险评价的规定。环保部环境工程评估中心专家毛文永认为,环境风险是一种发生概率小但危害重大的影响。环境风险的对策主要是预防,尤其在规划中,风险预防应是规划编制过程中最优先的决策因素,因为从规划的长期性来看,小概率的事件可能成为较大概率的事件,甚至成为必然发生的事件。在环境风险评价和决策中,一般对污染性事故和影响人身安全的事故评价比较充分,决策中也比较重视,甚至可能作为决策的主要依据。但

31 耿永生. 环境风险评价简介[J]. 环境科学导刊, 2010, 29 (5): 86-91.

32 刘桂友, 徐琳瑜, 李巍. 环境风险评价研究进展[J]. 环境科学与管理, 2007, 32 (2): 114-118.

对生态风险和影响野生生物栖息地甚至造成生物物种灭绝的风险，经常认识不足，对其危害的严重性评价不充分，更少有因生态风险而影响决策的行为，这对项目和规划环评及其决策来说，不能不说是一个严重的失误。[33]

4.4.3.3 风险管理存在问题，风险应急预案难以真正落实

虽然导则对环境风险的应急预案进行了较为完善的规定，但是，许多规定流于形式，并不能完全落实。许多项目编制的环境风险应急预案普遍存在以下问题：一是照搬照抄现象严重，针对性不强；二是可操作性差，缺乏应急关键信息；三是缺乏系统性和协调性，职能交叉部分职责不明确；四是编制层次不清晰，分级响应等运作程序不合理。在风险应急预案的落实方面，有关单位并未对其产生足够的重视。实践中，建设单位仅将环境风险评价结论和应急预案作为应付环境影响评价审批的一种手段，在拿到有关行政许可后便将相关环境影响评价文件（包括环境风险）束之高阁。

在建设项目环保竣工验收过程中，由于缺乏相应指标体系和标准规范的支持，环境风险应急预案通常被简化甚至忽略。环境风险检查内容通常包括以下两个方面：一是事故风险的环保应急计划，即环境管理制度、环保应急预案等的制定；二是事故风险的环保应急措施，包括应急事故池、临时或永久固体废弃物堆放场所、危险化学品储存地、雨水排口自动切换装置的建设等。但是，这些内容仅以要点形式简单罗列，没有配套实施方法及细则，监测人员仅能凭借个人经验主观把握，无法量化，缺乏评价依据。尤其是环保应急预案，企业间差异较大，环保验收监测报告中通常只给出如下结论"企业已制定环保应急预案"，对其可行性或操作性并无论述和评价。[34]

清华大学的环评专家在对《曹妃甸循环经济示范区产业发展总

---

33 环境保护部环境影响评价司. 战略环境影响评价案例讲评（第二辑）[M]. 北京：中国环境科学出版社，2009：94.

34 武攀峰，吴为，等. 建设项目环保竣工验收环境风险检查中的问题和对策[J]环境监控与预警，2010，2（2）：54-56.

体规划环境影响评价》的体会中谈到，规划的风险目前基本按照项目的风险评价思路在开展工作，但我们在评价工作中体会到规划的风险和项目的风险还是应该有本质区别的。规划的最大风险应该来自规划的"失真"，即规划实施过程中没有按照规划的内容实施，实际发展规模扩大或者实际用地规模扩大，规划的风险评价应该确定"失真"的边界。[35]规模扩大到何种程度是不能接受的？用地规模扩大到何种程度是不能接受的？此外，规划不能按照规划评价指标给出的要求实施，特别是资源消耗强度和污染物排放强度的增加，会对资源的需求和环境的污染带来质的变化，因此，规划环评的风险评价应该侧重于这些方面。[36]

4.4.3.4　缺乏公众参与，公众的知情权缺失

作为环境影响评价工作一部分的环境风险评价毫无疑问包括了公众参与的内容。然后，基于两者之间的区别，环境影响评价的公众参与更多的是关注正常状况下对公众的影响及反馈；基于公众的认识水平，对非正常状况及风险状态下的影响往往重视不够，一些公众参与的调查问卷也有意无意地将其忽略。因此，导致公众对于环境风险的知情权缺失。

4.4.4　环境风险评价机制的完善

4.4.4.1　环境立法与执法机制的完善

首先，环境风险涉及诸多领域，对它的防范需要多方面的相互结合，故在法律层面上确立环境风险评价的法律地位就成了非常必要，这能为环境风险评价提供合法、有法律约束力的坚实基础。风险预防原则是在有关环境危害存在科学上的不确定性的情况下预防环境损害发生的一种指导思想。其核心在于：当科学知识对某一环境问题的认识未达成一致意见或存在冲突时，如果存在可能对环

---

35 规划的"失真"在某种意义上也是规划的不确定性，包括发展规模的不确定性；规划实施进度的不确定性；规划实施布局的不确定性。

36 环境保护部环境影响评价司. 战略环境影响评价案例讲评（第四辑）[M]. 北京：中国环境科学出版社，2010：316.

造成严重不可逆转损害的威胁，科学上的不确定性不能成为延迟或拒绝采取预防措施的理由，从而降低环境风险发生的可能性及风险损害程度。[37]对此，我们必须采取审慎的态度去观察和预见，并提前采取行动，这才是对待不确定性的合适途径。[38]其次，环境基本法的修改中或制定专门的法规，明确环境风险评价的主体、范围、内容和程序，将环境风险评价制度化。制定和完善有关的技术规范、技术导则和相关标准。例如，要制定建设项目环境风险验收技术规范，明确环境风险验收范围、验收程序、验收内容、评价方法、事故发生可能性及影响程度预测、对策措施和建议以及验收报告（或篇章）的编写技术要求等。

法律是制度保障，要解决环境风险问题还必须对相关的法律法规予以严格执行。健全相关的法律规定和其他方面的制度保障，强化政府在处理该类事件时的分工和各部门间的协调，或者建立一个由专门管理部门对该类事件进行管理、其他部门予以协助的应急机制。加强相关的信息披露，并要求披露信息的及时和真实，保障公民对环境的知情权，对违反该行为的相关人员予以严惩。另外，在对突发的环境事件作出决策时，必须评估决策的风险以及可能采取的防范措施，尽可能地对可能存在的风险进行管理或避免。

4.4.4.2 监督机制的建立

监督可以更有效地促进行为的合理、合法，合理的监督机制可以使行为的结果达到事半功倍的效果。监督可确保法律法规和相关制度的贯彻落实和执行。对于环境风险评价及防范的监督，需要各方面的配合，首先，是行政机关的行政执法和行政监督。其次，是公众的监督，公众的有效监督要求政府部门和相关企事业单位的环境信息公开，并且要求公开的信息及时、真实。在环境风险评价中，公众参与可以让公众凭个人知识对专业评估做出补充，让公众对评估程序进行监督，可以大大减少风险带来的损失，提高公众的心理

---

37 吕忠梅. 环境法导论[M]. 2 版. 北京：北京大学出版社，2010：48.

38 吕忠梅. 环境法导论[M]. 2 版. 北京：北京大学出版社，2010：47.

承受力，起到稳定民心的作用。[39]为了更好地实现公众的监督效果，还必须对公众的环境公益诉讼予以立法上的保障，组建社会环境社团，及时、有效地对环境保护违法行为予以严惩和对受损利益予以保护。最后，是专家组的监督。[40]由于公众对风险的理解不够精确，而风险评价涉及大量科学技术知识的运用，加之公众对风险的认知大多建立在知觉、情感的基础上，不能有效地对环境风险进行识别。另外，政府工作人员并非都具有相关的专业知识，在环境风险的判断上，也存在一定的缺陷，而专家组的参与让这种缺失得到了一定程度上的弥补。

4.5　建设项目环评主体的法律责任

法律责任是由于违反法定义务、约定义务或因法律有特别规定，法律迫使行为人或其关系人承受的一种不利的法律后果。[41]而环境法律责任是指行为人的行为违法、违约或基于法律特别规定，并造成环境损害或可能造成环境损害时[42]，行为人应承受的不利法律后果。[43]

4.5.1　环评文件编制机构的法律责任

根据我国的管理规定，建设项目的环评机构有两大类，一类是环境影响评价文件的编制机构，简称评价机构，是负责编制环境影响评价文件的单位；另一类是环境影响评价技术评估机构，简称评估机构。《环境影响评价法》第33条规定："接受委托为建设项目环境影响评价提供技术服务的机构在环境影响评价工作中不负责任或者弄虚作假，致使环境影响评价文件失实的，由授予环境影响评价资质的环境保护主管部门降低其资质等级或者吊销其资质证书，并处所收费用一倍以上三倍以下的罚款；构成犯罪的，依法追究刑事

39 宋国君. 公众参与在环境风险评估中的作用[J]. 绿叶，2011（4）：48-53.

40 曾娜. 环境风险之评估：专家判断抑或公众参与[J]. 理论界，2010（8）.

41 张梓太. 环境法律责任研究[M]. 北京：商务印书馆，2004：24.

42 "可能造成环境损害"可以用"环境危害"一词代替.

43 张梓太. 环境法律责任研究[M]. 北京：商务印书馆，2004：36.

责任。"

环境影响评价的相关法律没有明确环评单位的评价结论对谁负责，在环评的执行过程中往往只对委托单位负责，也就是对企业负责。实践中，存在大量的"风险委托"情形，即建设单位在委托之初通常仅付给环评机构一部分费用（通常是三分之一），等环评文件审批通过后再支付其余费用。环评机构为了拿到剩余的费用，通常会想方设法编制出一份能够让审批机关尽快通过的环评文件。[44-45]

4.5.2 环评技术评估机构的法律地位和法律责任

4.5.2.1 环评技术评估机构的法律地位

在《环境影响评价法》中明确规定技术评估是环境影响评价行为的一种类型。但其并未明确技术评估如何实施，由谁来实施，技术评估机构和评价机构的关系；评估机构和环保行政部门之间的关系。原国家环保总局颁发的一系列规章也未明确技术评估机构的法律地位。尽管环评工程师资格登记的有关管理办法中，将环评工程师的执业资格分为 16 类，其中就有一类是"技术评估"的登记类别。所以，实践中对于技术评估机构，国家和地方的做法都不太一致。原国家环保总局设立的是"环境工程评估中心"。[46]当然，环保部环境工程评估中心是环保部下属事业单位，一直以来管理比较规范。到了省一级的技术评估机构，早期的管理就比较混乱。2004 年左右，各省环保部门都成立了环境影响评价技术评估机构，但如何管理则成为问题，名称也不一致。一些省份甚至委托给民营环保公司来托管。例如，云南省技术评估机构早期名称为"云南省建设项目环境

44 张晓杰，李世萍. 刍议我国环境影响评价制度之完善[J]. 学术交流，2006，6：47-49.
45 关于环境影响评价机构的法律责任问题，将在"专家责任"中进一步深入探讨。
46 原国家环保总局成立了环境工程评估中心，负责组织对规划、重大开发和建设项目环境影响评价大纲和环境影响报告书的技术评估，研究制定环境影响评价方法和技术导则草案，组成环境影响评价领域专业技术培训，负责组织环评单位资质考核及技术人员资质登记管理工作。环保部环境影响评价司专门设置了规划环境影响评价处，负责拟定规划环境影响评价政策、法规、规章、规范和技术导则并组织实施；组织和指导规划环境影响评价工作；按国家规定审查重大开发区域规划、行业规划的环境影响评价文件；指导和协调地方规划环境影响评价的审查工作。

审核受理中心"，委托给云南亚太环保公司管理和运转。直到 2006 年，才由省环保局收回直管，早期工作人员较少，对如何进行技术评估一直处于摸索阶段，单位的性质属于云南省环保局的直属事业单位，但财务上又属于自收自支。这就引出另外的问题，技术评估到底是否需要收费？如何收费？追溯到早期的环评行政审批时期的技术评审是需要收费的。后来由于《行政许可法》的出台，其中规定了行政许可行为不得收取费用，故各地才纷纷成立技术评估机构以规避该法的限制，继续对技术评审进行收费。技术评估行为的行政色彩浓厚，其又是和建设单位签订民事技术咨询合同，并收取一定的评估费用，属于一种有偿民事行为，当然应该为其行为承担相应的民事责任。技术评估机构又具有很强的垄断性，一般一个环保部门只设立一个技术评估机构，而且，环保部门一般只接受其下属的技术评估机构的技术评估意见（未成立评估机构的环保部门除外）。例如，如果项目要报环保部进行环评行政许可审批，则必须由环保部环境工程评估中心来实施技术评估，并出具技术评估意见，各省级环保部门的做法也基本如此。技术评估的管制和垄断性，并不似环评文件的编制，是一种开放的市场行为，只要具有相应的资质，理论上建设单位就可以在全国范围内接受符合资质的环评机构的环评服务。随着环境影响评价的发展和技术评估公正性的要求，环保部也意识到技术评估的有偿行为的不妥。后来，环保部环境工程评估中心取消了技术评估的收费，变成了理论上纯粹由财政全额拨款的事业单位。一些经济发达省份也纷纷效仿，取消了技术评估收费，技术评估机构也相应变成了全额财政拨款的事业单位。然而，取消收费也带来了极大的问题，最主要的是技术人员的缺乏导致技术评估周期的延长。财政拨款有人员编制的限制，由于人手的紧张，许多项目的技术评估没有技术人员及时开展，导致一个项目的评估周期大大延长，从而拖延了建设项目环评的进程，也就延长了环评行政许可的周期。据调查，广东省环保厅下属的技术评估机构取消评估收费以后，人员大约只有 8 个人的编制。而要应对来自全省的由省环保厅审批的建设项目环评文件的技术评估，实在是"小马拉大车"。没有取消收费的技术评估机构虽然同样面临人员正式编制的限制，但其可以打擦边球，利用自收自支的政策，招收许多编制外的专业技术人员充实到技术评估队伍中，其技术评估周期和效率明显加快。实际上，环保部环境工程评估中心是一个人员非常庞大的机构，还要承担许多行政管理的职能，比如，实际承担国家环评工程师职业资格考试的组织、注册登记管理、继续教育等行政管理职权。环评机构资质的申请和管理职能也是由其进行先期管理。虽然环保部最后进行资质的颁发，但其只是履行一下程序而已。环保部环境工程评估中心虽然评估不收费，但是环评工程师的考试和继续教育等则要收取一定的培训费用。除了支付专家授课报酬和场地、资料费用外，结余则可由其支配。否则，环保部环境工程评估中心仅凭财政拨款不可能养活偌大的技术队伍。随着技术评估的发展，原来只到省一级的技术评估机构现已扩展到市、县一级。尽管从理论上而言，我国的技术评估机构和国外的环境咨询委员会的职能类似，承担对环评文件的技术审查任务。但是，国外的技术咨询委员会的官方色彩淡薄，中立性更强。

我国并未对环评技术评估机构的法律地位加以明确，实际上，没有关于环评技术评估机构资质和等级的规定，也并不适用评价机构的资质管理规定。技术评估机构和评价机构有所区别，故《环境影响评价法》第 33 条和《建设项目环境保护管理条例》第 29 条均是针对评价机构而提出的法律责任，却未明确技术评估机构的法律责任。只有在《国家环境保护总局建设项目环境影响评价文件审批程序规定》第 11 条规定："环保总局受理建设项目环境影响报告书后，认为需要进行技术评估的，由环境影响评估机构对环境影响报告书进行技术评估，组织专家评审。评估机构一般应在 30 日内提交评估报告，并对评估结论负责。"只有这条规定了技术评估机构的法律责任，但具体负何种责任并未予以明确。在建设单位和评估机构之间的民事责任可以用《合同法》等民事法律加以约束，但是对于其他行政责任没有具体规范，故应在今后加以明确和规范。

4.5.2.2 环评技术评估文件的法律效力

从民事法律关系而言，技术评估行为是技术评估机构接受建设单位的委托（注意：不是环评编制机构的委托）而实施的。但是，技术评估机构脱胎于早期的环评行政审批过程的技术审查，其又带有很浓厚的行政色彩。实际上，技术评估是从技术和规范方面帮助环评文件更趋向于完善和符合审批要求。从这点而言，技术评估是为了委托人的利益而产生的行为。技术评估意见又是行政审批的重要依据，而且，技术评估机构一般都是环保部门的下属事业单位，故技术评估意见不可能偏袒建设单位，而是一种相对中立的第三方行为。

技术评估意见的法律效力如何？并没有法律法规明确加以规范。除了上文所说的是行政许可审批的重要依据外，某种意义上而言，也是行政审批的前置程序，因为各级环保部门在受理环评行政许可手续时，技术评估意见是必备的受理要件之一。如果缺乏技术评估意见，则环评文件的行政许可的受理基本无望。技术评估意见在司法实践上还可以作为证据使用。如在大理—剑川Ⅱ回输变电线路工程环评行政许可的行政诉讼二审中，法庭就直接引用技术评估意见的结论，认定该项目对环境没有重大影响，从而认定了环保部门对是否编制环境影响报告书的决定权。在此，技术评估意见起到了非常重要的证明作用，是关键的证据之一。然而，进一步分析技术评估意见作为司法审查的证据效力，还是有许多问题需要进一步研究：一是技术评估意见的证据学归类。技术评估意见属于书证还是鉴定报告？笔者认为，通过分析行政诉讼法及司法解释对证据类型的规定，技术评估意见显然和后文所提及的环境监测报告有所区别，其更类似于一种鉴定结论。那么，鉴定报告作为证据的一种，就会面临被质疑和质证的过程，甚至对方当事人可以提出以利害关系为由质疑其客观性和合法性。也就是说，如果技术评估意见属于一种鉴定报告，则对方当事人可以不予认可其证据效力，申请重新鉴定。因为，鉴定一定程度上是专家的主观判断，技术评估意见是技术评估机构的项目负责人组织一批专家和部门代表召开技术评估会议，根据会后形成的会议纪要而作出的评估文件。其依据的正是专家的专业判断，因此，不可避免地会带上主观色彩。二是法院在审理过程中，如何认定其作为证据的证明力。如前所述，环境影响评价是一个面对未来的预测行为，带有很大的不确定性，即使是由顶级专家组成的专家论证会也很难将项目的环境影响论证清楚。故一般技术评估意见中会带有一系列的前置限制条件和要求。只有在建设单位在项目建设和运营过程中满足这些限制条件的前提下，项目才符合环境可行性。[47]如果法院审理时忽视这些限制条件，而直接引用"环境可行性"的结论，得出对环境影响不大的结论，则可能会导致误判。由于法官一般缺乏技术专业能力，很难对技术复杂的问题得出正确的判断，故应允许对方当事人或主动邀请专家辅助进行质证和说明。

4.5.3 建设单位的法律责任

我国《环境影响评价法》第 31 条规定："建设单位未依法报批建设项目环境影响评价文件，或者未依照本法第二十四条的规定重新报批或者报请重新审核环境影响评价文件，擅自开工建设的，由有权审批该项目环境影响评价文件的环境保护行政主管部门责令停止建设，限期补办手续；逾期不补办手续的，可以处五万元以上二十万元以下的罚款，对建设单位直接负责的主管人员和其他直接责任人员，依法给予行政处分。建设项目环境影响评价文件未经批准或者未经原审批部门重新审核同意，建设单位擅自开工建设的，由有权审批该项目环境影响评价文件的环境保护行政主管部门责令停止建设，可以处五万元以上二十万元以下的罚款，对建设单位直接负责的主管人员和其他直接责任人员，依法给予行政处分。"2006年，由监察部和国家环保总局颁发的《环境保护违法违纪行为处分

---

47 实际上，不光是技术评估行为，环评文件的编制过程中，环评编制技术人员对于环境影响较大的项目，也会同样提出一系列的减缓和防治措施。而环评结论也会同样在满足这些措施的条件下，才会下环境可行性的结论。但是，项目实际运营中，有些措施的经济和技术可行性不强而被建设单位忽视，加上后续的监管机制的缺失，导致环评越来越先进，污染越来越严重的现象，环评的预防功能流于形式。

暂行规定》的第 11 条规定："企业有下列行为之一的，对其直接负责的主管人员和其他直接责任人员中由国家行政机关任命的人员给予降级处分；情节较重的，给予撤职或者留用察看处分；情节严重的，给予开除处分：（一）未依法履行环境影响评价文件审批程序，擅自开工建设，或者经责令停止建设、限期补办环境影响评价审批手续而逾期不办的；（二）与建设项目配套建设的环境保护设施未与主体工程同时设计、同时施工、同时投产使用的。"

上述关于建设单位的法律责任带有很重的计划经济痕迹，《环境保护违法违纪行为处分暂行规定》仅适用于国有企业，而对于私营企业基本没有约束力，仅用行政处分来规制建设单位的环评法律责任，很难有效约束建设单位的违法行为。而《环境影响评价法》第31 条关于"未批先建"的法律责任，已经被学术界和实践所证明是一个败笔，故法律责任的缺失导致了环境影响评价制度的弱化和所谓的"一票否决"制落实的困难。

4.5.4 建设项目环评审批部门的法律责任

《环境影响评价法》第 32 条规定："建设项目依法应当进行环境影响评价而未评价，或者环境影响评价文件未经依法批准，审批部门擅自批准该项目建设的，对直接负责的主管人员和其他直接责任人员，由上级机关或者监察机关依法给予行政处分；构成犯罪的，依法追究刑事责任。"第 34 条规定："负责预审、审核、审批建设项目环境影响评价文件的部门在审批中收取费用的，由其上级机关或者监察机关责令退还；情节严重的，对直接负责的主管人员和其他直接责任人员依法给予行政处分。"第 35 条规定："环境保护行政主管部门或者其他部门的工作人员徇私舞弊，滥用职权，玩忽职守，违法批准建设项目环境影响评价文件的，依法给予行政处分；构成犯罪，依法追究刑事责任。"《建设项目环境保护管理条例》第 30 条规定："环境保护行政主管部门的工作人员徇私舞弊、滥用职权、玩忽职守，构成犯罪的，依法追究刑事责任；尚不构成犯罪的，依法给予行政处分。"《环境保护违法违纪行为处分暂行规定》第 5 条规定："国家行政机关及其工作人员有下列行为之一的，对直接责任人员，给予警告、记过或者记大过处分；情节较重的，给予降级处分；情节严重的，给予撤职处分：（一）在组织环境影响评价时弄虚作假或者有失职行为，造成环境影响评价严重失实，或者对未依法编写环境影响篇章、说明或者未依法附送环境影响报告书的规划草案予以批准的；（二）不按照法定条件或者违反法定程序审核、审批建设项目环境影响评价文件，或者在审批、审核建设项目环境影响评价文件时收取费用，情节严重的；（三）对依法应当进行环境影响评价而未评价，或者环境影响评价文件未经批准，擅自批准该项目建设或者擅自为其办理征地、施工、注册登记、营业执照、生产（使用）许可证的。"

对环境影响评价相关违法人员构成犯罪的，依法追究刑事责任，提起刑事诉讼。结合我国《刑法》第 397 条第 1 款和第 2 款对此类犯罪行为的处罚规定："国家机关工作人员滥用职权或者玩忽职守，致使公共财产、国家和人民利益遭受重大损失的，处三年以下有期徒刑或者拘役；情节特别严重的，处三年以上七年以下有期徒刑。国家机关工作人员徇私舞弊，犯前款罪的，处五年以下有期徒刑或者拘役；情节特别严重的，处五年以上十年以下有期徒刑。本法另有规定的，依照规定。"环境影响评价相关人员的刑事责任也是环境影响评价司法监督的重要方式之一。

4.6　环境影响评价的专家责任探讨

4.6.1　专家责任概述

随着社会的发展和科技的进步，社会分工日益细致，知识的专门化、社会的专业化程度日益趋高。人们在处理涉及专门知识的事务时，越来越需要专业人士提供专业知识和技能的服务，要与具有特定专业知识和技能的专家（如会计师、律师、医师、建筑师、环评工程师等）接触，这些专家都是经过复杂的程序才取得国家认可的执业资格，因此获得了社会公众的信赖。专家是随着社会分工的日益精密而出现的职业群体。科学技术越是发展、社会分工越是细密，人们对自己生活以外的世界越是感到新鲜和隔膜，正如吉登斯所说，现代人生活在专家知识和抽象系统里。公众依赖专家处理专业事务，但专家违反人们的信赖或滥用信赖的可能性也会增加，从而也增加了专家责任产生的可能性。尽管我国的环境影响评价相关法律法规并未明确环境影响评价的专家责任，但有必要从法理的角度对其进行探讨，以期完善环境影响评价的管理制度。[48]

4.6.2　环境影响评价的专家民事责任概述

4.6.2.1　专家责任的相关概念

（1）专家。

专家并不是一个纯粹的法律概念，但其作为一类特殊的民事责任主体存在时，各国均对其赋予了特定的含义并给予了特定称谓。例如，日本将其称为"专门家"，德国和法国将其称为"自由职业者"，英美法系将其称为"专业人士"，我国台湾学者则称其为"专门职业提供者"。如何科学地界定专家的含义存在争议，尚未获得共识。英国学者 Jackson 和 Powell 在其所著的《专业过失》一书中，概括了专家的特征：①工作性质属于高度的专门性，其中心不是体力工作而是脑力工作；②重视高度的职业道德和与客户的信赖关系；③大多要求有一定的资格，且专家集团维持一定的业务水平；④具有较高的社会地位。[49]Taupitz 对自由职业者的特征进行了五个方面的归纳：①基于自己的责任和经济上的独立性向相对人提供专业的精神创作成果；②资格和学历的要求；③与相对人的特别信赖关系；④职务活动有利他性（排除营利性）；⑤国家承认其团体的自律性，

---

48 本书关于环评的专家责任的部分内容曾由笔者发表于 2013 年第三届中国战略环境评价学术论坛. 见: 吴满昌. 环境影响评价的专家责任初探[A]//第三届中国战略环境评价学术论坛论文集. 2013: 100-106.

49 Jackson，Powell. Professional Negligence. 4th ed. London：Sweet & Maxwell，1996：1.

由其团体规定职务行为的标准并对成员违反规定予以制裁。[50]我国民法学者认为，专家就是具有专业知识或专门技能，依法取得国家认可的专业资格证书和执业证书，向公众提供专业服务的专业人员。[51]学者田韶华等较为完整地总结了专家的五个特点：专业性、资格性、社会服务性、可信赖性和行业自律性。[52]

（2）环评专家。

我国有关法律法规并未对环评专家进行界定。《环境影响评价工程师职业资格登记管理暂行办法》（环发[2005]24 号）第 2 条规定，本办法所称环境影响评价工程师，是指取得中华人民共和国环境影响评价工程师职业资格证书，并经登记后，从事环境影响评价、环境影响技术评估和竣工环境保护验收监测或调查等工作（简称"环境影响评价及相关业务"）的专业技术人员。但该条文仅对环评工程师进行了定义，实践中，还存在许多持有环评岗位证书的专业人员。因此，笔者认为，所谓环评专家，是指能够提供环评服务，取得国家认可的职业资格，能够主持或承担环境影响评价、环境影响后评价、环境影响技术评估和环境保护验收监测或调查等工作的专业技术人员。

（3）专家的民事责任。

专家所承担的民事责任，学者称之为专家民事责任或专家责任（Professional Liability），指专家在执业过程中，因执业过错造成委托人或第三人损害时，由该专家或其所在的执业机构承担的民事责任。专家所提供的服务，一般和当事人的人身、财产有着较大的利害关系，专家违反其应承担的义务，势必会给委托人造成严重的损失，专家要承担相应的法律责任，包括民事责任、行政责任甚至刑事责任。

（4）专家的第三人责任。

专家的第三人责任，一般而言，是指专家所作出的信息（或建

---

50 [日] 浦川道太郎. 德国的专家责任//梁慧星. 民商法论丛[M]. 梁慧星，译. 第 5 卷. 北京：法律出版社，1996：534.

51 梁慧星. 中国民法典草案建议稿附理由——侵权行为编、继承编[M]. 北京：法律出版社，2004：55.

52 田韶华，杨清. 专家民事责任制度研究[M]. 北京：中国检察出版社，2005：12-14.

议），却使得没有合同关系的第三人遭受一定的损害或损失，专家为此向第三人承担相应的民事责任的情形。专家对第三人的民事责任问题不仅涉及合同相对性原则和纯经济损失等传统民法理论的突破，而且还关系到公共利益和专家职业利益的平衡。由此可见，研究专家对第三人的责任制度，对于合理构建完善的专家责任体系以及强化第三人利益的全面保护，规范专家执业活动，维护专家行业的交易秩序等方面都有重要的意义，具有实践和理论上的双重价值。[53]关于专家对第三人责任问题，可以用交往安全保障理论来解释，专家之所以要负担此种义务，是因为专家的专门性知识使得社会公众对他们产生了信赖，交往安全理论确立了开启或持续特定危险的人所应承担的、根据具体情况采取必要的、具期待可能性的防范措施，以保护第三人免受损害的义务。[54]

关于专家第三人责任，不同国家采用的标准并不相同，大陆法系如德国法主要从合同责任进行界定，合同责任又分"默示契约""附保护第三人之契约"和"缔约过失"等三种形式。德国法从合同责任来界定专家的第三人责任突破了传统的合同的相对性。德国法院在实践中，越来越多的判决重点偏离了专家与债权人之间的合同，更加强调专家的职业义务以及高度的信任和可靠性，这就意味着专家责任的基础直接来自于他们的职业身份，而不是来自于真正缔结合同的当事人之间的某种合同关系。[55]而英美法系则通过判例逐步确定了侵权法的判断原则。但是，两大法系均强调，从保护公共利益和维护信息传播的角度而言，应当适当限制专家的第三人责任的范围。例如，在涉及专家不实陈述的第三人责任问题上，特定的第三人只在特定范围内才能够得到法律的救济。事实上，专家对第三人的侵权责任问题的实质是侵权法律逻辑与公共政策选择之间的冲突

53 赵婧. 专家对第三人民事责任若干基本问题研究[A]//第四届明德民商法博士论坛，"侵权行为类型研究"论文集. 2006：283-295.

54 周友军. 专家对第三人责任的规范模式与具体规则[J]. 当代法学，2013，1：98-104.

55 王璟. 论专家第三人民事责任制度的构建——从比较法的视角兼谈我国侵权责任法的完善[J]. 民主与法制，2008，4：146-149.

和协调问题，是一个公平与效率的取舍和权衡问题。[56]

我国法律目前明确承认专家第三人责任的，是注册会计师责任领域以及证券市场上专家虚假陈述责任领域。在司法实践中，还通过个案承认了律师、公证人的第三人责任。然而，关于这一责任的性质、第三人的范围等问题，法律并未作出明确的规定，法官也未能对判决依据的法理予以阐明。

4.6.2.2 环评专家及其职业定位

（1）环评专家的种类及其执业范围。

由于环境影响评价领域涉及的范围十分广泛，基本涉及了所有的行业和项目，环评专家也根据其登记领域而分为不同种类。《建设项目环境影响评价资质管理办法》对环评的评价范围进行了规定，其中环境影响报告书有 11 类；环境影响报告表除了 11 类外，还增加了 2 类。《环境影响评价工程师职业资格证书登记管理暂行办法》列举了 16 个环评工程师的登记类别。

（2）环评专家的职业特点。

第一，专业性。环境影响评价领域具有较高的专业技术水准，它既体现了环境科学、环境工程学等现代科学技术的发展水平，也体现了环境政策、法律和环境管理学的理论和实践。在我国，根据《环境影响评价工程师职业资格制度暂行规定》，国家从 2005 年起，实行注册环评工程师全国统一考试制度。在专业技术层面，环评工程师应在专业知识与评价技术的掌握、收集和分析资料能力的培养、环评文件编写技术的提升等方面着力提高。[57]建设项目的多样性与环境复杂性，以及它们之间的关联性应是环境影响评价的困难所在。各类建设项目所用到的原（辅）材料和产品的特性、生产工艺、不同时期（建设期、运行期和退役期）产生污染物的类型与数量、各种污染防治技术以及它们的适用性成为环境影响评价专业人员需要探索的领域。而且，这种探索和学习随着科技的进步和发展永无止

56 同上注.

57 张全东. 论环境影响评价工程师的素养[J]. 化学工程与装备，2012，5：209-211.

境。[58]规划环评的复杂性一点也不低于建设项目。因此，环评工程师必须持续不断地提高自己的专业技术知识和能力。

第二，独立性。职业独立要求专家具有职业操守，去商业化，舍弃客户的不正当需求和个人私利，服务于社会整体利益和长远利益。当专家的职业独立性和他的服务者角色发生冲突时，专家应当恪守职业独立，客观、公允，忠实于事实真相和科学原理，而不是迎合客户需要，歪曲事实和道理。[59]环评专家提供的服务，关系到社会利益和环境保护。因此，环评专家虽然是基于建设单位的委托而从事环评服务，但他在执业过程中并不能放弃社会责任。原人事部与国家环境保护总局联合发布的《环境影响评价工程师职业资格制度暂行规定》第 16 条明确规定了环评工程师从事环评业务时，必须坚持科学、客观、公正的原则。环评工程师在满足建设单位需求的同时，还必须遵守法律、法规和职业道德，保证环评文件的质量和合法性，维护社会公共利益。对于那些无视环境保护、污染严重、无视公众环境权益的建设单位的无理要求，环评专家有权予以拒绝。故环评专家的执业活动，并非完全听命于建设单位，其工作具有一定的独立性。

第三，附从性。环评专家不能单独执业，必须加入有相应资质的环评机构，才能执行环境影响评价义务。《环境影响评价工程师职业资格制度暂行规定》第 18 条规定："环境影响评价工程师应在具有环境影响评价资质的单位中，以该单位的名义接受环境影响评价委托业务。"

4.6.3 环境影响评价的专家民事责任的法律基础

4.6.3.1 环评专家服务合同的含义及种类

专家服务合同具有多种形式，有委托合同、咨询合同和雇佣合同等形式。环评专家服务合同是指客户委托环评机构完成环境影响评价、后评价、技术评估、环保验收等咨询意见的协议，根据服务

---

58 同上注.

59 蒋云蔚. 从合同到侵权专家民事责任的性质[J]. 甘肃政法学院学报，2008，7：48-55.

的内容不同可以分为以下两种：①环评技术咨询合同。主要是指进行环境影响评价、后评价、技术评估等技术咨询合同。②环保竣工验收合同。主要是指进行环保竣工验收工作的协议。

虽然法律赋予委托人和专家之间自由协商的权利，但是由于专家工作内容的高度专业性，专家处于信息优势和知识权威的地位，而委托人对于专家的服务过程知之甚少，很难对双方的权利义务进行理性预期、明确约定，也很难就专家应负有的职业义务与之协商。因此，与其说委托人是与专家自由协商，不如说其将重大事务托付给专家。可见，专家服务合同在某种程度上失去了合同的灵魂——意思自治，也基本丧失了合同的平等性和封闭性。既然相对人与专家之间存在严重不平等关系，相对人又基于何种理由与专家签订服务合同？法律又从何种角度来保护相对人的利益？唯有信赖，相对人正是基于对专家的信赖而签订该服务合同。专家民事责任中的信赖是系统信赖而非人际信赖。专家值得信赖，并不是因为收取了客户的报酬及其专业合格、情操高尚，而是因为他属于社会认可的专家系统。信赖并不是某个相对人对某个专家个人的全面了解和具体的信赖，而是信赖他所属的整个专家系统，他的职业阶层，是一种普遍意义上的、制度化了的信赖。[60]专家系统正是通过执照、文凭、证书、教育、训练等一系列工具来控制专家队伍的水平以及提供服务的质量，从而赢得公众的信赖。[61]因此，判断是否存在信赖只需要考察专家是否具备执业资格。法律正是保护这种信赖关系，从而使得专家与相对人之间的不平等趋于平等。

4.6.3.2 环评专家的职业义务

在环评专家与客户之间存在服务合同的情形，环评专家不仅负担合同上约定的义务，也因此负担了基于法律规定和职业道德产生的职业义务。虽然，环评专家的职业义务因其类别的不同而有所不同，但所有的环评专家均要承担以下职业义务：

第一，注意义务。即专家在执业过程中采取合理的注意，避免

---

60 蒋云蔚. 从合同到侵权专家民事责任的性质[J]. 甘肃政法学院学报，2008，7：48-55.
61 同上注.

给当事人造成损失，包括注意和技能两个方面的要求。注意即专家在执业过程中要以谨慎、注意的态度处理事务，并采取合理措施避免给当事人造成损失；技能即专家要具有执业所需的能够胜任的人的通常技能，给予委托人以信赖。日本学者能见善久认为：专家从委托人那里得到专业技能信赖和忠实信赖，专家责任可以归纳为高度注意义务违反型和忠实义务违反型。[62]如前所述，公众对专家的信赖不因委托人而异，不因相对人而异，不因专家而异，已经固定为一种社会秩序，专家的义务正是来源于这种社会秩序的安排，来源于他的职业。公众对专家的信赖实际上是对职业的信赖，专家对公众的义务则实际上是对职业的义务。更确切地说，无论有没有合同关系，无论有没有具体的信赖，专家都应当忠于自己的职业，发挥一名专家应当具备的技能和注意程度，恪尽职守。[63]

也有学者认为，专家的技术职务是有分级的，我国现阶段专家的技术职务分为初级、中级和高级，高级又有正高和副高的区分。不同级别技术职务专家的知识和技能的要求也不一样。那么，同一领域不同级别的专家的注意义务也应当有所区别。[64]例如，普通医师与主任医师，其收费标准不同，患者对其所寄予的希望和信赖也不同，那么他们的注意义务和责任也应当随之不同，否则就没有区分的必要。这种说法有一定的合理性。但是，我国的专家实际上分为两个系统，一个是职业资格系统，即通常所说专业人士，如前面的定义所言，要求其通过一定国家资格考试、培训和认证以后才拥有专家的身份，如注册会计师、律师、执业医师、注册环评工程师等。另一个系统是职称职务系统，即在某一领域从事研究工作，一定范围内对该研究领域的知识掌握得比同行多的人，通常被同行业称为权威，一般拥有国家所承认的一系列职称，如副教授、高级工程师、教授等。然而，法律意义上的专家，并且要求承担专家民事责任的

---

62 [日]能见善久. 论专家的民事责任——其理论架构的意义[A]//梁慧星，译. 民法学说判例与立法研究[M]. 北京：国家行政学院出版社，1999：297.

63 蒋云蔚. 从合同到侵权专家民事责任的性质[J]. 甘肃政法学院学报，2008，7：48-55.

64 何俐. 论专家责任[J]. 广西政法管理干部学院学报，2004，7：52-54.

一般指前一个系统的专业人士。当然，两个系统也并不是截然分开的，许多拥有职业资格的专家也拥有高级职称，如法学院的教授也可能是兼职律师；在高校或研究机构从事环境科学与工程研究的教授同样可能是注册环评工程师。

环评专家在执业过程中应当认真负责，以该职业领域通常的业务能力及注意程度从事其职业活动。这是环评专家最基本的职业义务，即使合同没有明确的约定，法律也未对其予以明确的规定，基于当事人之间的信赖关系的存在，这些注意义务也作为合同的默示条款而被认为隐含在专家服务合同中。[65]原人事部与国家环境保护总局联合发布的《环境影响评价工程师职业资格制度暂行规定》第20条规定："环境影响评价工程师对其主持完成的环境影响评价相关工作的技术文件承担相应责任。"第21条规定："环境影响评价工程师应当不断更新知识，并按规定参加继续教育。"这些规定都是环评专家的注意义务的体现。同样，在环评领域也存在专家的注意义务不同的情形。环评工程师的注意义务要高于环评上岗证持证人员，所承担的责任也高于后者。环保部规定，环评报告书和环评报告表需要有一个具有注册环评工程师资格的专家作为项目负责人，总体负责该项目的环评文件的编制，并对环评文件的质量负责。此时，还存在一种情形，即对拥有环评上岗证的专业人士同时也是拥有国家承认的高级职称的专家注意义务如何认定？笔者认为，还是应该按照环评工程师注意义务的要求。另外，在环评文件的技术评审过程中，则主要是另一套系统在起作用，即建设单位和技术评估机构会邀请具有高级技术职称的专家出席技术评审会。[66]根据国家环保总局2003年6月颁发的《环境影响评价审查专家库管理办法》（国家环境保护总局令第16号）第5条规定，入选专家库必须"具有高级专业技术职称，从事相关专业领域工作五年以上"，却未规定入选审查库专家是否具有注册环评工程师资格。可见，审查专家的必备条件是

---

65 王苏生. 基金管理人的注意义务//漆多俊. 经济法论丛. 第 4 卷. 北京：中国方正出版社，2001：158.

66 当然，很多被邀请参加技术评审会，且拥有高级技术职务的专家也可能有注册环评工程师资格。

具有高级职称，并不一定具有环评工程师职业资格，其承担的责任也不一定是民事责任。

第二，忠实义务。人们对专家的信任，一方面是基于对专家的高度信赖，通过专家活动，可以满足当事人的愿望；另一方面，也是更为重要的方面，是因为人们相信专家能够代表自己并能为自己的利益而努力。专家和当事人之间的这种关系是建立在信任的基础上，由这种信任导致专家对当事人的忠诚义务。此义务基于委托人对专家裁量判断的信赖。专家在裁量判断时应忠于委托人，从委托人利益出发选取最优方案。[67]在环评领域，是否存在对客户的忠实义务？这一问题存在较多的争议。一般而言，在专家与客户之间存在代理关系、信托关系或特别的信赖关系时，专家才会对客户承担忠实义务。从《合同法》而言，环评专家肯定要忠诚于客户的利益。但环评专家与律师、医师等专业人士不同，环评专家并未和客户之间形成严格的信赖关系，仅就合同约定的事宜完成环评业务。这是由环评的功能所决定的，环评的科学性、客观性和公正性才能对环境保护发挥预防性的作用，并体现环评的公共利益属性。因此，传统的以委托人利益为导向的法律关系属性，与以公共利益为导向的环评的预防功能之间存在内在的冲突。这种冲突在对专家责任的认定中，表现为环评专家对委托人忠实义务的弱化。

第三，保密义务。专家的保密义务是指专家应保守在执业活动中所知悉的委托人的商业秘密和个人隐私。委托人基于对专家的信赖，所以专家在执业活动中，基于执业的要求，较容易掌握委托人的商业秘密和个人隐私，专家在其职务范围内开展工作时对涉及的有关当事人的商业秘密和个人隐私负有保密的义务，未经权利人许可或授权，不得以任何形式擅自披露和使用。环评专家对在其执业过程中所知晓的委托人的商业秘密等信息予以保密。《建设项目环境影响评价行为准则与廉政规定》第4条第8款规定："承担建设项目环境影响评价工作的机构（以下简称"评价机构"）或者其环境影响

---

67 王勤芳. 论专家侵权民事责任的基础[J]. 求索，2006，12：111-113.

评价技术人员应当为建设单位保守技术秘密和业务秘密。"《环境影响评价工程师职业资格制度暂行规定》第 19 条规定："环境影响评价工程师在接受环境影响评价委托业务时，应为委托人保守商务秘密。"但两者的规定并不一致，前者为业务秘密和技术秘密，后者则为商业秘密；两者在法律上的内涵并不一致，同时还规定了相应的罚则。《环境影响评价工程师职业资格登记管理暂行办法》第 20 条第 5 款规定：未为委托人保守商业秘密的，登记管理办公室视情节轻重，给予环评工程师通报批评或暂停业务三至十二个月。

第四，信息告知、说明义务。专家必须将其所掌握的信息告知委托方或者第三人。信息公开、说明义务可以说是专家在契约中所负的附随义务。附随义务的违背，亦可以构成债务不完全履行。在债务不完全履行下，当专家提供的服务虽有瑕疵但尚有补正余地时，应当允许委托人提出补正请求，以便最大限度维护委托人利益。专家的信息公开、说明义务是以特定的契约关系存在为前提，而其义务的内容也是依具体的合同内容而定的。这些义务本质都是从契约关系中产生的诚信义务，违反这种义务应当归入违约的范围。合同中采用这种义务，一方面是为了弥补合同漏洞的不足，从而更好地实现当事人意志和利益并体现合同正义；另一方面是为了在契约关系中强化职业道德，所以不能将附随义务扩大到侵权领域。[68]

4.6.4　环境影响评价的专家民事责任的基本内容

4.6.4.1　环评专家民事责任的界定

所谓环评专家的民事责任，是指环评专家在执业过程中，因执业过错导致委托人或第三人损害的，由该环评专家或其所在的环评机构承担的民事责任。环评专家的民事责任有以下特点：①环评专家责任的行为主体是注册环评工程师和持有环评上岗证书的从业人员，是环评工程师在执业过程中因执业过错产生的责任。②环评专家的专家责任主要表现为不实陈述责任。环评工程师的业务就是向

---

68 朱晶. 论专家责任的性质[J]. 广西青年干部学院学报，2006，9：67-69.

客户提供环评报告文件和相关信息。环评工程师是根据一系列环评技术导则和标准、环境政策的规定，依其专业判断而编制环评报告，出具专业意见，并对环评结论负责，因此，环评工程师的执业过错主要表现为在其出具的环评报告文件中提供了错误信息和结论，甚至弄虚作假。

4.6.4.2　环评专家的第三人责任

与其他专家一样，环评专家也同样面临对环评服务合同之外的第三人承担民事责任的情形，尽管第三人责任在我国司法实践中非常稀少，但对这一问题的研究有其独特的意义。事实上，环评专家的职业特点决定了其在大多数情况下都将面临对第三人承担责任的情形，只不过我国目前的法律规定尚不完善，人们对此缺乏应有的关注而已。环评专家的第三人责任主要表现为不实陈述使得第三人利益受到损害。环评专家依合同的约定为委托人提供环评技术文件，这些文件的目的首先是为了满足建设单位的需要，但同时也为政府部门的审批决策提供了一个非常重要的参考依据。在实践中，政府部门往往基于对这些文件的信赖而作出决策。如果环评专家在环评技术文件中作了不实陈述，导致政府部门的决策失误，造成了环境污染等严重后果，环评专家应对该错误决策承担第三人责任。此外，由于环评专家在环评文件中的不实陈述，导致一个不该上马的项目通过审批而开工建设，并造成了严重的环境污染，对于项目周边公众的环境权益造成了损害，公众也有权要求环评专家承担一定的赔偿责任。实践中，银行等部门也是依据环评技术文件向建设单位批准相应贷款，如果项目因环境污染而被关停，银行因此也有可能面临贷款不能回收的可能。因此，有权向环评专家提出承担责任的第三人有：相关政府部门、受项目影响的公众、向项目提供贷款的银行等。

4.6.4.3　环评专家的执业过错及其认定

（1）环评专家执业过错的表现。

在我国，环评专家的主要执业活动是出具环评技术文件（包括环境影响报告书、报告表，技术评估意见）和环保竣工验收报告。

环评专家要对其出具的上述报告的合法性、真实性负责。如果环评专家在执业过程中未尽必要的注意义务，未能发现项目的重大环境影响问题，甚至弄虚作假，则会被认为存在执业的过错。根据《环境影响评价工程师职业资格登记管理暂行办法》第 21 条第 7 款、第 8 款的规定，在环境影响评价及相关业务活动中不负责任或弄虚作假，致使环境影响相关技术文件失实的；因环境影响评价及相关业务工作失误，造成严重环境污染和生态破坏后果的，环境影响评价工程师登记管理办公室将对主持该项目的环评工程师处以注销登记的处罚。

（2）环评专家执业过错的认定。

环评专家的执业过错应采用职业标准，即以一个具有通常技能的环评专家在相同情势下应具有的技术水平和注意程度来衡量其是否存在过错。职业标准作为判断专家过错的客观标准，既保护了社会公众对于专家专业技能的信赖，又避免给专家以过重的注意义务和法律责任，对于平衡社会公众利益和专家的职业利益有着积极的作用。[69]在环评领域，对于环评专家的执业过错认定并没有具体的法律法规规定，但我们可以从环评机构的资质管理规定推定一些环评专家的过错认定。《建设项目环境影响评价资质管理办法》（国家环境保护总局令第 26 号）第 38 条规定："在审批、抽查或考核中发现评价机构主持完成的环境影响报告书或环境影响报告表质量较差，有下列情形之一的，国家环境保护总局视情节轻重，分别给予警告、通报批评、责令限期整改 3 至 12 个月、缩减评价范围或者降低资质等级，其中责令限期整改的，评价机构在限期整改期间，不得承担环境影响评价工作：（一）建设项目工程分析出现较大失误的；（二）环境现状描述不清或环境现状监测数据选用有明显错误的；（三）环境影响识别和评价因子筛选存在较大疏漏的；（四）环境标准适用错误的；（五）环境影响预测与评价方法不正确的；（六）环境影响评价内容不全面、达不到相关技术要求或不足以支持环境影响评价结

---

69 田韶华，杨清. 专家民事责任制度研究[M]. 北京：中国检察出版社，2005：144-152.

论的；（七）所提出的环境保护措施建议不充分、不合理或不可行的；（八）环境影响评价结论不明确的。"从该八项规定中可以推定出环评专家的一些执业过错行为。

然而，职业标准的具体适用也会产生各种问题，给专家执业过错的判断带来一定的困难，主要表现为以下两个方面：

（1）专家的业务能力与职业标准。在客观过错理论下，所谓的"理性人"标准是一个客观、抽象的标准，而与个人主观的注意能力、经验没有关系，也就是说，行为人并不以个人注意能力的欠缺、经验不足等理由主张免责。在英美法系，在其中一个医疗过错的案例中，法官使用了"团队过失"（Team Negligence）的概念，法官认为，凡是在这领域工作的成员都被期待具有同样的专业水平，如果有必要，初级执业者即"新手专家"[70]应当向经验丰富的专家请教。因"平均水平"是普遍适用的标准，一旦拿到执照或获得资格认证，新手专家就应遵循该行业与其处于同一等级且具有相同专长的专家所共同遵循的"平均"标准。[71]依此规则，一个刚执业一个月的专业人员和已经执业 10 年的专业人员的注意义务标准是相同的。这初看起来很苛刻，却反映了对公众信赖的重视。既然专业人士已经被允许执业，他已经属于某个专家系统，他就应该具有这个专家系统的必需的专业技能，如果不符合这个标准，他就不应该执业。因此，专家的能力欠缺、经验不足不能成为降低注意义务标准的理由。否则，就会为许多并不具备通常专业技能的人执业大开方便之门，最终损害社会公众的利益。[72]

（2）专业技术的发展与职业标准。根据合理注意规则，专家证明自己无过错的最好理由即其已经运用了该领域通常的专业知识和技能。但是，对于大多数专家尤其是科技领域的专家而言，随着科学技术的进步，其所在职业团体的专业水准、实践水平也在不断地

---

70 "新手专家"是指那些虽已获得相应资格认证并受过一些专业技能培训，但仍缺乏实际操作经验的刚进入专业领域不久的专业人士。

71 唐先锋. 论专家民事责任过错的认定[J]. 学术探索，2005，6：66-69.

72 田韶华，杨清. 专家民事责任制度研究[M]. 北京：中国检察出版社，2005：145-146.

提高。如果不考虑专业技术的发展，一味地遵循已经陈旧的职业标准，就为那些落后于时代的专家提供了一个避风港，这不仅不利于专业水平的提高，对受害人也极为不公。那么，职业标准如何适应现代科技的发展？首先，科学技术日新月异的发展，使得一项专业技能是否应属于该领域的专家"通常"应掌握的技能成为一个变量。因此，专家，尤其是科技类专家，必须时时更新自己的知识，以掌握最新的实践方法。故《环境影响评价工程师职业资格制度暂行规定》第 21 条规定："环境影响评价工程师应当不断更新知识，并按规定参加继续教育。"《环境影响评价工程师继续教育暂行规定》（环发[2007]97 号）专门就环评工程师的继续教育出台了详细的规定。如第 3 条规定："环境影响评价工程师继续教育的主要任务是更新和补充专业知识，不断完善知识结构，拓展和提高业务能力。"这些规定都是为了更好地更新环评专家的专业知识，提高专业技能，同时也提高了环评领域的专家职业标准。

此外，还有一些专家是在行业技能水平中处于领先地位，并推动本行业及专业技术改革与创新的专业人士，即所谓的"创新型"专家。当他们在运用新技术进行实践并对服务对象造成损害时，衡量其是否达到相应的注意义务程度就不能以"合理的注意和技能"来判断，而应以新技术的可行性、优点、专家对于该项新技术的认知程度，以及是否告知委托人利用新技术的风险性等方面进行综合判断。[73]在医疗领域，运用医疗新技术的专家风险尤为明显。在环评领域，一些"创新型"环评专家可能会采用一些环评技术导则未规定但已在国际上应用的预测模型进行计算。此时，就存在环境影响预测结果的风险以及所需额外的资料及费用等，还存在面临其他专家和行政部门不予认可的风险。还有一些项目的特殊性，其影响因子可能是在环评技术导则中没有规定的。此时，需要环评专家进行创新，否则环境影响评价行为可能无法进行下去。例如，早期的生活垃圾焚烧项目国家并未规定垃圾焚烧尾气中二噁英的排放标准，

---

73 唐先锋. 论专家民事责任过错的认定[J]. 学术探索，2005，6：66-69.

而且，二噁英的检测技术复杂、费用高昂。对此类项目的环境影响评价，需要专家引用其他国家或地区的排放标准。随着实践和科技的进步，国家对此项排放标准进行了界定。那么，就不能以现在规定的标准去判断过去的环评项目中因引用其他排放标准违反了环评技术规范而认为该专家未尽到注意义务。

4.6.4.4 专家责任的归责原则

无论大陆法系还是英美法系都认可了过错责任作为专家侵权责任的归责原则。但是关于专家违约责任，大陆法系以过错责任为归责原则，而英美法系则以严格责任及无过错责任为归责原则。学者田韶华通过分析认为，专家的违约责任仍应以过错责任为归责原则。[74]专家责任采用过错责任为归责原则的原因在于专家所提供的是纯粹服务而无商品存在的工作。产品质量可以通过一个统一的标准来衡量，而服务质量则因为是"无形产品"，难以确定一个固定的标准，且服务具有不可重复性。专家在提供专业服务的过程中，需以自身技能和经验去应对一些不确定的风险。专家与委托人相比，尽管拥有知识和信息的优势地位，但不能保证其所提供的服务能够达到特定的结果，而只能保证在服务过程中提供合理的注意义务和自己所拥有的专门知识及技能。专家不可能保证在任何情形下都能准确把握，即使是某一行业具有丰富经验的资深专家也不例外。专家是否违约或侵权，应以其是否违反了注意义务以及是否违反了职业标准进行判断。因而，具有一定的客观性。故专家应以过错责任为归责原则。一方面，专家有过错即应承担责任，能够约束专家小心谨慎，认真履行义务，提高执业质量，更好地为社会服务；另一方面，专家无过错即不承担责任，既减轻了业已面对高度执业风险的专家的压力，又能够使其敢于大胆利用自己的专业知识为社会公众服务。[75]如果实行无过错责任，则可能导致专家的执业风险和责任越来越大，专家可能采取提高服务费方式以应对风险，或者退出高风险服务领域，导致专家服务的紧缺，危及行业及社会的发展，最终损害公众的利

---

74 田韶华，杨清. 专家民事责任制度研究[M]. 北京：中国检察出版社，2005：131.

75 陈协平. 我国专家侵权责任的归责原则[J]. 佳木斯大学社会科学学报，2012，8：38-40.

益。因此，在专家责任的归责原则上，应很好地平衡委托人和专家之间的利益，以谋求社会整体利益的最大化。

4.6.4.5 环评专家民事责任的承担

（1）环评专家责任的责任主体。

在实践中，大多数专家都是依附于专门的执业机构开展业务，在专家因过错给他人造成损失时，其所在的执业机构往往会成为责任承担主体。[76]根据我国目前的法律法规，环评专家责任的承担者主要是环评机构，《环境影响评价法》第19条规定："接受委托为建设项目环境影响评价提供技术服务的机构，应当经国务院环境保护行政主管部门考核审查合格后，颁发资质证书，按照资质证书规定的等级和评价范围，从事环境影响评价服务，并对评价结论负责。"《环境影响评价工程师职业资格制度暂行规定》第18条规定："环境影响评价工程师应在具有环境影响评价资质的单位中，以该单位的名义接受环境影响评价委托业务。"第20条规定："环境影响评价工程师对其主持完成的环境影响评价相关工作的技术文件承担相应责任"，但该条并未明确环评专家需要承担哪些个人的责任。

专家执业方式及专家责任主体的明确，对于提高专家的注意义务和职业谨慎度，降低专家的执业风险具有重要的意义。目前我国专家执业机构主要有合伙制、公司制和独资制。[77]合伙制由于专家合伙人需要承担无限连带责任，似乎更能提高专家的风险意识和压力，更能保证执业质量，也更有利于对当事人的利益保护。然而，专家的行为更具有独立性，每一个专家合伙人是以个人的专业技能为保障向他人提供服务，并非以整体合伙人的专业技能为保障。而合伙制让全体合伙人为某一合伙人的执业过错承担责任，无疑增大了专家的执业风险。公司制形式下，有执业机构以其全部资产承担责任，专家个人仅以其出资额为限承担责任，这可以降低专家的执业风险，但也降低了专家保持高度注意义务的动力，而且不利于保护受害人的利益。专家执业机构最大的资产就是专家人力资源，拥有的有形

76 田韶华，杨清. 专家民事责任制度研究[M]. 北京：中国检察出版社，2005：19-20.

77 田韶华，杨清. 专家民事责任制度研究[M]. 北京：中国检察出版社，2005：255-256.

资产非常少，根本不足以偿还债务。根据国际实践经验，采用有限责任制的专家执业机构要求整个社会的诚信度非常高，相关行业的整体发展成熟，产生不当和欺诈行为时能及时受到严厉的惩处等前提条件。独资制执业机构由于缺乏足够的资金基础，以及存在较高的个人风险不能成为主要的执业形式。目前，根据我国《建设项目环境影响评价资质管理办法》的规定，我国的环评机构采用的是有限公司制和事业法人制。对于甲级资质要求具有 1 000 万元的固定资产和不少于 300 万元的注册资金；对于乙级资质要求具有固定资产 200 万元和 50 万元的企事业注册资金。然而，这些规定是否能够保护当事人利益，还有待进一步的实践观察。

（2）环评专家执业过错产生的损害赔偿的范围。

因环评专家的执业过错给他人造成损失时，损害赔偿的范围通常包括对人身损害或有形财产的损害赔偿。因环评专家的过错使得项目的不当建设致使他人受到环境污染并遭受人身或财产损害时，有执业过错的环评专家及其执业机构应对此承担损害赔偿责任。

4.6.5　环境影响评价机构民事责任的实证分析

关于环境影响评价机构的民事法律责任问题，下面的案例比较典型地反映了环境影响评价机构在执业过程中面临的民事合同和专家责任问题。[78]

4.6.5.1　案件简述

河南省温县怡光工贸集团有限责任公司（甲方）同黄河水资源保护科学研究所（乙方）签订协议书，约定由甲方委托乙方承担"河南省温县怡光工贸集团有限责任公司年 10 000 t 玉米秆纤维浆粕及 5 000 t 降解薄膜产业示范工程"环境影响评价工作及"玉米秆浆粕黑液污染负荷模拟试验研究"工作。双方约定：甲方为乙方的现场工作提供便利的工作、生活条件，甲方负责向环保主管部门呈报"环评大纲"和"环评报告书"，甲方按"协议书"的规定向乙方支付环

---

78 关于本案例的材料和一些阐述，均引自：孙玉明，李军波. 论环境影响评价机构的法律地位[J]. 新乡学院学报：社会科学版，2011（1）：32-37.

评费用。乙方根据环境影响评价工作的技术要求，编制环境影响评价大纲和报告书；乙方对所提供的成果报告承担技术责任，满足环保主管部门的审批要求。受甲方委托，乙方对成果报告进行技术答辩；乙方于2002年8月31日前，向甲方提交"河南省温县怡光工贸集团有限责任公司年10 000 t玉米秆纤维浆粕及5 000 t降解薄膜产业示范工程"环境影响报告书。双方还约定，如评价报告未获通过，乙方需要重新工作，其费用自理。

因黄河水资源保护科学研究所在编制环境影响报告书过程中，以"怡光公司所要建设的项目由于采用的是专利技术，环评无类比数据，且浆粕生产和纤维薄膜生产都属于重污染行业，项目产生污染环节非常复杂"为由，在环境影响报告书中得出了工程建设在环境保护方面不可行的结论，怡光工贸集团有限责任公司拒绝接受，并以黄河水资源保护科学研究所出具的环境影响报告书不能通过相关部门的审核，致使项目不能开工建设，违反了协议书中所约定的"如评价报告未获通过，乙方需要重新工作，其费用自理"为由，向法院提起民事诉讼，要求乙方赔偿损失。[79]

4.6.5.2　案件争议的焦点

第一，由黄河水资源保护科学研究所出具的环境影响报告书（初稿）在原告拒绝接受的情况下是否已经构成交付？

第二，双方所签订协议中的约定"如评价报告未获通过，乙方需要重新工作，其费用自理"是否有效，即在环境影响评价中，双方是否可以以环评报告获得相关部门的通过作为委托内容？

4.6.5.3　案件评析

第一个焦点问题是一个相对单纯的民事合同问题，在此不作深入讨论，仅就第二个焦点问题进行分析。

案件所争论的第二个焦点，涉及环境影响评价机构在法律上的定位，以及该约定是否违反相关法律规定？本案中，双方"如评价报告未获通过，乙方需要重新工作，其费用自理"的约定仅单纯就

---

79 同上注.

民事合同法律而言，没有违反合同的意思自治原则。这涉及环境影响评价机构的民事责任和执业责任的竞合问题。从合同的本意而言，该条款应是指由于评价机构的过错或存在失误而导致环评报告未获通过时，要求其重新工作，而且费用自理。然而，由于黄河水资源保护科学研究所在订立协议时未尽注意义务，导致合同订立出现问题，使本来是因项目本身的问题而出现的"环评报告未获通过"，其责任被建设单位抓住合同的漏洞而强加到评价机构身上。我国《环境影响评价法》第 4 条规定："环境影响评价必须客观、公开、公正，综合考虑规划或者建设项目实施后对各种环境因素及其所构成的生态系统可能造成的影响，为决策提供科学依据。"本案中，评价机构符合《环境影响评价法》第 4 条的规定，且并未违反《环境影响评价工程师职业资格登记管理暂行办法》第 21 条第 7 款、第 8 款的规定，也未在环境影响评价及相关业务活动中不负责任或弄虚作假，致使环境影响相关技术文件失实，而是尽到以科学、客观、公正的原则履行环境影响评价职责，如实反映了项目的环境问题，给出建设项目在环境方面不可行的结论。[80]评价机构在此尽到了环评专家的注意义务，但其忠实义务由于环评的公益性而被弱化。黄河水资源保护科学研究所作为环境影响评价机构，其环境影响评价报告所依据的应当是规划和建设项目对环境所产生影响的事实状况。它没有权利同时也没有义务作出保证环评报告书通过相关部门审查的承诺。《环境影响评价法》第 19 条第 1 款规定："接受委托为建设项目环境影响评价提供技术服务的机构，应当经国务院环境保护行政主管部门考核审查合格后，颁发资质证书，按照资质证书规定的等级和评价范围，从事环境影响评价服务，并对评价结论负责。为建设项目环境影响评价提供技术服务的机构的资质条件和管理办法，由国务院环境保护行政主管部门制定。"在环境影响评价活动中，环评机构所要负责的仅是自己的"评价结论"，而由其所出具的"评价结论"是否会影响委托人规划或建设项目的实施，应当不包括在环评

---

80 在实践中，如果评价机构在环境影响评价过程中对项目得出了环境可行性的否定结论，几乎不可能获得环评的行政许可。

机构负责的范围之内。故本案的评价机构并不需要对此承担责任。反之，如果一味强调合同的意思自治，则实质上已经将所要出具的环境影响评价报告书的客观性和公正性抹杀了。如果有关规划和建设项目的环评报告书在任何情况下都可以通过，那么我们的环境影响评价制度将面临流于虚设的危险。

4.6.6　我国环评专家的民事责任制度存在的问题

（1）法律法规未明确环评专家的民事责任制度。

查询环评管理法律法规可以发现，大量规定的是规范环评机构及专家的行政责任，而缺乏对民事责任的规范。环评机构及环评专家和当事人之间签订的合同一般是环评机构出具的具有一定固定格式的技术咨询合同。实践中，环评机构和专家处于优势地位，许多建设单位并不清楚环评的专业知识，一般只要求环评技术文件的编制和完成时间、资料的提供等。当然，现在随着环评市场竞争的激烈，建设单位对于环评咨询费用的议价能力越来越强。然而，有时候，低价格也就不能保证质量。

由于信息的严重不对称，专家服务市场同样可能面临质量好的专家服务退出市场的危险，即"逆向选择"或"逆向淘汰"。因为一般客户没有能力去判断服务品质的优劣，他们只好以一个平均标准来期待专家的服务，也以这一标准付费。一些业务水平比较差的专家根本无法提供平均水平以上的服务，但他们收取了平均水平的报酬；而另一些比较优秀的专家则对自己提供平均水平以上的服务却同样收取平均水平的报酬感到心理不平衡，他们要么离开本行业，要么也乐于提供低于平均水平的服务，因为即使这样也能以平均水平的价格收费。这样一来，整个行业所提供的服务品质必定越来越低，顾客对本行业专家的信任度和付费也是如此，以致形成恶性循环，出现劣质专家驱逐优质专家的效应。信息不对称使市场竞争所形成的价格机制无法正常运作，导致专家服务市场的失灵。[81]

---

81 郭雪军. 专家契约责任的经济分析[J]. 法学论坛，2004，1：41-47.

（2）没有建立环评专家个人的责任制度。

环评专家被要求以执业机构的名义执业，环评专家因过错造成他人损害时，首先应由环评机构向委托人或其他人承担责任，然而，相关的法律法规并没有规定执业机构可以向负有直接责任的专家追偿。

（3）专家责任的性质不明确。

专业机构对专家的过错承担责任，这种责任是违约责任还是侵权责任，法律并未明确，这就影响了专家责任的构成以及损害赔偿范围的确定。环评专家的民事责任可以从《合同法》等相关法律法规进行规范，然而，《合同法》等法律仅能规范环评专家及执业机构的违约责任。而对于侵权责任以及第三人责任无法进行约束。当然，环评第三人责任主要是指环境行政管理部门，可以用行政责任进行规范。然而，环评领域仍然会出现侵害公众以及其他第三人的权利的情形。专家职业的公益性决定了专家在特定的情形下需对委托人以外的第三人承担责任，然而，我国只有注册会计师的第三人责任以及证券市场上专家的第三人责任得到了明确的规定。

（4）所谓的环评"终身负责制"没有明确的规定。

环评业内一直流传着环评"终身负责制"，如若环境影响评价机构在从事环境影响评价技术服务时存在弄虚作假或有失职行为，要实行专家终身负责制。然而查遍环境影响评价管理的有关法律法规，并没有明确的规定。从法理上分析，承担的责任是什么？由谁负责？终身是指什么？这些都未明确。首先，要承担的是什么责任？如果承担的是民事责任，则根据《民法》及《民事诉讼法》的相关规定，民事责任的最长追诉期为 20 年，故民事责任的终身负责制不成立。若为行政责任，因为环评技术文件编制出现重大失误而被追究行政责任，其最大的责任也就是注销资质或资格。若为刑事责任，则到底因为什么要负刑事责任，因为环境污染事故吗？环境污染事故的原因非常复杂，要认定是环评专家及机构的责任非常复杂。其次，谁负责？环评审批部门及相关工作人员？建设单位？环评机构还是环评专家？从意思推测，应该是指环评机构和环评专家。然而从合同关系而言，环评机构是责任主体，但相关法律法规规定，对于主持该项目的环评工程师也要受到注销登记的处罚。因此，由谁负责也不明确。最后，"终身"指谁？是指建设项目本身的生命周期还是指环评机构的执业周期？或者指环评专家的生命周期？若指项目本身的生命周期，即在项目的生命周期内，环评机构及专家都要为项目与环评有关的环境问题负责。然而，项目即使结束以后，也可能存在严重的环境问题，仅指项目的生命周期显然不够，也不合理。若指环评机构的执业周期，则可能导致没有责任主体的情形，即机构被注销资质、破产或终结执业以后，而该机构编制的环评技术文件又出现了重大问题，又由谁来负责？若指专家个人，由于专家是以环评机构的名义进行执业，只有环评机构和委托人才有合同关系。专家并不对外承担责任，故专家个人只能承担行政责任，而不会承担其他民事或刑事责任。因此，应更进一步科学地界定环评专家和执业机构的责任。

4.6.7 环评专家的行政责任

专家的行政责任，是指专家利用其专业知识、技能为社会和当事人提供服务过程中违反了相关行政管理的法律、法规规定而需要承担行政责任的情形，分为行政处分和行政处罚。[82]例如《中华人民共和国律师法》（2007 修订）第 47 条、第 48 条、第 51 条等对律师行政责任作了规定，责任形式有罚款、没收违法所得、一定时间停止执业、吊销其律师执业证书等，过错形式为故意。另外，我国专家还要对其执业过程中的违纪行为承担行政纪律处分和取消其执业资格的处分。例如，《环境影响评价工程师职业资格制度暂行规定》和《环境影响评价工程师职业资格登记管理暂行办法》规定：申请之日前 3 年内，在环境影响评价及相关业务中有重大过失并受过行政处罚或撤职以上行政处分的，将不予登记，即失去了继续从事环境影响评价工作的资格。由于环评的特殊性，环评技术文件是环境

82 孟醒. 浅析我国法律中的专家责任[J]. 法制与社会，2011，11（下）：21-24.

行政主管部门进行行政许可的重要依据，因此，环评专家要承担较多的行政责任。

另外，在环评专家的准入机制方面，即对于环评工程师的职业管制方面，就有职业准入的限制，这也在一定程度上可以看做是环评专家承担行政责任的另一种形式。如原人事部和原国家环保总局颁布的《环境影响评价工程师职业资格制度暂行规定》和《环境影响评价工程师职业资格考核认定办法》中对于报名参加环评工程师考试的资格有学历、专业和工作年限的限制。而通过考试以后，根据《环境影响评价工程师职业资格制度暂行规定》第14条，登记成为执业环评工程师还需要具备以下条件："（一）取得《中华人民共和国环境影响评价工程师职业资格证书》；（二）职业行为良好，无犯罪记录；（三）身体健康，能坚持在本专业岗位工作；（四）所在单位考核合格。"然而，该条件的第（二）款"职业行为良好，无犯罪记录"的规定就有管制过宽的问题，"职业行为良好"这个规范没有问题，这是对环评工程师职业道德的一种要求。那么"无犯罪记录"是否也是一种职业道德的要求呢？这里就涉及何谓"犯罪"和犯何种"罪"。如果按规定的要求，则只要犯了罪就不可以登记成为环评工程师。这种限制显得有点过于宽泛。这并不是个案，许多职业资格制度上关于职业资格认定的专业技术人士都有类似的限制。然而，即便是律师资格，也仅仅规定了故意犯罪的人士不可以从事律师职业。这里"故意犯罪"和"犯罪"是两个范围不同的概念。此外，也不能认为，犯过罪的专业人员就是由于职业道德或职业行为不好。可见，环评工程师的职业资格登记的限制条件过于宽泛。根据比例原则，管制对象符合最小侵害标准，就是要求行政目的和权利限制主体之间存在"紧密的契合度"。不能随意放宽限制主体的范围，不然，最安全的办法莫过于"任何职业，都排除那些曾经违过法、犯过罪的主体进入，而不管违什么法，犯什么罪；也不管该种职业的性质是什么，是否与特殊类型的违法犯罪有所关联"。[83]

83 蒋红珍. 论比例原则——政府规制工具选择的司法评价[M]. 北京：法律出版社，2010，8：286.

4.6.8 环评专家的刑事责任

专家的刑事责任，是指专家在其执业领域提供服务时，违反法律，构成犯罪时所应承担的刑事责任。例如，《中华人民共和国律师法》（2007 修订）第 419 条规定律师承担刑事责任的几种行为。环境影响评价机构及专家违反相关规定，达到刑事责任时，只有《刑法》第 229 条可以进行约束，但该条主要是针对经济领域尤其是资产验证领域的规定，并没有明确可以适用于环评专家。《刑法》第 229 条规定："承担资产评估、验资、验证、会计、审计、法律服务等职责的中介组织的人员故意提供虚假证明文件，情节严重的，处五年以下有期徒刑或者拘役，并处罚金。前款规定的人员，索取他人财物或者非法收受他人财物，犯前款罪的，处五年以上十年以下有期徒刑，并处罚金。第一款规定的人员，严重不负责任，出具的证明文件有重大失实，造成严重后果的，处三年以下有期徒刑或者拘役，并处或者单处罚金。"

4.6.9 环境影响评价的专家责任制度的完善

4.6.9.1 完善环评工程师职业资格制度

尽管我国从 2005 年起开始实施注册环评工程师职业资格制度，但由于历史原因，存在大量的持有环评岗位证书的专业技术人员，导致环评领域的专家一直存在"双轨制"现象，不利于规范我国环评的专家责任。相关法律法规的缺失，也使环评的专家责任难以建立。由于环评机构和环评专家大多数仅需承担行政责任，尽管在环保部门对于环评机构和环评工程师的处罚力度日渐加强，仍未能杜绝环评机构和环评专家在环评业务上的乱象。因此，有必要参考国内外以及其他专业领域的成熟经验，制定和修改相关法律法规，构建和完善我国的环评的专家责任，增强环评专家的执业水平和职业道德，进一步完善环境影响评价管理制度。

4.6.9.2 完善建设项目环评的专家评审制度

建议项目环评采取由专家委员会进行评审的制度。在环境影响评价机构提出环评技术文件以后，应由专家委员会来评审建设项目是否符合环境保护法律制度的规范要求。专家委员会的设置可以参照仲裁制度关于仲裁庭的设立规范，即仲裁机构在仲裁案件时，由社会知名专家组成仲裁庭，对案件进行独立设立并独立作出裁决。有关行政主管部门只是为仲裁委员会的仲裁活动提供服务和保障，并不干预具体的案件的审理过程。仲裁庭对案件的审理和裁决负全部责任，由仲裁法和仲裁规则规范仲裁员的办案工作，这样就能保证仲裁庭能够在尊重事实、依法审理的基础上对案件作出公正的裁决。[84]

4.6.9.3　明确环评机构的法律地位和执业规则

环境影响评价机构作为环境影响的专业评估机构，其评估结论的正确与否，直接影响环境保护的效果，也直接影响经济和社会的可持续发展。加强对保证环境影响评价机构中立地位的立法是十分重要和紧迫的。《环境影响评价法》仅对环境影响评价机构的从业行为做了原则性的规定。其中涉及环评机构的仅有 8 处，分布在第 19 条、第 20 条、第 28 条、第 33 条等四项条文中。另外，国家环境保护总局于 2005 年 8 月 15 日颁布了《建设项目环境影响评价资质管理办法》，该办法中对环评机构的资质做了详尽的规定，但也没有对环评机构执业规则作出详尽的规定。建议在《环境影响评价法》中加入"环境影响评价机构"一章，对环境影响评价机构的地位、性质以及权利义务作出全面的规定，明确环境影响评价机构的中立地位。明确环评机构的法律性质，有利于国家相关部门对环评机构的规范，同时也有利于加强环评机构的行业自律，有效防范道德风险、有效防止违法行为，从而促进我国的环境影响评价工作。[85]

---

84 孙佑海. 超越环境"风暴"——中国环境资源保护立法研究[M]. 北京：中国法制出版社，2008：139.
85 孙玉明，李军波. 论环境影响评价机构的法律地位[J]. 新乡学院学报：社会科学版，2011（1）：32-37.

5 战略环境评价的监督机制

5.1 战略环境评价的监督功能

5.1.1 概述

5.1.1.1 战略环评的参与主体

国际上认为战略环境评价的参与主体有决策者、咨询者、环保部门以及公众，包括一些审查成员和对战略环境评价质量控制感兴趣的人。[1]我国的《环境影响评价法》规定：对各类规划开展战略环境评价时所涉及的部门主要包括拟议规划的审批部门、编制部门、评价机构、环保部门、审查小组和公众。战略环境评价可以由决策者自行编制，也可以邀请评价机构进行编制。决策者和规划编制机关自行编制战略环境评价文件，其优点是能够在战略行为的全过程中参与，并能够更好地理解战略行为和可持续性问题；缺点是决策者可能不具备战略环境评价的专业知识，另外还要花费额外的时间，还有可能导致规划编制机关跳不出规划的范围，使得战略环境评价不够独立。由评价机构进行战略环境评价的优点是专业性强，能够独立进行，防止偏见；缺点是可能不了解当地的情况和环境，需要支付一定的费用，战略环境评价很难参与到决策的全过程。环保部门负责召集规划环评的审查小组，包括专家和规划涉及部门的代表。公众则是对规划感兴趣的人，并可能是受到规划影响的利益相关者。让更广泛的公众代表参与到战略环境评价中，这些公众代表可能是被选举出来的代表或政治家，或者代表不同公众观点的权威团体（商

---

1 [英] Riki Therivel. 战略环境评价实践[M]. 鞠美庭, 等译. 北京: 化学工业出版社, 2005: 40-42.

业组织和环境组织等）。在决策和战略环境评价过程中引入公众参与，可以很好地利用当地的资源知识和技能，决策更易为社会所接受，战略行为更容易执行，有助于解决利益相关者之间的冲突，提高民主性。公众参与还可以监督整个战略环境评价过程。

5.1.1.2　战略环评的工作程序

根据《规划环境影响评价技术导则（试行）》（HJ/T 130—2003）的规定，我国规划环评的工作程序一般包括：①规划分析；②现状调查、分析与评价；③环境影响识别，确定环境目标/评价指标；④对规划方案进行环境影响预测、分析和评价；⑤提出环境影响减缓措施；⑥评价结论；⑦编制规划环境影响报告书、篇章或说明；⑧实施监测与跟踪评价。同时，还要求从现状调查与分析阶段即开始进行全过程的公众参与活动。其中，环境影响的预测、评估和减缓是战略环境评价的核心内容。预测的内容包括确定影响的范围、持续时间、可能性评估和预测影响是否显著。减缓包括试图抑制任何重要的消极影响，或者强化积极的影响，规划环评还必须考虑环境累积影响。影响预测和评估阶段将会识别出规划的重要的积极和消极影响。在此基础上，提出规划的环境影响减缓措施，目的就是使消极影响最小化、积极影响最大化。

5.1.1.3　战略环评的管理和监督

规划环评中环境监督或管理可以分为两类：一是规划环评单位内部的监督；二是对政府部门和公众对规划环评单位、规划编制单位、规划审批机关等的监督。规划环评的管理程序如图所示。

规划环评单位加强内部监督的手段有：①由经验丰富的专家担任项目负责人，便于开展工作；②成立项目工作组，选择熟悉规划环评各专项编写的技术人员参加项目组，并最好有一名担任机构重要领导职务，以便于协调工作；③注意资料收集的适用性和完整性，最好选择对规划区域熟悉的人员收集资料；④公众与咨询阶段，要选派善于沟通的专业人员科学设计公众参与方案；⑤对规划环评工作的进展情况要及时与有关部门沟通，以便于获得相关部门的支持。环评机构的内部管理的效果体现在环评技术文件的质量上。规划环评的外部监督主要是环保部门召集审查小组对规划环评文件进行审查，同时，还有公众参与的监督等。

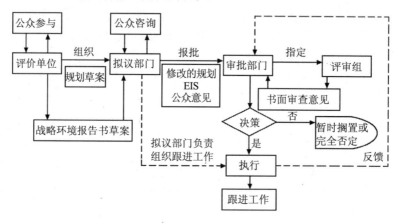

我国规划环评的管理程序

5.1.2 早期介入与战略环评的监督功能

早期介入是战略环评的重要特征，也是体现战略环评的作用及其监督功能的重要途径。早期介入能使环评与规划更好地融合，更好地实现影响规划等宏观决策的功能，如果介入时期太晚，则规划环评很难影响规划，从而失去了规划环评的效用。例如，《大连市城市总体规划（2000—2020年）》于2000年年初完成规划草案并获得省、市各级政府的原则通过，已于2004年获得国务院批准。随后，大连市政府相关部门编制出台了《大连市城市发展规划（2003—2020年）》，并于2004年9月28日大连市第十三届人大常委会审议通过，形成法律文件。然而，直到此时，才进行该发展规划的环评。清华大学井文涌教授认为，事隔近三年才对该发展规划进行环评，尽管在环评结论中在大连市的城市发展定位、发展规模、生产力布局、资源配置和基础设施等方面对大连市城市发展规划提出了调整建议、环境保护对策与措施。由于规划已成为法律文件的事实，如果不能对原大连市城市发展规划进行补充和修订，则规划环评就仅仅是学术研究而已。[2]该规划环评既非跟踪评价，又非同步评价，表明该规划环评介入时机太晚，对规划的决策影响甚微。而由中国环境科学研究院承担的"宁东能源化工基地规划纲要环境影响评价"中，虽然理论上做到了早期介入，即在规划草案形成过程中，已经着手进行了规划环评的试点工作，[3]但由于该规划草案形成以后，规划中的一些项目，如电厂、煤矿已处于投产运行阶段。项目的实施给规划环评带来一定的困难，规划环评并没有完全融入整个规划方案的形成过程，也没有体现出规划环评早期介入的原则。[4]

长江口综合整治开发规划环境影响评价案例则是体现了早期介入的原则和优势的成功例子。长江水利委员会在启动规划报告修订工作的同时，即委托同一系统的长江水资源保护科学研究院承担该规划的环境影响评价工作，实现了早期介入，以及规划单位和环评单位的良好沟通和互动。长江流域水资源保护局的专家袁弘任认为，环评机构在规划任务书和技术大纲编制阶段就参与了意见，在规划指导思想、编制原则中贯彻了环境保护和生态建设的要求，在规划目标中确定了相应的环境目标。在规划编制过程中，又及时介入总体方案、专业规划方案的综合比选论证，把环境条件作为方案比选的重要因素，筛选环境影响较少的方案作为推荐方案；放弃了存在重要环境制约因素的方案；优化调整了一般性环境制约因素的方案等。[5]在环评机构的早期介入下，规划方案能及时得到科学合理的调整和优化。实践证明，早期介入能够实现环评和规划的良性互动，更好地发挥规划环评的监督功能。

2 环境保护部环境影响评价司. 战略环境影响评价案例讲评（第二辑）[M]. 北京：中国环境科学出版社，2009：54.

3 早在 2003 年，宁夏回族自治区人民政府组织编制了《宁东能源化工基地总体规划与建设纲要》首稿，2005 年进行了修订。2006 年 2 月，宁夏回族自治区人民政府向国家环保总局申请该规划成为规划环评试点项目，2006 年 4 月，国家环保总局批复同意。

4 环境保护部环境影响评价司. 战略环境影响评价案例讲评（第二辑）[M]. 北京：中国环境科学出版社，2009：153.

5 环境保护部环境影响评价司. 战略环境影响评价案例讲评（第二辑）[M]. 北京：中国环境科学出版社，2009：211.

5.2 战略环境评价的审查与监督

5.2.1 规划环评审查小组的构成

《环境影响评价法》并没有明确审查小组的召集部门。《环境影响评价法》第 13 条第 1 款规定："设区的市级以上人民政府在审批专项规划草案，作出决策前，应当先由人民政府指定的环境保护行政主管部门或者其他部门召集有关部门代表和专家组成审查小组，对环境影响报告书进行审查。审查小组应当提出书面审查意见。"第 3 款规定："由省级以上人民政府有关部门负责审批的专项规划，其环境影响报告书的审查办法，由国务院环境保护行政主管部门会同国务院有关部门制定。"从该条规定可以看出，最初的规划环评审查小组的召集部门并不限于是环保主管部门，其他部门经过人民政府的指定也可以成为规划环评审查小组的召集单位。这个模糊规定不利于规划环评的审查，我国的部门较多，而且行政行为仍然带有很强的经济干预的惯性，规划、政策等一般由政府部门操作，使得规划环评的审查管理比较散乱。2005 年颁发的《国务院关于落实科学发展观　加强环境保护的决定》中将规划环评的审查权力交给环保部门，以监督规划环评的实施，并保障审查的公正性，提高环评机构的责任感。2009 年通过的《规划环境影响评价条例》第 17 条明确规定："设区的市级以上人民政府审批的专项规划，在审批前由其环境保护主管部门召集有关部门代表和专家组成审查小组，对环境影响报告书进行审查。审查小组应当提交书面审查意见。"从而，以行政法规的形式正式将规划环评的审查权力交由环保部门行使。

关于审查小组的构成，《环境影响评价法》第 13 条第 2 款规定："参加前款规定的审查小组的专家，应当从按照国务院环境保护行政主管部门的规定设立的专家库内的相关专业的专家名单中，以随机抽取的方式确定。"《规划环境影响评价条例》第 18 条规定："审查小组的专家应当从依法设立的专家库内相关专业的专家名单中随机抽取。但是，参与环境影响报告书编制的专家，不得作为该环境影响报告书审查小组的成员。审查小组中专家人数不得少于审查小组总人数的二分之一；少于二分之一的，审查小组的审查意见无效。"该条对于审查小组的成员和构成作出了详细的规定，这是基于早期的规划环评审查存在的问题，如政府部门的代表过多、专家人数过少而提出的。审查小组的成员应当客观、公正、独立地对环境影响报告书提出书面审查意见，规划审批机关、规划编制机关、审查小组的召集部门不得干预。由于规划环评是一种预测行为，具有很强的不确定性，审查小组成员有不同意见的，应当如实记录和反映，专家意见即使不予采纳，也要存档备查，有关单位、专家和公众可以申请查阅。[6]

5.2.2 审查小组的法律地位

《规划环境影响评价条例》第 19 条规定："审查小组的成员应当客观、公正、独立地对环境影响报告书提出书面审查意见，规划审批机关、规划编制机关、审查小组的召集部门不得干预。"然而，法律并没有明确设立一个稳定、长期的规划环评的审查机构，而是由环保部门临时召集有关部门代表和专家组成审查小组。[7]由于审查小组是临时组建的，又无明确的法律地位，有关部门代表、专家在审查过程中可能会受到所在部门利益的压力，其独立性和客观性不能得到保证。审查小组在完成规划环评的审查以后就解散了，最后的责任由谁承担都难以明确。在很多国家和地区，对战略环评报告书都有专门的审查机构。例如，美国的《清洁空气法》就赋予美国环保局独立审查政府和其他部门编制的环境影响报告书的职能。在我国香港地区，环境咨询委员会负责评审环境影响报告书。

---

6 施问超，卢铁农，钱晓荣. 试论规划环评的基本属性——学习《规划环境影响评价条例》的体会[J]. 污染防治技术，2010，23（1）：33-42.
7 环保部门仅仅是一个审查的牵头单位，负责召集和成立审查小组而已，并没有被法律明确授权成立一个常设的审查机构。

5.2.3 审查小组的审查和监督

无论是市级以上人民政府还是省级以上人民政府进行审批的专项规划，在专项规划环境影响报告书的审查环节，审查小组所进行的审查行为是一种行政监督。专家库是根据国务院环境保护主管部门的相关规定设立的，进入专家库的专家在入选时已成为默示的行政授权主体，被从专家库中随机抽取选中的进入审查小组中的专家进行的是一种授权的行政行为，而审查小组的部门代表主要包括环境保护部门、规划编制机关、规划实施机关以及涉及的其他有关部门，他们代表所属的行政部门对规划环评发表部门意见。因此，审查小组的审查行为仍然是监督体系中的行政监督。[8]尽管同样是行政监督，审查小组的审查是一种内部行政监督，这区别于建设项目环境影响评价的行政机关与行政相对人之间的外部行政监督。

国际上关于战略环评的审查一般是成立一个战略环境评价小组，并提出一个战略环境评价监控系统，针对需要预测的内容来监测战略行为的实际影响，识别和处理主要的问题，同时为未来的战略行为收集环境/可持续的本底信息，确保所提议的减缓措施的执行。[9]

根据《规划环境影响评价条例》第 19 条第 2 款、第 3 款的规定，规划环评审查小组的审查意见应包括以下内容："（一）基础资料、数据的真实性；（二）评价方法的适当性；（三）环境影响分析、预测和评估的可靠性；（四）预防或者减轻不良环境影响的对策和措施的合理性和有效性；（五）公众意见采纳与不采纳情况及其理由的说明的合理性；（六）环境影响评价结论的科学性。审查意见应当经审查小组四分之三以上成员签字同意。审查小组成员有不同意见的，应当如实记录和反映。"规划环评审查小组经过审查，对规划环评的审查结论有三种：一是通过审查。符合上述规定的审查意见内容的，即可以通过审查。二是进行修改并重新审查。《规划环境影响评价条例》第 20 条规定："有下列情形之一的，审查小组应当提出对环境影响报告书进行修改并重

8　唐瑭. 我国环境影响的法律监督研究[D]. 昆明：昆明理工大学，2007.

9　[英] Riki Therivel. 战略环境评价实践[M]. 鞠美庭，等译. 北京：化学工业出版社，2005：107.

新审查的意见：（一）基础资料、数据失实的；（二）评价方法选择不当的；（三）对不良环境影响的分析、预测和评估不准确、不深入，需要进一步论证的；（四）预防或者减轻不良环境影响的对策和措施存在严重缺陷的；（五）环境影响评价结论不明确、不合理或者错误的；（六）未附具对公众意见采纳与不采纳情况及其理由的说明，或者不采纳公众意见的理由明显不合理的；（七）内容存在其他重大缺陷或者遗漏的。"三是审查不予通过。《规划环境影响评价条例》第 21 条规定："有下列情形之一的，审查小组应当提出不予通过环境影响报告书的意见：（一）依据现有知识水平和技术条件，对规划实施可能产生的不良环境影响的程度或者范围不能作出科学判断的；（二）规划实施可能造成重大不良环境影响，并且无法提出切实可行的预防或者减轻对策和措施的。"这些规定都是《规划环境影响评价条例》吸收了原国家环保总局颁发的《专项规划环境影响报告书审查办法》（国家环境保护总局令第 18 号）的一些规定，对审查行为进行了进一步的细化。

　　审查小组审查意见的法律效力如何？如何行使审查权？《环境影响评价法》第 14 条规定："设区的市级以上人民政府或者省级以上人民政府有关部门在审批专项规划草案时，应当将环境影响报告书结论以及审查意见作为决策的重要依据。在审批中未采纳环境影响报告书结论以及审查意见的，应当作出说明，并存档备查。"可见，环评报告书和审查意见仅仅是规划决策时的重要依据，是否采纳审查意见，由规划审批机关自行决定；未采纳的，应当说明，并存档备查。这些规定使规划环评审查意见的法律效力等同于建设项目和专项规划的公众参与意见的法律效力，并没有强制性。《规划环境影响评价条例》第 16 条对审查的法律效力作了一定的修改："规划编制机关在报送审批专项规划草案时，应当将环境影响报告书一并附送规划审批机关审查；未附送环境影响报告书的，规划审批机关应当要求其补充；未补充的，规划审批机关不予审批"。该修改从文本上理解反而比《环境影响评价法》第 33 条的规定还要倒退，甚至取消了审查意见一起附送规划审批机关的法定要求。

　　尽管我国规划环评的审查在发展中给予了制度上的完善，将审查权完全授予环保部门行使。但是，与建设项目环评的审批权不同，审查权仅有建议的权力。而且，规划环评及其审查在我国开展的时间较短，许多审查意见流于形式。环保部门的审查监督权仍然有限，《规划环境影响评价条例》在专项规划的审查环节规定了环保部门召集审查小组的权力，但在针对综合规划和专项规划的指导性规划环评文件的审查程序中，没有规定环保部门召集审查小组的权力，不利于环保部门参与对综合规划和指导性规划环境影响的监督。孙佑海教授认为，应取消指导性规划和专项规划的分类，取消规划环评中公众参与和专家审查的限制，除需要保密的情形外，都应当包括公众参与和专家审查程序。[10]徐曼等总结了规划环评各主体之间的博弈关系，认为规划编制机关、环境主管部门、环评咨询机构和公众之间的博弈关系比较复杂。规划编制机关和环保机关之间的博弈属于对称博弈，二者均为国家行政管理机关，拥有各自的职能。在规划环评中，规划编制机关一般更注重经济发展，而环保机关则更注重环境的保护，即"坐什么位置说什么话"。但是，由于两者同属于上一级政府（如省、市政府）的领导，政府领导阶层会更加注重经济的发展，这和规划编制机关的诉求相对一致。故环保机关会迫于上一级政府的压力，在博弈中让步。[11]

例如，《大连市城市发展规划（2003—2020 年）》环境影响评价的专家审查意见中，先对该规划环评进行了一番肯定性的评论以后，第 3 条意见为："针对《大连市城市发展规划（2003—2020 年）》确定的发展目标、发展规模和产业布局所面临的资源、环境压力，建议根据专家所提出的具体意见，就大连市环境目标值、空间规划布局、产业结构、生态环境补偿、污染物总量控制对策等方面进一步补充完善《报告书》。并形成简要报告，提交市政府及有关部门，作为城市发展有关决策的依据"。[12]如前所述，该发展规划已经是一个法律文件，审查意见中要求将规划环评的结论和建议提交给市政府

---

10 孙佑海. 超越环境"风暴"——中国环境资源保护立法研究[M]. 北京：中国法制出版社，2008：152.
11 徐曼，包存宽. 基于利益相关者分析的规划环评值取向研究[A]//第三届中国战略环境评价学术论坛论文集. 2013：67-73.
12 环境保护部环境影响评价司. 战略环境影响评价案例讲评（第二辑）[M]. 北京：中国环境科学出版社，2009：55.

及有关部门供决策时参考的说法，如何影响决策？市政府及有关部门在何时何种决策时才会参考规划环评的建议呢？由于介入时机太晚，规划环评及审查意见基本形同虚设。

平顶山化工城总体规划环境影响评价案例的审查意见中，提出该化工城的规划选址位于叶县县城主导风的上风向，环境问题较为敏感。根据报告书论证意见及评审小组的审查意见，该选址与叶县城区边界可保持6 km的距离……但审查意见又原则同意报告书提出的将沙河东南选址作为化工城总体规划的推荐选址。另外，审查意见还提出，在规划实施过程中，每隔五年左右进行一次环境影响跟踪评价。[13]由于资料信息的缺乏，不知道该选址是否会对叶县县城的环境产生影响，以及跟踪评价的建议是否得到了实施。总体而言，审查意见的结论偏于软弱。

宁东能源化工基地规划纲要环境影响评价案例中，审查小组也提出了如下比较严格的规划调整意见："进一步优化电厂布局。宁东基地一期规划区内建设 7 个电厂，对区域生态环境造成很大压力。应对电厂总体布局进行优化，建议暂缓建设方家庄电厂和水洞沟电厂，枣泉电厂在充分论证其选址的环境可行性后再作决定。并提出要每隔五年左右进行一次环境影响跟踪评价。"[14]广州城市高压电网规划环境影响评价案例中，审查小组也提出了"优化变电站站址和架空输电线路路径的选择，采取重新选址、线路路径优化或绕行等措施，尽量避开凤凰山森林公园、王子山森林公园、丫髻岭森林公园、广州市鳄鱼公园、洛浦公园等环境保护目标。并要求每隔五年左右进行一次环境影响跟踪评价"等比较强硬的审查意见。[15]可见，真正涉及环境敏感问题时，审查小组的态度还是坚决的。但在和规划部门尤其是强势部门和企业的博弈过程中，这些审查意见能否得

---

13 环境保护部环境影响评价司. 战略环境影响评价案例讲评（第二辑）[M]. 北京：中国环境科学出版社，2009：106.

14 环境保护部环境影响评价司. 战略环境影响评价案例讲评（第二辑）[M]. 北京：中国环境科学出版社，2009：153-154.

15 环境保护部环境影响评价司. 战略环境影响评价案例讲评（第二辑）[M]. 北京：中国环境科学出版社，2009：199.

到采纳和实施，有待进一步观察。

5.3 战略环境评价的跟踪评价制度

5.3.1 *概述*

《环境影响评价法》第 15 条规定："对环境有重大影响的规划实施后，编制机关应当及时组织环境影响的跟踪评价，并将评价结果报告审批机关；发现有明显不良环境影响的，应当及时提出改进措施。"《规划环境影响评价条例》第 24 条规定："对环境有重大影响的规划实施后，规划编制机关应当及时组织规划环境影响的跟踪评价，将评价结果报告规划审批机关，并通报环境保护等有关部门。"2003 年实施的《规划环境影响评价技术导则（试行）》中规定了规划环评报告书中必须有跟踪评价计划和监测计划。此后的规划环评技术文件基本上包含了跟踪评价和监测计划。但由于规定比较模糊，以致一些规划环境影响报告书中将跟踪评价计划和监测计划混同在一起。为此，《规划环境影响评价条例》第 25 条至第 27 条对规划环评跟踪评价制度进行了进一步的深化和细化。《规划环境影响评价条例》第 25 条规定了跟踪评价应包括的内容："（一）规划实施后实际产生的环境影响与环境影响评价文件预测可能产生的环境影响之间的比较分析和评估；（二）规划实施中所采取的预防或者减轻不良环境影响的对策和措施有效性的分析和评估；（三）公众对规划实施所产生的环境影响的意见；（四）跟踪评价的结论。"第 26 条规定了跟踪评价应进行公众参与："规划编制机关对规划环境影响进行跟踪评价，应当采取调查问卷、现场走访、座谈会等形式征求有关单位、专家和公众的意见。"第 27 条规定了跟踪评价的改进措施："规划实施过程中产生重大不良环境影响的，规划编制机关应当及时提出改进措施，向规划审批机关报告，并通报环境保护等有关部门。"跟踪评价的目的是使规划实施过程中的环境监管和环境责任更加明确，也是战略环评监督机制的重要组成部分。

5.3.2 跟踪评价制度的实施

2005 年进行的江苏省高速公路网规划环境影响评价案例中，提出了跟踪评价的要求。[16]在规划的不同阶段即规划近期、规划中期和规划远期要对规划的实施情况进行检验，分析实际受到干扰的自然保护区、森林公园、风景名胜区、地质遗迹、文物古迹数量，跨越和伴行的水体的数量，分析公路网的污染物排放量，受影响的人群等。在不同阶段要对规划环评报告中提出的措施进行检验，检验这些措施是否落实，落实的效果和未落实的原因，提出改进意见。这些跟踪评价的建议符合《环境影响评价法》的要求。

2004—2005 年进行的营口港总体规划（2003—2020 年）环境影响评价案例中，由于规划的调整、现有资料的可信度、预测模型的误差等原因会使规划环评具有不确定性，所以需要通过跟踪评价来完善规划环评的结论和对策，不确定性越高的规划，跟踪评价的必要性就越大。该规划环评还制订了跟踪评价计划，见下表。

营口港总体规划环评跟踪评价计划[17]

评价内容	评价指标	时段	执行方式
港口污染物排放总量是否超过规划预期	SO_2、烟尘、粉尘、COD、石油类	2010 年、2020 年	技术人员统计监测数据
港区环境功能区环境质量是否超过规划控制标准	环境质量常规监测指标	每年	技术人员统计监测数据
周边环境功能区是否超标	环境质量常规监测指标	每年	专业人员专题评估
环境包含目标概况	根据不同保护目标分别制定评价指标	2010 年、2020 年	专业人员专题报告与公众参与相结合
老港区环境管理与环境保护设施建设	是否取消煤炭、矿石等污染较重的货种，对粮食和农产品作业区是否实施了相关防尘设施，是否同步提升污水收集处理水平，纳入市政污水处理系统	2010 年	专业人员专题报告

---

16 国家环境保护总局环境影响评价司. 战略环境影响评价案例讲评（第一辑）[M]. 北京：中国环境科学出版社，2006：244.

17 国家环境保护总局环境影响评价司. 战略环境影响评价案例讲评（第一辑）[M]. 北京：中国环境科学出版社，2006：332-333.

从上表可以看出，该内容主要是跟踪监测计划，而非真正意义上的跟踪评价。由于技术和方法的不熟悉，有很重的建设项目环评监测计划的痕迹。上海市环境科学研究院的专家江家骅认为：跟踪评价是规划环评的重点之一。其目的除了用于验证规划环评的结论以外，更主要的是为了制订动态跟踪规划实施过程的计划，把跟踪评价的内容仅表述为对环境质量的考察是狭窄的，应把规划实施的资源利用效率、生态环境、社会经济影响均列为跟踪监测的内容。同时，规划目标和实施过程一般都是分近期、中期和远期，因此，阶段性是跟踪评价的另一个特点，在各阶段跟踪评价的侧重点也应存在差异。

平顶山化工城总体规划环境影响评价案例中，与其说是跟踪评价，不如说是一个监测计划，并没有体现跟踪评价的价值和意义。跟踪评价一是要继续深入了解环境和生态的特点，以使经济社会活动更符合环境和资源的禀赋；二是了解累积影响的过程、特点、后果，以便采取相应的补救性措施；三是针对突发性事件进行监测与评价，以解决一些特殊性问题；四是跟踪评价以把握环境动态，了解环保措施的实施情况与效果，以作出更为科学的规划决策。跟踪评价体现了环境影响评价"是一个不断评价不断决策的过程"[18]。《规划环境影响评价技术导则（试行）》中关于监测与跟踪评价的规定要求环评文件应拟定环境监测及跟踪评价计划和实施方案，要求跟踪评价必须完成以下四个方面的工作：评价规划实施后的实际环境影响；规划环境影响评价及其建议的减缓措施是否得到了有效的贯彻实施；确定进一步提高规划的环境效益所需的改进措施；该规划环境影响评价的经验教训。[19]

山西晋东大型煤矿基地阳泉矿区总体规划环境影响评价案例中，由于该规划涉及大量建设项目，因此，在规划环评中，以规划

---

18 引自毛文永专家在平顶山化工城总体规划环境影响评价的点评意见，参见：环境保护部环境影响评价司. 战略环境影响评价案例讲评（第二辑）[M]. 北京：中国环境科学出版社，2009：102.

19 环境保护部环境影响评价司. 战略环境影响评价案例讲评（第二辑）[M]. 北京：中国环境科学出版社，2009：102-103.

包含的建设项目为评价对象，分阶段、分类别制订跟踪评价计划。[20]
一定程度上实现了规划环评的监督功能，有利于后续规划项目的实施和环保的完善。

　　2006 年 2 月，中国环境科学研究院接受委托，对大榭岛开发区总体规划进行环境影响跟踪评价，这是我国《环境影响评价法》实施近三年的时间后，首次进行的环境影响跟踪评价，也是一项研究性、探索性的评价工作，对规划的跟踪评价制度的实施具有重要的示范意义。[21]清华大学井文涌教授认为，该规划跟踪评价突出了规划环评的重点，评价单位根据规划不确定性和长期性特点，对原规划执行情况和开发区环境质量的变化进行了回顾性分析评价，抓住了"原规划与环境影响""执行规划与实际环境影响"的两个重要环节；针对规划的调整和规划实施后环境状况的变化，开展了后续开发规划的环境影响评价，抓住了"后续规划与可能环境影响"的重要环节。2007 年 6 月 17日，国家环保总局环境影响评价司在宁波大榭开发区主持召开了《大榭开发区总体规划环境影响跟踪评价报告书》的论证会，形成了论证意见，对该跟踪评价的项目给予了高度评价。正如环评单位所言："规划环境影响跟踪评价不是单纯的'后评估'，也不是'新的规划环评'，它的作用是承上启下，是对规划实施一段时期后的总结，是对规划中存在问题的解决，是对规划进一步修订和环境影响的预测。"

　　虽然在《规划环境影响评价技术导则（试行）》中明确规定了规划环评中应包括跟踪评价和监测的内容，但综观环保部环境影响评价司编的《战略环境影响评价案例讲评》（1～4 辑）中所选的规划环评案例，2008 年前的规划环评大多按照导则的要求，含有跟踪评价计划和监测计划的内容；2008 年之后的规划环评案例则反而少见跟踪评价的内容。这表明我们对于跟踪评价的重要性认识不足，需要进一步研究和探索。

---

20 环境保护部环境影响评价司. 战略环境影响评价案例讲评（第二辑）[M]. 北京：中国环境科学出版社，2009：371-372.

21 环境保护部环境影响评价司. 战略环境影响评价案例讲评（第二辑）[M]. 北京：中国环境科学出版社，2009：424-460.

总体而言，规划环评的跟踪评价制度的实施效果并不理想，这与我国的环境影响评价法律法规对于跟踪评价的法律定位有关。跟踪评价的实施主体是规划编制单位，然而，我国的规划编制机关并非一定就是规划的实施机关，另外，跟踪评价的复杂性和现实性比规划环评有过之而无不及。规划编制机关能否有能力和实力编制跟踪评价报告令人质疑。例如，在几年前流行的工业园区，认为工业园区可以使工业得到集约式发展，可以建立所谓的循环经济型的工业园区，使环境污染得以集中治理，由园区统一建设污染治理设施，节约由各个建设单位单独建设污染治理设施的成本。然而，许多工业园区是出于当地政府招商引资和 GDP 的冲动而在行政主导下建立起来的，甚至一些所谓的工业园区仅仅是圈地的借口。大量的工业园区，尤其县级以下的工业园区的空巢化现象十分严重，招商引资的压力非常大，尤其是西部省份的工业园区，虽然在规划环评中都会提到不能引入污染严重的项目，但是，这并不能阻挡中国正处于污染从东部发达地区向西部不发达地区转移的趋势。尽管工业园区规划环评都会提及由园区统一建设污染治理设施的要求，但是，园区本身并不会产生效益，其建设环保设施的费用从何筹集？由谁投资？由谁运营？如果由政府派出的园区管理委员会承担，但管委会的资金来源仍然有许多压力，仅靠政府财政不能支撑环保设施的建设和运营，因此，许多工业园区尽管有了项目入驻，却一直没有建设环境污染集中治理设施。而项目环评又根据《环境影响评价法》第 18 条规定："建设项目的环境影响评价，应当避免与规划的环境影响评价相重复；已经进行了环境影响评价的规划所包含的具体建设项目，其环境影响评价内容建设单位可以简化。"许多工业园区的建设项目凭借这一条，在建设项目环评中简化许多程序，并以环保治理措施依托工业园区统一治理设施为由而省略，加上现阶段工业园区的规划环评几乎不存在跟踪评价，这就导致许多工业园区成了污染源无集中处理却集中排放的"藏污纳垢"之地。[22]

---

22 引自中华环保联合会秘书长吕克勤先生 2013 年 6 月 6 日在乌鲁木齐召开的全国环境资源法学会年会上的发言。

5.4 战略环境评价的法律责任

5.4.1 规划环评文件编制机构的法律责任

根据我国《环境影响评价法》第29条的规定："规划编制机关违反本法规定，组织环境影响评价时弄虚作假或者有失职行为，造成环境影响评价严重失实的，对直接负责的主管人员和其他直接责任人员，由上级机关或者监察机关依法给予行政处分。"《规划环境影响评价条例》第31条仅对此进行了简单的重复，并无补充和修改，但在第34条却规定了评价机构的法律责任，即"规划环境影响评价技术机构弄虚作假或者有失职行为，造成环境影响评价文件严重失实的，由国务院环境保护主管部门予以通报，处所收费用1倍以上3倍以下的罚款；构成犯罪的，依法追究刑事责任"。由于《环境影响评价法》规定规划环评可以由规划编制机关自行编制或委托评价机构编制环评文件，因此，没有规定规划编制机构在编写环评文件中的法律责任，《规划环境影响评价条例》对此进行了补充。然而，这些规定对于评价机构而言，法律责任畸轻，并不能约束他们的行为。

5.4.2 规划环评审查机构的法律责任

《规划环境影响评价条例》第33条规定："审查小组的召集部门在组织环境影响报告书审查时弄虚作假或者滥用职权，造成环境影响评价严重失实的，对直接负责的主管人员和其他直接责任人员，依法给予处分。审查小组的专家在环境影响报告书审查中，弄虚作假或者有失职行为，造成环境影响评价严重失实的，由设立专家库的环境保护主管部门取消其入选专家库的资格并予以公告，审查小组的部门代表有上述行为的，依法给予处分。"

5.4.3 规划审批机关的法律责任

《环境影响评价法》第30条规定："规划审批机关对依法应当编

写有关环境影响的篇章或者说明而未编写的规划草案，依法应当附送环境影响报告书而未附送的专项规划草案，违法予以批准的，对直接负责的主管人员和其他直接责任人员，由上级机关或者监察机关依法给予行政处分。"《规划环境影响评价条例》第 32 条进行了照搬。

从上述的法律法规的条文可以看出，我国关于规划环评各主体的法律责任非常轻，基本只需承担行政责任，而且如何承担也非常模糊，这也一定程度上反映了我国规划环评法律效力的不足。

5.5　战略环境评价的有效性与监督

5.5.1　战略环境评价的目标和原则

战略环境评价是一个改进战略行为的工具，而不是一个回顾性的程序。战略行为可能会因战略环境评价而发生改变，因此，会有不同的目标以及实现这些目标的不同方法和方式。这表明战略环境评价应该尽早介入战略决策的制定过程中，结合决策制定其技术路线，并重点识别替代方案和战略行为修改方案，识别战略环境评价信息与决策过程的有效结合点，即"决策窗口"。[23]决策者也应该积极参与到战略环境评价过程中，以确保决策制定过程中充分考虑战略环境评价的结论。战略环境评价是一个决策辅助工具，而不是一个决策过程，它需要被灵活地运用于政策和规划中。同时，战略环境评价应该鼓励其他利益相关者参与到决策制定过程中。为了适应决策制定过程的时间安排和资源条件，战略环境评价应该关注适当规划制定水平上的关键环境/可持续发展约束条件、阈值和限制。战略环境评价应该在识别和评价不同规划方案的基础上，帮助确定战略行为的最佳方案，将消极影响最小化、积极影响最大化，并且弥补利益的损失。战略环境评价应积极运用预防原则，如果发展的价

---

23 [英] Riki Therivel. 战略环境评价实践[M]. 鞠美庭，等译. 北京：化学工业出版社，2005：35.

值及其影响是不确定的，就应该优先考虑对现有资源的保护，采取减缓影响的措施而不是末端治理技术。

5.5.2　战略环境评价应该关注环境还是可持续性

战略环境评价是应该只局限于环境问题还是应该扩展到所有的可持续性问题，这是建立评价目标和指标时的关键性问题，也是一个特别复杂的问题。关于环境保护和可持续发展的关系，一直存在较大的争议。环境保护和可持续发展都是政策目标，但并不相同。反对将可持续发展目标纳入战略环境评价评价体系的人认为，与决策中对社会因素和经济因素的考虑相比，环境因素并没有得到足够的重视，故才需要提出环境影响评价。如果再在战略环境评价中纳入社会因素和经济因素，就会弱化决策者对环境的关注，使得环境因素仍然没有得到足够的重视。支持者认为，环境保护应该是可持续发展的一个子集，不是与可持续发展相分离的政策性目标，可持续性目标往往超越环境目标、社会目标和经济目标的简单加和。如果将社会、经济和环境问题分离成不同的评价集合，就很难将环境问题纳入决策过程中。

总体而言，战略环境评价应确保战略制定过程考虑环境因素，同时也应综合考虑可持续发展，考虑经济和社会因素。[24]

5.5.3　战略环境评价的监督

战略环境评价的实施应该专业化，并且落实责任制，因此质量控制极为重要。[25]提高战略环境评价质量和效果可以从三个方面入手：

第一，加强作为质量"监管"的制度安排。应该有程序和指南来确保战略环境评价实施过程的协调性和一致性，尤其是范围界定、

---

24 Thomas B Fischer. 战略环境评价理论与实践——迈向系统化[M]. 徐鹤，李天威，译. 北京：科学出版社，2008：14-15.

25 [英] Barry Dalal-Clayton，Barry Sadler. 战略环境评价——国际实践与经验[M]. 鞠美庭，等译. 北京：化学工业出版社，2007：225-226.

报告质量的评审、公众评审以及监测和后续措施。战略环境评价过程的主要步骤和要素本身就提供了质量控制的有效方法。通过确定实施战略环境评价的基本标准和方法以及主要的活动及要素，来促进战略环境评价的良好实践。

第二，对战略环境评价的效力和绩效进行评估。利用系统的方法和标准来评估实践的经验教训，应该关注战略环境评价对决策的作用以及可能取得的成果，战略环境评价过程的成果决定了其效力如何以及是否达到了最基本的目的。这应该用于单项政策或规划提议的战略环境评价以及执行战略环境评价过程等方面。

第三，在任何计划中都存在不确定性和不可预测的风险，战略环境评价应识别并处理不确定性，随机跟踪是战略环境评价监督的重要内容。尽管接受不确定性很重要，但也需要更好地理解其因果关系，以达到最终降低不确定性的目标。[26]

26　Thomas B Fischer. 战略环境评价理论与实践——迈向系统化[M]. 徐鹤，李天威，译. 北京：科学出版社，2008：17-21.

6 环境影响评价的公众参与监督机制

6.1 环境影响评价公众参与机制的法理依据

6.1.1 参与民主和协商民主理论

民主是一个当代最热门的政治术语，近代以来，民主理论分化为两大基本的流派：一是共和主义取向如直接民主、参与民主理论，主张对公共事务由公民直接介入进行决策，这也是民主制的"原型"；二是自由主义取向或称代议制民主理论，倡导由经选举产生的"官员"在严格界定的地域内行使权力以"代表"公民的利益或主张并坚持"法治"。[1]然而，发展到今天，两种理论此消彼长，代议制民主理论已成为主流，其理论的代表人物约瑟夫·熊彼特在其《资本主义、社会主义与民主》一书中，将选举竞争列为代议制民主的标准和核心。[2]他的民主观点后来被概括为"精英民主理论"，实际上把民主的重心从公民（或人民）转向了政治家，从公民参与转向了选举政治。著名的民主理论家罗伯特·达尔将代议制民主制度概括为以下特征：①以宪法的形式确立了对民选官员制定政策的控制；②建立了在经常的、公正和自由的选举中选择并和平更迭被选举官员的机制；③在选举中，每个成年人都享有投票权（法律明文规定的严重精神病患者和罪犯除外）；④竞选公职的权利；⑤每个公民都拥有言论自由的充分权利，包括对政府行为以及其社会经济制度的批评；⑥可获得的信息资源不为政府或任何其他单位的实体和集团

---

1 胡伟. 民主理论的演变：从共和主义到自由主义//[美]卡罗尔·佩特曼. 参与和民主理论[M]. 陈尧，译. 推荐序言，3-5. 上海：上海世纪出版集团，2006.

2 [美]卡罗尔·佩特曼. 参与和民主理论[M]. 陈尧，译. 上海：上海世纪出版集团，2006.

所控制；⑦公民拥有建立和加入独立社团的权利，无论这些社团是政治性的、社会性的还是文化性的，都将通过合法的、和平的手段来构成公共生活。[3]尽管代议制民主理论也强调参与，但这只是为保障民主制度能够正常运行的最低限度的参与，公民唯一可以参与的方式就是投票选举领导者和进行讨论。然而，这种精英民主理论也并非完美，日益显现出其局限性和缺点：①当代精英主义民主对个人自由的压制。特别是日益庞大的官僚机构、政治活动的复杂性以及民主生活的控制，严重扼杀了公民个人的积极性和创造性。②社会政治生活中普遍存在不平等。包括资源占有的不平等，性别、种族、信息获得等方面的不平等。③对微观层次上民主的忽视。[4]

代议制民主理论集中关注国家层面上的民主建构，强调了民主的制度建设、社会条件等问题，但却忽略了公民个人的民主参与能力以及相应条件的培养。为此，参与民主理论应运而生。早期以卢梭为代表，其《社会契约论》中对政治体系本质的理解是参与民主理论的经典著作。卢梭认为，参与不仅仅是一套民主制度安排中的保护性附属物，它也对参与者产生一种心理效应；能够确保在政治制度运行和在这种制度下互动的个人的心理品质和态度之间具有持续的关联性；个人实际上的自由及其对自由的感受，通过决策过程中的参与而得到提高，因为赋予了他一定程度上对自己生活的方向和周围的环境结构进行控制的能力。[5]1960年，阿诺德·考夫曼首次提出了"参与民主"（participatory democracy）的概念，随即广泛应用于社会各个领域，尤其是基层民主领域，如社区管理、工作场所的民主和校园学生运动。1970年，卡罗尔·佩特曼的《参与和民主理论》标志着参与民主政治理论的正式出现。佩特曼认为，参与民主理论中参与的主要功能是教育功能，包括心理方面和民主技能、程

3 胡伟. 民主理论的演变：从共和主义到自由主义//[美]卡罗尔·佩特曼. 参与和民主理论[M]. 陈尧，译. 推荐序言，3-5. 上海：上海世纪出版集团，2006.

4 同上注.

5 [美]卡罗尔·佩特曼. 参与和民主理论[M]. 陈尧，译. 上海：上海世纪出版集团，2006：22-26.

序的获得，通过参与活动的教育功能，参与制度可以维持下去，个人参与越是深入，他们就越具有参与能力。参与还具有整合性功能，有助于人们接受集体决策，提升作为单个公民的"属于"他们自己的社会归属感。[6]参与式民主理论主张通过公民对公共事务的共同讨论、共同协商、共同行动解决共同体的公共问题。[7]参与式民主要求公民具有公共精神，关心公共事务、遵循公共理性。

参与民主理论在 20 世纪 80 年代发展成为"协商民主"（deliberative democracy）理论。1980 年，约瑟夫·毕塞特在《协商民主：共和政府的多数原则》中主张公民参与而反对精英主义的宪政解释，并首次使用了"协商民主"的术语。随后，1987 年，波纳德·曼宁在《政治理论》第 15 期发表了《论合法性与政治协商》；1989 年，乔舒亚·科恩发表了《协商与民主合法性》一文。到了 20 世纪 90 年代末期，协商民主得到了广泛关注。罗尔斯和哈贝马斯分别出版了论述协商民主的著作，在书中都将自己看成是协商民主论者。[8]协商民主最初是对美国宪法的制宪意图进行解读，认为立法机关同行政机关的分权制衡，也是实现协商民主的一种制度安排。后来协商民主发展成为一种决策和治理机制，即认为所有受到政策影响的公民或者他们的代表都应该能够参与集体决策；运用于政治生活领域，又被认为是一种政府民主治理模式。[9]乔舒亚·科恩在《协商民主的程序和实质》一文中认为，协商民主的概念是基于政治正当性（justification）理想而形成的。[10]根据这种理想，证明行使集体政治权力的正当性是为了平等公民之间自由、公开、理性地行使权力。民主不仅是一种政治形式，更是通过提供有利于参与、交往和表达的条件而促进平等公民自由讨论的一种社会和制度条件框架，以及通过建立确保政治权力以定期的竞争性选举、公开性和司法监督等

6 [美]卡罗尔·佩特曼. 参与和民主理论[M]. 陈尧，译. 上海：上海世纪出版集团，2006：39.
7 蔡定剑. 公众参与——风险社会的制度建设[M]. 北京：法律出版社，2009：2.
8 陈家刚. 协商民主：民主范式的复兴与超越（代序）//陈家刚. 协商民主[M]. 上海：上海三联书店，2004：2.
9 蔡定剑. 公众参与——风险社会的制度建设[M]. 北京：法律出版社，2009：2.
10 陈家刚. 协商民主[M]. 上海：上海三联书店，2004：172-173.

形式而形成的反馈和责任性框架。协商概念将公共理性（public reasoning）置于政治正当性的核心，强调公民在平等、理性的基础上通过对话达成共识，形成公共决策和进行治理。协商民主具有以下特征：①合法性。协商过程的政治合法性不仅仅出于多数的意愿，而且还基于集体的理性反思结果。这种反思是通过政治上的平等参与来实现的。政治上的平等包括能力平等和资源平等。能力平等是体现协商民主理论的根本特征，能力平等不仅强调积极公民权以及有效参与公共生活的意义，还承诺调解多样性和平等要求之间的潜在冲突。[11]然而，如果过分强调资源平等则会忽略人们之间将财富、资源和机会转变为其选择目标成就的能力差异。这种基本差异会导致一些公民的"政治贫困"，包括公民团体没有能力有效参与民主过程。这种贫困的结果会导致公开排斥和政治包容。[12]一方面，政治贫困团体无法避免公开排斥，他们不能成功地开展联合的公告协商活动；另一方面，他们也无法避免政治包容，因为他们无法促进协商，其沉默就被无视其存在的更强大的决策者视为同意。然而，在公共协商的情形中，即使能力和资源的适当结合也不能保证结果；它只能保证个人能参与协商而不被排斥。②公开性。公开性能够使公民仔细审视协商过程并对政策或决策的前提和含义提出疑问，有机会评论这种协商并指出可能的矛盾或事实的疏忽。公开性能够保证决策更多可能地建立在所有相关观点、利益和信息的基础之上，而且很少可能排斥合法利益、相关知识和不满。

如果公共决策实际上能够得到任何在公共利益方面持有合理观点的人的支持，那么，这种公共决策就是共同做出的。在某种意义上，每个人可能会将这种决策看成是自己的决策，每个人都会认为自己负责地发挥了对决策的影响，即使他并未实际参与决策过程。协商民主要求的公民参与必须基于其与行政官员和技术专家的平

---

11 詹姆斯·博曼. 协商民主与有效社会自由：能力、资源和机会//陈家刚. 协商民主[M]. 上海：上海三联书店，2004：145-147.

12 陈家刚. 协商民主[M]. 上海：上海三联书店，2004：153.

等，这意味着所有政策协商的参与者都有确定问题、争论证据和形成议程的同等机会。[13]即使公共协商无法总是产生出享有较高民主合法性的决策，但是，它也为行政人员的决策提供了更准确的信息基础。为复杂的决策过程增加协商成本是值得的，因为这样做将通过改善既有决策经受合法审查的可能性而提高决策效率。[14]

从参与式民主和协商民主理论基础上发展而来的公众参与的概念，在 20 世纪 90 年代开始传入中国。许多学者如俞可平教授、贾西津教授、王锡锌教授等对公民参与和公众参与的概念进行了界定，其中以蔡定剑教授的定义最为科学和准确。蔡定剑教授在研究和考察了欧洲的公众参与的理论和实践基础上认为：作为一种制度化的公众参与民主制度，应当是指公共权力在进行立法、制定公共决策、决定公共事务或进行公共治理时，由公共权力机构通过开放的途径从公众和利害相关的个人或组织获取信息，听取意见，并通过反馈互动对公共决策和治理行为产生影响的各种行为。[15]根据这个定义，公众参与可以分为三个层面：第一是立法层面的公众参与，如立法听证和利益集团参与立法；第二是公共决策层面，包括政府和公共机构在制定公共政策过程中的公共参与；第三是公共治理层面的公众参与，包括法律政策实施，如行政许可、行政裁决中的听证、基层公共事务中公民的直接决定管理等。[16]公众参与的最重要的特征是其互动性，核心环节是政府与公众的互动；公众参与决策和治理的过程，如果只有单方面的行动而没有互动过程的行为不能称为公众参与。因此，蔡定剑教授将选举和竞选、街头行动以及个人、组织的维权行动排除在公众参与的方法之外。[17]

对参与式民主的争论从来没有停止过。批评者认为，参与式民

---

13 [美]克里斯蒂安·享诺德. 社团主义、多元主义与民主：走向协商的官僚责任理论//陈家刚. 协商民主[M]. 上海：上海三联书店，2004：305.

14 [美]克里斯蒂安·享诺德. 社团主义、多元主义与民主：走向协商的官僚责任理论//陈家刚. 协商民主[M]. 上海：上海三联书店，2004：301.

15 蔡定剑. 公众参与——风险社会的制度建设[M]. 北京：法律出版社，2009：5.

16 蔡定剑. 公众参与——风险社会的制度建设[M]. 北京：法律出版社，2009：6.

17 蔡定剑. 公众参与——风险社会的制度建设[M]. 北京：法律出版社，2009：7.

主的效率低下、效力值得怀疑，以及对代议制民主的冲击等。而我国的一些学者则认为，参与式民主是在批判代议制民主的基础上发展起来的，是可以取代代议制民主的一种新的民主形式，并欲以我国早已实行的"政治协商"制度来证明我国民主的不落后，甚至走在世界的前列。[18]然而，参与式民主和协商民主理论并不是否定或替代以选举为核心的代议制民主，而是对代议制民主的补充和重要发展。公众参与的意见是否能对政府产生实质性影响，最终还是要通过代议制起作用。例如，在国外，听证制度能够有效，就是因为听证是以民选的代议制民主为基础。听证的过程和听证意见的处理都是公开的，虽然政府决策并不一定都要采纳公众的意见，但是一个民选的政府不太可能过多地背离民意去作出决策。否则，它将面临下次被民众抛弃的危险。我国的听证制度之所以形式化，存在一定程度的"做戏作假"的问题，就是因为缺少真正的民选政府作支撑，听证机关是否采纳民众的意见，还是领导说了算，而领导的决策好坏并不受民意的制约和承担责任。可见，参与式民主如果没有代议制民主作基础，就很可能流于形式。[19]

上述的公众参与民主主要集中于政治学和社会学领域，公众参与应用到环境法学等法学领域时，必须区分公众与公民的概念。公民是一个法学概念，指具有一国国籍，依据该国的宪法和法律享有权利、承担义务，并受该国法律约束和保护的自然人。公众并不一定是一国的公民，居住在一国的另一国公民也可能成为公众。公众可以是自然人，也可以是法人，但公民只能是自然人。在环境法律领域，越来越多地使用公众的概念而不是公民的概念，这已经突破了传统法学的思路，意味着打破了法学与政治学、社会学及公共管理学的界限。[20]1991 年，联合国《跨界背景下的环境影响评价公约》（Convention on Environmental Impact Assessment in A Transboundary Context，Espoo，1991）首次尝试对"公众"的概念进行界定："公

---

18 蔡定剑. 公众参与——风险社会的制度建设[M]. 北京：法律出版社，2009：12.
19 蔡定剑. 公众参与——风险社会的制度建设[M]. 北京：法律出版社，2009：9.
20 李艳芳. 公众参与环境影响评价制度研究[M]. 北京：中国人民大学出版社，2003：4.

众是指一个或一个以上的自然人或者法人"。《奥胡斯公约》第 2 条第 4 项规定："公众是指一个或一个以上的自然人或法人，根据各国立法和实践，还包括他们的协会、组织或者团体。"各国的环境立法中也广泛使用"公众"的概念。

6.1.2　外部性理论和公共信托理论

外部性理论最早由庇古（Pigu，1924）提出。外部不经济性（Negative Externalities）是指个人（包括自然人与法人）经济活动对他人造成的负面影响而又未将这些负面影响计入市场交易的成本与价格之中。从经济学的角度，常常将环境污染的原因归结于外部不经济性，污染者造成了环境污染，却未对此承担责任，导致其私人成本小于社会成本，污染者仅从自己的私人成本和私人收益出发，选择"最优"产量，具有过度生产的动机，可能会超过从整个社会角度出发考察确定的"社会最优产量"；但对于其他受影响的人而言，由于要承担污染者造成的不利影响，其私人成本就大于社会成本，基于同样的成本和收益分析，他们具有缩小生产规模或进行规避不利影响的动机。[21]这说明，外部效应的存在引起私人成本和社会成本的差异，某些私人的福利达到最大化并不能自动导致有效率的资源配置，无法使整个社会的福利达到最大，导致"市场失灵"（Market Failure）。环境具有公共物品的性质，而公共物品的使用中还会产生"搭便车"外部不经济的行为，即受环境污染影响的个人由于各种原因不愿意或无力采取行动保护自己。由于"外部性具有不可分割性"，因此，需要通过集体行动来消除环境污染的外部不经济性，常见的集体行动包括政府干预或管制，还可以从制度设计、人类行为等方面寻找更为广泛的集体行动策略。[22]公众参与被认为是较好地解决环境外部性问题的一项集体行动，环境保护的公众参与原则已成为环境法律和环境管理的一项重要原则。而"公共信托"理论则认为，水、空气、阳光等人类生活所必需的环境要素是人类的共有财产，

21 王蓉. 中国环境法律制度的经济学分析[M]. 北京：法律出版社，2003.
22 贾丽虹. 外部性理论研究[M]. 北京：人民出版社，2007.

非经全体共有人同意，不得擅自污染和损害；共有人将这种共有财产信托给国家保存和管理，并以信托的形式将本应由公众行使的环境资源管理权力转而由政府来行使，政府对公众负责，但受托人不得滥用其信托权。基于这种信托关系，公众具有参与和监督环境资源管理的权利。环境影响评价是由政府有关部门组织的对建设项目或规划可能造成的环境影响进行评价和许可的程序。作为公共产品的环境受到影响时，公众自然有权参与进来，享有实现环境民主、参与环境决策的各种权利，如环境权、环境知情权和环境参与权。[23]这些权利成为公众参与环境影响评价机制的前提和正当性基础。[24]公众在参与环境决策过程中，不仅维护环境知情权和参与权等程序性权利，更为重要的是还维护实体性的公众环境权益。[25]

6.1.3 环境影响评价公众参与机制的政策和法律渊源

国际上，1969 年美国在《国家环境政策法》中最早对公众参与环境影响评价进行了规定。《加拿大环境评价法》规定"加拿大政府将努力促进公众参与由加拿大政府或经加拿大政府批注或协助实施项目的环境影响评价，并提供环境评价所依据的基础材料。"世界银行早在 1981 年就将公众参与作为一项世界银行政策予以实施。世界银行明确要求：由其提供贷款或其他资助的项目，在环境影响评价时，应充分考虑受影响群体和相关组织的意见。《里约环境与发展宣言》提出："环境问题最好是在全体有关市民的参与下，在有关级别上加以处理。在国家一级，每一个人都应能适当地获得公共当局掌

---

23 关于环境权的界定，由于其作为一个抽象的上位概念，争议较大，学者们还未对环境权的内涵达成共识。如吕忠梅教授认为，公民环境权包括环境使用权、知情权、参与权和请求权；吴卫星博士则认为，环境知情权、参与权和请求权不属于环境的范畴，是法律为保障环境权的实现而设置的权利。（转引自：陈虹. 环境与发展综合决策法律实现机制研究[M]. 北京：法律出版社，2013：325-328.）

24 陈虹. 环境与发展综合决策法律实现机制研究[M]. 北京：法律出版社，2013：324-325.

25 《环境影响评价法》第 11 条首次出现了有关"公众环境权益"的说法，表明了环境权理论入法的重大进步。该条规定："专项规划的编制机关对可能造成不良环境影响并直接涉及公众环境权益的规划，应当在该规划草案报送审批前，举行论证会、听证会，或者采取其他形式，征求有关单位、专家和公众对环境影响报告书草案的意见。但是，国家规定需要保密的情形除外。"

握的相关环境资料，包括关于在其社区内的危险物质和活动的资料，并应有机会参与各项决策进程。各国应通过广泛提供资料来便利及鼓励公众的认识和参与，应让人人都能有效地使用司法和行政程序，包括补偿和补救程序。"《21 世纪议程》指出："实现可持续发展，基本的先决条件之一是公众的广泛参与决策。在环境和发展这个较为具体的领域，需要新的参与方式，包括个人、团体和组织需要参与环境影响评价程序以及了解和参与决策，特别是那些可能影响他们生活和工作的社团的决策。个人、团体和组织都应有机会获得国家当局掌握的有关环境和发展的信息，包括关于对环境有或可能有重大影响的产品和活动的信息和关于环境保护措施的信息。"

我国宪法规定了人民参与管理国家和社会事务的权利。中共十六大提出扩大公民的有序参与，"健全民主制度，丰富民主形式，扩大公民有序的政治参与。……各级决策机关都要完善重大决策的规则和程序，建立社情民意反映制度，建立和群众利益密切相关的重大事项社会公示制度和社会听证制度等"。[26]在中共十七大上又进一步提出"坚持国家一切权力属于人民，从各个层次、各个领域扩大公民有序参与政治，最广泛地动员和组织人民依法管理国家事务和社会事务、管理经济和文化事业"；"要健全民主制度，丰富民主形式，拓宽民主渠道，依法实行民主选举、民主决策、民主管理、民主监督，保障人民的知情权、参与权、表达权、监督权"；"推进决策科学化、民主化，完善决策信息支持和智力支持系统，增强决策透明度和公众参与度，制定与群众利益密切相关的法律法规和公共政策原则上要公开听取意见"。[27]《中华人民共和国环境保护法》第6 条规定："一切单位和个人都有保护环境的义务，并有权对污染和破坏环境的单位和个人进行检举和控告。"2005 年国务院《关于落实科学发展观　加强环境保护的决定》规定，实施环境信息公开，及时发布污染事故信息，为公众参与创造条件，并明确提出："发挥社会团体的作用，鼓励检举和揭发各种环境违法行为，推动环境公益

---

26 中国共产党第十六次全国代表大会政治报告。
27 中国共产党第十七次全国代表大会政治报告。

诉讼。企业要公开环境信息。对涉及公众环境权益的发展规划和建设项目，通过听证会、论证会或社会公示等形式，听取公众意见，强化社会监督。"

2002 年通过的《环境影响评价法》第 5 条规定，国家鼓励有关单位、专家和公众以适当的方式参与环境影响评价。第 11 条、第 21 条对公众参与环境影响评价做了更为明确的规定。2009 年 10 月实施的《规划环境影响评价条例》增加了举报制度和进一步论证制度，该条例第 6 条规定："任何单位和个人对违反本条例规定的行为或者对规划实施过程中产生的重大不良环境影响，有权向规划审批机关、规划编制机关或者环境保护主管部门举报。有关部门接到举报后，应当依法调查处理。"第 13 条第 2 款规定："有关单位、专家和公众的意见与环境影响评价结论有重大分歧的，规划编制机关应当采取论证会、听证会等形式进一步论证。"2004 年，国家环保总局根据《行政许可法》的精神，颁发了《环境保护行政许可听证暂行办法》，对涉及环境保护有关行政许可的听证事项、程序等做了较为详细的规定，是公众参与环境行政事务的一项制度性进步。2006 年，原国家环保总局发布了《环境影响评价公众参与暂行办法》，细化了建设项目环境影响评价中公众参与的有关规定，成为公众参与环境影响评价的重要指南。

6.2　环境影响评价公众参与机制的意义

6.2.1　提高环境影响评价决策的正当性和合法性

公众参与制度的发展，也是中国处于风险社会必要的制度建设需要。现代科技发展和全球化使得整个世界进入了一个"风险社会"。全球化也使过去一个地区或国家的风险迅速转移到全球。政府决策也充满风险。公众参与、决策的公开透明是化解这些风险的重要因素，而中国的社会转型又带来了更高一层的政治风险，政府不可能独自承担这样的风险。公众参与环境影响评价的本意并不是要对建设者、决策者施加某种不利影响，更不会妨碍他们对经济效益的追求，反而通过公众参与可以起到集思广益，避免决策失误，提高决策的科学性和民主性。公众参与可以直接起到预防因过度开发对环境资源的破坏，维护子孙后代环境利益的作用。因此，发展公众参与就是使政府的决策更具有合法性，政府和人民共同决策因而共同承担风险。[28]

决策的程序正当，也称为程序正义。程序的理论来源于英国的普通法，被表达为"自然正义"，即自己不能做自己案件的法官；任何人在受到不利处分之前有权为自己辩护。后来，自然正义被美国发展为"正当法律程序"。学术界关于程序正义有两种理论：一是以程序正义来保证实体正义的理论被称为"工具说"，最著名的例子莫过于分蛋糕的人取走最后一份蛋糕，则会保证分蛋糕的人尽力公平，从而保证每人得到平等的一份。"工具说"认为，正当程序的重点不在于程序本身，而是通过程序设计的正当性达到结果的正义。与"工具说"相对应的是"本体说"，即认为法律程序本身就是目的，"本体说"旨在赋予人们在与其有关的权益的事项上，有参与、被咨询和告知理由的权利，无论结果如何，有相关当事人参与程序的本身，就有其存在的价值。尽管"工具说"和"本体说"对于程序的认知有差异，但对于程序正义的本质的理解是高度一致的。[29]然而，一项决策即使是履行了如公众参与这样的基本程序，程序的正当性依然可以成为决策机构滥用权力的遮羞布，并不是一项在程序上完美无缺的行政决策过程就一定是一项值得信赖且必要的行政决策。[30]因此，行政决策的选择除了符合正当程序之外，还必须满足对相对人和公众权利的限制和侵害达到最小，[31]即比例原则中的最小侵害原则。

28 蔡定剑. 公众参与——风险社会的制度建设[M]. 北京：法律出版社，2009：2.

29 白贵秀. 环境行政许可制度研究[M]. 北京：知识产权出版社，2012：45-46.

30 Gug M Struve. The Less-Restrictive Alternative Principle and Economic Due Process，80 Harv. L. Rev. 1967：1463//蒋红珍. 论比例原则——政府规制工具选择的司法评价[M]. 北京：法律出版社，2010：88.

31 Chad Davidson. Government Must Demonstrate that There Is Not a Less Restrictive Alternative before a Content-Based Restriction of Protected Speech Can Survive Strict Scrutiny，70 Miss. L. J. 2000：463；Renee Grewe，Antitrust Law and the Less Restrictive Alternatives Doctrine，9 Sports Law. J. 2002：228-229.//蒋红珍. 论比例原则——政府规制工具选择的司法评价[M]. 北京：法律出版社，2010：88.

公众参与机制无论应用于建设项目环评还是规划和政策等战略环评领域中，都有助于提高决策的正当性：首先，让普通公众更深入了解决策及其过程，并且有助于加强公众同政府及其他管理者间的联系。其次，参与机制有利于问责制政府的建设。公众通过完善的参与机制，能使政府机构的责任不断得到强化，也能有效地制衡政府的权力，有效防止政策制定过程中单纯的精英控制。再次，公众通过参与政策和规划等战略的制定和实施，使它们和政策、规划的联系更加紧密，公众会对战略决策有一种认同感，不再认为他们的利益没有受到保护，并提高了公众的地位。最后，赋予作为弱势群体的普通公众说话的权利也有道德的要求。只有那些最容易受到影响的群体有发言权，社会才具有公正性。政治不能保证绝对公平，但至少要保证公正，决策尤其是战略决策应该独立于任何利益相关者的立场之外，合理地代表整个社会的利益。[32]公众参与有利于对政府部门的监督和制约，促进政府行政和公共政策质量的改进，提高政府决策的科学性和民主性，降低决策执行的成本和阻力。

6.2.2 维护环境影响评价决策的利益均衡

在现代社会，市场经济的发展进入了一个利益分化的进程之中，利益分化的速度日益加快。由于利益的分化，整个社会被分解为不同的利益集团和利益阶层，这些利益集团和利益阶层可以被看做是在某些共同利益的基础上结成的利益共同体。社会利益的分化、社会的分层化，以及区域性、局部性利益的出现，都需要进行利益的重新均衡。

在垄断集团与社会普通成员的利益冲突中，国家和政府倾向于维护垄断集团的利益。现代社会频繁出现的社会危机与突发事件、高度专业性与技术性的规制事项、社会对富有弹性与应变能力的风险法律与风险预防的需求，使制定和修改程序烦琐、政策形成功能

---

32 Kulsum Ahmed, Ernesto Sanchez-Triana. 政策战略环境评价——达至良好管治的工具[M]. 林健枝，徐鹤，等译. 北京：中国环境科学出版社，2009：116-119.

滞后且没有专家优势的代议制立法显得力所难及。[33]然而，赋予行政机关的立法裁量权，又是一把"双刃剑"：一方面，它有助于确立行政机关的快速反应机制，发挥专家治国的技术优势，尊重不同区域、不同部门之间的行政管理任务的差异。另一方面，行政权的合法性也因此受到质疑，"依法行政"原则已经很难恰当地描绘或解释现代管制国家中行政权行使的实况。[34]由于信息和技术资源或多或少地依赖于"受管制主体"的配合，因此，行政部门的管制措施选择往往会陷入"管制俘获"，不自觉地向有组织的利益团体倾斜，而忽略那些分散的、未经组织化的个体利益。为了使国家和政府成为属于整个社会的公共力量，不至于成为少数的垄断集团的利益代言人，就需要通过制度化的途径接纳社会成员的普遍参与。

环境正义作为一个新的正义概念，是随着环境问题的突出而被提出来的。美国环保局对环境正义作出了规定：环境正义是指在环境法律、法规、政策的制定、遵守和执行等方面，全体人民，不论其种族、民族、收入、原始国籍和教育程度，应得到公平对待并卓有成效地参与。公平对待是指无论何人均不得由于政策或经济困难等原因而被迫承受不合理的负担，包含工业、市政、商业等活动以及联邦、州、地方和部族的项目及政策的实施导致的人身健康损害、污染危害和其他环境后果。[35]环境正义所要解决的是一个社会公平问题。环境平等包括代际平等、代内平等。代际平等（Intergeneration Equity）原则，所指的是当代人与后代人在享用自然、开发利用自然的权利均等。代内平等（Intergeneration Equity）所强调的是当代人在利用自然资源和满足自身利益上的机会均等，在谋求生存与发展上的权利均等。公众参与环境影响评价制度的设计就是保证不同阶层不同人的利益需要在政府决策中得到反映，实现代内公平和代际

33 周汉华. 行政立法与当代行政法[J]. 法学研究，1997（3）：31-43.

34 蒋红珍. 论比例原则——政府规制工具选择的司法评价[M]. 北京：法律出版社，2010：4；章剑生. 现代行政法面临的挑战及其回应[J]. 法商研究，2006（6）.

35 Institute of Medicine：Toward Environmental Justice，Washingtong D C：National Academy Press，1999//李艳芳. 公众参与环境影响评价制度研究[M]. 北京：中国人民大学出版社，2003：73-74.

公平的理念。

6.3 环境影响评价的信息公开制度

6.3.1 环境信息公开制度概述

公众知情权的实现必须依赖于信息资料的公开。如果没有信息公开，公众的知情权成为无源之水，信息公开是环境影响评价中公众参与的基础，没有环境信息的公开，环境影响评价中公众参与就无从谈起。公开性是我国环境影响评价法规定的原则之一。《环境影响评价公众参与暂行办法》第 4 条也规定："国家鼓励公众参与环境影响评价活动。公众参与实行公开、平等、广泛和便利的原则。"同时特别指出："公众参与是解决中国环境问题的重要途径，而环境信息披露制度是公众参与环境事务的前提。"在美国《国家环境政策法》的早期实施过程中，就提出了环境影响评价公开的原则，通过著名的卡尔弗特悬崖核电站案，环境影响评价演变成正式的信息披露程序，美国的一位联邦地区法院法官于 1971 年说："《国家环境政策法》至少是一部环境全面披露的法律。"[36]欧盟的《环境信息自由途径指令》第 1 条规定，该指令的宗旨是保证公共部门持有的环境信息能自由获取和传播，并规定信息获取的基本形式和条件，公开是原则，保密是例外。在厦门 PX 事件中，前期最为令人质疑的也即信息的公开。由于一开始本地媒体对有关消息的封杀，前期的消息民众几乎是一无所知，直至政府主动公开披露有关信息，可以说公众为参与其中并采取一定的方式逐步地推动了信息的公开，也可以说整个事件中信息的披露是在公众的推动下进行的。

1998 年 6 月 25 日，联合国通过的《奥胡斯公约》中，对知情权、参与权和诉讼权作了一般性的原则规定，各国应采取必要的立法、规章以及适当的执行措施，建立和维持清楚的、有透明度的、统一

---

36 [美] 理查德·拉撒拉斯，奥利弗·哈克. 环境法故事[M]. 曹明德，等译. 北京：中国人民大学出版社，2013：78-79.

的制度框架，来执行公约规定和保证公约所规定的公众知情、参与和获得救济的权利的实施；各国应保证有关官员和政府当局向公众提供为获得信息、参与和获得救济权利的指南。[37]我国由于在环境影响评价过程中对公众的知情权的缺失，出现了公众参与环节信息披露制度的盲点，造成公众对参与事件的无知或少知。不仅给公众参与带来不便，甚至在一些对环境有重大影响的事件中造成了政府与民众之间不必要的误解，不但破坏了稳定和谐，也不利于环境影响评价工作的效率。[38]

6.3.2　环境信息公开是公众参与和舆论监督的基础和前提

　　环境信息公开是公众参与的前提。为此，《环境影响评价公众参与暂行办法》第 8 条规定："在《建设项目环境分类管理名录》规定的环境敏感区建设的需要编制环境影响报告书的项目，建设单位应当在确定了承担环境影响评价工作的环境影响评价机构后 7 日内，向公众公告下列信息：（一）建设项目的名称及概要；（二）建设项目的建设单位的名称和联系方式；（三）承担评价工作的环境影响评价机构的名称和联系方式；（四）环境影响评价的工作程序和主要工作内容；（五）征求公众意见的主要事项；（六）公众提出意见的主要方式。"第 9 条规定："建设单位或者其委托的环境影响评价机构在编制环境影响报告书的过程中，应当在报送环境保护行政主管部门审批或者重新审核前，向公众公告如下内容：（一）建设项目情况简述；（二）建设项目对环境可能造成影响的概述；（三）预防或者减轻不良环境影响的对策和措施的要点；（四）环境影响报告书提出的环境影响评价结论的要点；（五）公众查阅环境影响报告书简本的方式和期限，以及公众认为必要时向建设单位或者其委托的环境影响评价机构索取补充信息的方式和期限；（六）征求公众意见的范围和主要事项；（七）征求公众意见的具体形式；（八）公众提出意见

---

37 李艳芳. 公众参与环境影响评价制度研究[M]. 北京：中国人民大学出版社，2003：122.
38 郭志锋. 我国环境影响评价中公众参与制度完善研究[D]. 昆明：昆明理工大学，2009.

的起止时间。"第 10 条规定了环境影响评价信息的发布方式。[39]第 11 条专门规定了建设单位或评价机构需要公开其简本。[40]信息的传播具有双向性,公众不能通过正常的途径获得相关信息,又如何能进一步参与其中。而且公众自然会通过各种渠道获得自己想要的信息,其真实性很难保证,信息不准确引起一些不必要的误导在一定程度上似乎也是不可避免的。例如,在 2007 年厦门 PX 事件中,原本是普通公众应当享有的知情权,在全国各大媒体竞相报道与 PX 事件相关的新闻时,当地媒体却封杀了有关消息,反映出在我国公众参与的知情权在当时并不能得到有效的保障。[41]当政府感受到信息不及时公开所带来的不利影响之后,主动召开新闻发布会,通过媒体和宣传册披露有关信息,积极采取措施补救的做法。这些措施在一定程度上缓解了公众的抵触情绪,也使环境影响评价走上了正常的轨道,为下一环节的公众参与奠定了基础。

6.3.3 环境信息公开制度的改进

在环境信息公开制度的应用中,信息的数量、质量和传递方式都会影响公众参与的效率。公开的信息过少无法满足公众及其他利益相关者的需求;公开的信息过多则会增加处理信息的成本,使其难以选择有效信息。信息质量的高低和传递方式则影响信息的可信性和传递效率。信息公开的制度目标不在于仅仅公开信息,而要通过公开信息激励利益相关者采取行动。[42]当然,获取环境信息需要成

---

39 《环境影响评价公众参与暂行办法》第 10 条规定:"建设单位或者其委托的环境影响评价机构,可以采取以下一种或者多种方式发布信息公告:(一)在建设项目所在地的公共媒体上发布公告;(二)公开免费发放包含有关公告信息的印刷品;(三)其他便利公众知情的信息公告方式。"

40 《环境影响评价公众参与暂行办法》第 11 条规定:"建设单位或其委托的环境影响评价机构,可以采取以下一种或者多种方式,公开便于公众理解的环境影响评价报告书的简本:(一)在特定场所提供环境影响报告书的简本;(二)制作包含环境影响报告书的简本的专题网页;(三)在公共网站或者专题网站上设置环境影响报告书的简本的链接;(四)其他便于公众获取环境影响报告书的简本的方式。"

41 郭志锋. 我国环境影响评价中公众参与制度完善研究[D]. 昆明:昆明理工大学,2009.

42 张红凤,张细松,等. 环境规制理论研究[M]. 北京:北京大学出版社,2012;127.

本，包括信息收集及传递成本、时空信息成本和科学成本。[43]例如，2009 年 6 月 3 日，公众环境研究中心（IPE）和美国自然资源保护委员会（NRDC）在《环境信息公开办法（试行）》实施一周年之际，联合发布了中国城市污染源监管信息公开指数（Pollution Information Transparency Index，PITI），对国内 113 个城市 2008 年度污染源监管信息公开状况进行了初步评价。PITI 的评价体系设定了 8 个评估项目，都是针对政府部门发布的环境监管的信息进行分类整理和评价，总分 100 分。[44]经过绩效评价，揭示了环境信息公开的一些深层次问题。其中，环境信息公开的完整性成为最薄弱的环节。公众环境研究中心的马军认为，环境信息公开是公众参与环境保护的必要前提和基础，但只有公众积极使用已经公开的环境信息，参与到环境决策和环境管理中，环境信息公开才能转化为推动环境保护的真实动力。[45]美国自然资源保护委员会（NRDC）的中国环境项目官员王立德则认为，根据环境信息公开的国际经验，大部分人了解环境信息并不是直接使用政府数据，而是由 NGO 把政府公开的信息进行整合与加工，形成新的信息模块，方便公众使用。公众要通过环保知识的必要培训，才具备相关的权利敏感性和能力，来辨别已公布的环境信息的作用，并利用它们发现相关区域的环境问题，进而与政府、企业沟通，消弭环境风险。[46]另外，政府环境信息的发布不能仅靠网络。网络的局限性比较大，一般大中城市中受教育程度比较高的人才会关注网络信息，而普通公

---

43 王蓉. 中国环境法律制度的经济学分析[M]. 北京：法律出版社，2003：34.

44 第一项是污染源日常超标、违规记录信息公开，权重 28 分。第二项是污染源集中整治信息公示，权重 8 分。第三项是清洁生产审核信息公示，权重 8 分；第四项是企业环境行为整体评价信息公示，权重 8 分。第五项是经调查核实的公众对环境问题或者对企业污染环境的信访、投诉案件及其处理结果信息公示，权重 18 分。第六项是建设项目环境影响评价文件的受理情况和建设项目竣工环境保护验收信息公示，权重 8 分。第七项是排污收费的信息公示，权重 4 分。第八项是依申请公开情况，权重 18 分。（引自：汪永晨，王爱军. 困惑——中国环境记者调查报告（2009 卷）[M]. 北京：中国环境科学出版社，2011：45.）

45 汪永晨，王爱军. 困惑——中国环境记者调查报告（2009 卷）[M]. 北京：中国环境科学出版社，2011：52.

46 同上注.

众对网络信息的收集和关心相对较少。环境信息的发布应考虑受众的广泛性。

我们应该在相关法律法规中进一步完善环境影响评价中公众参与制度的信息披露制度。对于非保密的公众参与环境影响评价相关信息，明确规定相关部门的信息公开披露义务和未履行义务时的相关责任人的责任，以保证信息披露的真实可靠和信息披露制度的有效执行。应该在环境影响评价的各个环节明确规定信息公开的时间和方式，方便公众的获取和参与，为公众可以真正参与到环境影响评价中奠定基础。通过教育提高公众的环境意识和识别能力，鼓励非政府组织参与到环境影响评价的信息公开中，帮助和提高公众的环境素养。

6.4　环境影响评价公众参与的程序

6.4.1　环境影响评价的全过程公众参与机制概述

公众参与是对环评行政许可实施监督的有效手段。公众参与的监督，可以分为行政许可过程中的监督和许可之后的监督。许可过程的监督即通常所谓的环境影响的公众参与，通过充分的信息公开和参与，公众得以了解许可项目的情况，并表达自己的观点，对行政机关实施环评许可的行为进行监督，此时的监督，包括对行政机关、环评单位和建设单位的监督。许可之后的监督，则包括公众对于企业是否按照环评许可的范围和标准进行项目的运营和管理的监督，包括环保设施"三同时"验收阶段的公众监督和项目运行阶段的公众监督过程。然而，我国在后者的公众监督方面规制比较少，也较少为人所关注。

在公众何时介入环境影响评价的时机方面，各个国家的规定有所不同。从美国的环境影响评价的程序中可以看出，《国家环境政策法实施条例》（CEQ 条例）实际上主要规定了三个阶段的公众参与即范围界定阶段、环境影响评价报告书草案阶段和对最终的环境影响评价报告的参与。[47]日本在《环境影响评价法》中规定了公众参与环境影响评价的听证会程序和公众监督程序。在我国，环评的公众参与一般在环境影响报告书阶段提出，而没有规定在环境影响识别和环评报告书大纲阶段进行公众参与，说明我国的公众参与的时机比较滞后。一般在环评报告书的编制阶段和报送环保部门审批阶段进行公众参与活动。环境影响评价的公众参与程序一般如下图所示。

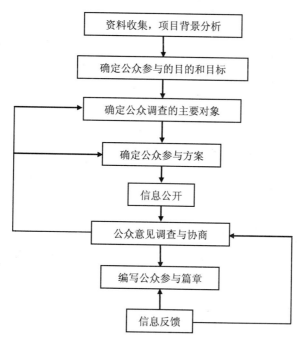

环境影响评价的公众参与程序

我国的《环境影响评价法》第 11 条规定："专项规划的编制机关对可能造成不良环境影响并且直接涉及公众环境权益的规划，应当在该规划草案报送审批前，举行论证会、听证会，或者采取其他

---

47 李艳芳. 公众参与环境影响评价制度研究[M]. 北京：中国人民大学出版社，2003：183-191.

形式，征求有关单位、专家和公众对环境影响报告书草案的意见。但是，国家规定需要保密的情形除外"。第 21 条规定："除国家规定需要保密的情形外，对环境可能造成重大影响、应当编制环境影响报告书的建设项目，建设单位应当在报批建设项目环境影响报告书前，举行论证会、听证会，或者采取其他形式，征求有关单位、专家和公众的意见。"从上述两条法律来看，《环境影响评价法》仅笼统地规定了"规划草案报送审批前"和"建设项目环境影响报告书报批前"要求规划编制机关和建设单位进行公众参与活动。这会导致许多公众参与活动都是在环评报告书草案或送审稿完成以后，仅仅是为了应付有关规定而进行。即使是《环境影响评价公众参与暂行办法》也未进一步明确公众参与的时机。该办法第 12 条规定："建设单位或者其委托的环境影响评价机构应当在发布信息公告、公开环境影响报告书的简本后，采取调查公众意见、咨询专家意见、座谈会、论证会、听证会等形式，公开征求公众意见。环境影响报告书报送环境保护行政主管部门审批或者重新审核前，建设单位或者其委托的环境影响评价机构可以通过适当方式，向提出意见的公众反馈意见处理情况。"可见，法律规定的模糊是导致公众参与时机滞后的重要原因。实践中，由于《环境影响评价法》要求在环评报告书中附有公众参与专章，所以，一般在进行环评的早期阶段，环评机构进行现场踏勘活动的同时，建设单位和环评机构对项目的环评信息进行公示，发布环评信息，并要求利益相关者提供意见及建议等。在环评机构编制环评报告书的过程中，或者在后期，会要求建设单位进行公众参与活动，如问卷调查，座谈会等，大多数采取问卷调查的形式，但问卷调查承担主体并不一致，有时由建设单位承担，有时由环评机构单独承担，有时由环评机构和建设单位一起承担。对此，法律并没有明确。然而，组织和承担公众参与的主体对于其效力的影响较大。例如，如果由建设单位承担公众参与活动，他们可能会进行"假参与"，对公众代表的选择进行操控，甚至直接就不进行公众意见咨询，而仅仅"制造"一些问卷调查的结果。

《环境影响评价公众参与暂行办法》第 13 条对于环保部门审批

环评报告书时的公众参与进行了比较详细的规定，其第一款规定："环境保护行政主管部门应当在受理建设项目环境影响报告书后，在其政府网站或者采用其他便利公众知悉的方式，公告环境影响报告书受理的有关信息。" 第三款规定："环境保护行政主管部门根据本条第一款规定的方式公开征求意见后，对公众意见较大的建设项目，可以采取调查公众意见、咨询专家意见、座谈会、论证会、听证会等形式再次公开征求公众意见。"第四款规定："环境保护行政主管部门在作出审批或者重新审核决定后，应当在政府网站公告审批或者审核结果。"然而，现实情况是，一般情况下，审批部门仅审查建设单位附在环境影响报告书中的公众参与专章和公众参与资料。除非存在重大争议，审批部门不会再进行公众参与活动。因此，此规定在某种意义上而言形同虚设。

在我国，"三同时"制度和环评制度联系非常紧密，一些学者甚至将"三同时"制度归于环境影响评价制度，认为是环评制度的一部分。[48]实践中，"三同时"制度的实施是通过环保设施竣工验收来实现的。而环保设施竣工验收的实施主体是原来环评文件的审批部门，或者由其委托当地的环保部门进行。因此，环保竣工验收也被视为环评制度的一部分。原国家环保总局颁布的《建设项目竣工环境保护验收管理办法》中，在第19条仅规定了环保竣工验收的信息公告制度，并未明确要进行公众参与。在《建设项目竣工环境保护验收技术规范—生态影响类》中，规定了生态影响调查过程中，要进行公众意见调查。此外，在规划实施以后，如果产生重大环境影响，要求进行跟踪评价；在建设项目运行以后，也有可能要求进行后评价。在建设项目环境影响后评价阶段，是否进行公众参与，法律并没有明确。《规划环境影响评价条例》第26条即规定了跟踪评价应当采取调查问卷、现场走访、座谈会等形式征求有关单位、专家和公众的意见。可见，规划环评的跟踪评价中的公众参与是法定的要求。从环境影响评价法律的目的

---

48 汪劲. 环境法学[M]. 北京：高等教育出版社，2006：233-235.

而言，更应当在跟踪评价和后评价阶段进行公众参与活动。因为此时可能已经对环境造成了严重的影响，对公众的环境权益也造成了侵害。因此，笔者认为，环境影响评价的公众参与活动，并不仅包括规划或项目立项、环境影响文件的编制、环境影响文件的审批阶段，应包括环保设施竣工验收阶段、规划实施后的跟踪评价或建设项目运行后的后评价阶段，即要建立一个环境影响评价的全过程的公众参与制度。

6.4.2 环境影响评价阶段的公众参与

联合国环境规划署（UNEP）认为有效的公众参与有五个要素：①识别拟建项目所造成影响的相关利益或受影响团体/个人；②提供准确的、易理解的、中肯的且及时的信息；③在决策者和受影响人群之间开展对话；④吸取公众对决策的意见；⑤反馈所实施的开发行为效果和公众影响决策的程度。以下结合我国的环境影响评价实践对公众参与的基本程序进行简要的分析。

6.4.2.1 利益相关者的识别

（1）公众的识别。

利益相关者的识别一般以受到"直接影响"或存在"利害关系"为依据，包括自然人和法人。如世界银行提出，项目开发者进行环境影响评价时，必须判断和识别直接受到影响的群体和个人，包括项目的可能受益者、可能遭受风险者和利害关系者。而判断受项目影响的因素包括：影响的居民的范围或程度、影响的强度、影响的持久度、影响是否可以恢复等。[49]学者田良认为，利益相关者的识别一般应考虑以下因素：空间距离，经济利益，是否使用环境，社会关注和价值观等。[50]国外学者从以下几个方面对公众进行识别[51]：①邻近

---

49 The World Bank. Public Involvement in Environmental Assessment Requirements，Opportunities and Issues [M]. Washington D C：The World Bank，1993.

50 田良. 论环境影响评价中公众参与的主体、内容和方法[J]. 兰州大学学报：社会科学版，2005（5）：132-133.

51 [美] 伦纳德·奥托兰诺. 环境管理与影响评价[M]. 郭怀成，梅凤乔，译. 北京：化学工业出版社，2004：366.

关系（Proximity）。在项目欲开展地区附近居住的人们常常会关心一些因素，如污染的增加情况、财产的减少情况或者本地社区利益潜在的影响等。②经济关系（Economics）。一些团体，如土地开发商可能会对行政部门的法规决议有很强烈的经济方面的兴趣。③使用关系（Use）。目前一些设施的使用者，如徒步旅行者或垂钓爱好者，在新项目和新法规执行时，可能会感到威胁。④社会和环境问题（Social and Environmental Issues）。公民可能对项目提案对社会公平、文化多样性以及对人们及其生活的环境造成的影响等方面感兴趣。⑤价值关系（Values）。具有某种执着信仰的团体（如支持非人类物种的团体）可能也会对项目和法规提案感兴趣。

具体的公众识别方法有三种：自我识别、群体识别和第三方识别。在自我识别过程中，公众主动表达他们的意愿。建设单位、规划编制部门、环评机构或者环保部门，在开始时进行环评信息公开，如在当地媒体和网络发布环境影响评价有关信息，并公布相关的联系方式，能够推动公众的自我识别过程。对于一些影响范围小的项目，建设单位和环评机构可以通过散发传单或在社区张贴海报和通告的形式来推动公众的自我识别过程的实现。当行政部门的工作人员积极地识别并与潜在的利益团体联系时，就出现了群体识别。在当地工作时间较长的工作人员常常能够识别潜在的感兴趣团体。可以通过多种途径实现群体识别，如地图及其后面的电话簿，地图可以用来决定哪些人将在项目实施时受到直接的影响，通过地图后面的电话簿可以获得这些居民的名字和地址。还有常用的人口普查资料以及当地的组织名单，或者报纸上的事件等。第三方识别技术是指公众或团体可以向环保部门、建设单位或环评机构提议其他团体或个人参与到环境影响评价中，这种方法有点类似于"滚雪球"。感兴趣的团体可以参与到环境影响评价中，他们又会推荐一些其他需要联系的团体或个人，一直到没有新的名单被提出，这种识别方式才会停止。这种方法既耗时间又耗财力，很可能得到的只是一些重复性的信息而不是新的团体或个人。但是，在有关单位或部门对于项目涉及的利益群体知之甚少时，该方法非常有用。[52]无论采用哪种方法识别公众，其过程都是非常复杂的，因为当项目开展以后，开发项目涉及的利益个人或者团体可能会发生变化。一些人可能在这个项目开发过程中都想参与其中，而另外一些人可能仅仅愿意参与其中的几个特定阶段。[53]

在我国的环境影响评价实践中，建设单位和环评机构一般先按建设项目的评价范围即空间距离来确定利益相关者（公众），而评价范围又根据水、气、声、辐射等环境要素的影响而各不相同，分别有大气、水环境、声环境和辐射等影响范围。这些影响范围分别根据各自的环境影响评价技术导则的规定来界定。此外，在一些环境质量和污染排放（控制）标准中，规定了相应的环境防护距离，在这些防护距离内的单位和居民都成为利益相关者的识别对象。规划环评的专业性较强，且部分规划涉及国家、地方、行业或商业秘密，在其酝酿期间需要保密，这就要求公众参与者的范围不宜过大；有的规划专业性较强，因此对公众参与者的层次要求比一般的建设项目环评高。[54]还有一些规划，公众可能更关注其经济利益，如城市规划环评中往往受影响群体尤其是受拆迁居民更为关注其经济利益如拆迁补偿等，而忽视环境利益。由于规划的宏观性和影响的间接性，其影响范围和直接受影响人群不易界定，可能会出现将真正受影响人群遗漏的情形。

1998 年颁布的《建设项目环境保护管理条例》第 15 条则规定公众参与的主体为"建设项目所在地的有关单位和居民"，但并未规定规划环评的公众参与主体。《环境影响评价法》则用"公众"代替了"居民"，体现了主体范围的扩展，同时规定了规划环评的公众参与主体，即有关单位、专家和公众。然而，有学者认为，这里对"有关"的界定非常模糊：①有关单位和专家是否属于"公众"的范围，

52 [美] 伦纳德·奥托兰诺. 环境管理与影响评价[M]. 郭怀成，梅凤乔，译. 北京：化学工业出版社，2004：366-367.
53 朱谦. 公众环境保护的权利构造[M]. 北京：知识产权出版社，2009：228.
54 孙淑清. 规划环境影响评价中的公众参与探讨[J]. 污染防治与技术，2009，22（2）：54-57.

他们的参与能否代替公众参与；②是指有"利害关系"，还是有处于项目所在地的地缘关系，还是指有相关专业知识，或者对项目有兴趣。[55]为此，《环境影响评价公众参与暂行办法》对公众的选择进行了进一步的细化，第 15 条第 1 款规定："建设单位或者其委托的环境影响评价机构、环境保护行政主管部门，应当考虑地域、职业、专业知识背景、表达能力、受影响程度等因素，合理选择被征求意见的公民、法人或其他组织。被征求意见的公众必须包括受建设项目影响的公民、法人或者其他组织的代表。"显然，这里的公众参与主体范围更加扩展了，除了受项目影响的公众必须包括外，还可以选择其他的如受社会关注以及受价值观影响的其他公民或组织，这似乎为环保 NGO 参与环境影响评价提供了一条合法的路径。

（2）专家是否属于公众范畴的争议。

在现代风险社会中，风险一旦被承认，就有很多东西卷进来。当风险认知形成社会共识以后，可能推动风险进入法律或政策规制的范畴，但公众的认知能力对技术专家的知识依赖也就日益增大。在环境影响评价领域，无论是行政部门，还是公众都存在对专家知识的依赖。因此，环评技术专家广泛存在于环境影响评价的整个过程，这就导致对专家是否属于公众参与主体的范畴的争议。有学者认为，专家应该排除在公众的范围之外。[56]Richard D Morgenstern 甚至认为，在环境问题上，是一群"实行专制的专家们"用其备受争议的科学方法或者伪科学方法，创造出所谓的客观事实，并将强调的重点从传统的实践和信仰中转移出来，忽略了社会道德和社会选择。[57]但理性的观点是：对专家的身份应具体问题具体分析，如果专家是以中立的身份，以专业知识和技术为环境行政决策提供咨询、论证或其他知识支持，他们更多的是考虑决策的科学性，并不能反

---

55 李挚萍. 在公众维权事件中受检视的公众参与环境影响评价制度——以深圳西部通道侧接线工程事件为例//张梓太. 环境纠纷处理前沿问题研究——中日韩学者谈[M]. 北京：清华大学出版社，2007：199-206.

56 李艳芳. 公众参与环境影响评价制度研究[M]. 北京：中国人民大学出版社，2003：216.

57 Kulsum Ahmed, Ernesto Sanchez-Triana. 政策战略环境评价——达至良好管治的工具[M]. 林健枝，徐鹤，等译. 北京：中国环境科学出版社，2009：76.

映公众的意见，则此时专家应排除在公众的范围之外；如果专家不是以中立的身份来为环境行政决策提供咨询和论证，则不论其提供何种专业性知识支持，都应认定为参与者的公众的一部分。[58]现实情况中，专家可以为政府或建设单位提供决策咨询服务，也可以为普通公众服务。从某种意义上而言，专家的中立性是一个假设，尤其在我国，专家的生存和发展空间很大程度上依附于行政部门。由政府或建设单位出资的环评论证过程中，他们自然会倾向于邀请熟悉或"听话"的专家参与评审，导致专家和利益诉求的结合，脱离了专家的理性和中立性的意义。近年来，专家为政府政策背书、专家意见被公众质疑的现象层出不穷。然而，专家为普通公众服务的阻力和压力却是非常大。如深港西部通道深圳侧接线工程的环评争议中，有专业人士作为受影响的普通公众参与环评，也有清华大学的专家受公众的委托对环评数据进行测算，但清华大学的专家后来受到了来自学校、建设单位、环评机构和环保部门的极大的压力。[59]厦门 PX 事件中，厦门大学的环境专家袁东星教授在海沧南区规划环评公众参与座谈会的代表选择中被排除在外，直到最后她才作为普通公众的一员受邀参与座谈会，发表了专业性意见。

（3）NGO 能否参与环境影响评价？

非政府组织（Non-Governmental Organization，NGO）作为一种社会团体，是成员基于共同的利益或兴趣与爱好而自愿组成的一种非营利性组织。NGO 具有组织性、民间性、非营利性、自治性和自愿性等特点。[60] NGO 在一些公共事务中扮演着积极的角色，如在支持弱势群体、作为政府与民众之间的沟通桥梁、鼓励民众对社会事务的关心和参与、为公众提供参与的场所、充当公众利益的代言人等方面发挥重要的作用。

2005 年的国务院《关于落实科学发展观　加强环境保护的决定》已经认识到 NGO 等社会团体在环境保护中的作用和力量。2008 年

---

58 朱谦. 公众环境保护权利构造[M]. 北京：知识产权出版社，2009：172.

59 朱谦. 公众环境保护权利构造[M]. 北京：知识产权出版社，2009：177-178.

60 李艳芳. 公众参与环境影响评价制度研究[M]. 北京：中国人民大学出版社，2003：10.

修订的《水污染防治法》是第一部规定了社会团体（包括 NGO）可以参与环境损害诉讼的法律，[61]这是一个突破，表明有关部门对 NGO 的看法和作用已经得到了转变。NGO 等社会团体支持受损的弱势当事人提起环境损害诉讼，可以提供技术支持、数据支持等专业知识支持，包括损害事实认定、损害结果认定等，也可以提供法律支持，如提供法律专业知识和诉讼程序的帮助等。环保部副部长潘岳曾多次热情地把民间环保 NGO 称为"同盟军"。[62]但是，在环评领域，NGO 能否作为公众参与的主体一直存在争议，法律上也未明确。《环境影响评价法》并未明确 NGO 是否可以作为公众参与的主体，即NGO 是作为有关单位还是作为普通公众而成为参与主体没有明确的规定。即便是《环境影响评价公众参与暂行办法》也未完全解决 NGO 在环境影响评价公众参与中的主体问题，根据该办法第 15 条，仍未明确环保 NGO 是否可以作为环评公众参与的主体。

　　除了法律依据的缺失以外，NGO 的参与形式也是影响其在环评过程中的作用的重要原因之一。一般而言，NGO 的参与形式可以归纳为两种：一是间接参与。NGO 发挥其专业优势，提高普通公众尤其是利益相关者的环保专业知识和环境意识，提高其参与能力，通过技术和法律支持，维护公众和利益相关者的环境权益。如 2007 年厦门 PX 事件中，NGO 组织——厦门绿十字间接参与规划环评的做法[63]一定程度上和国家有关政策、法律规定相符，也为有关部门所默认。NGO 在环境保护中起到协调、组织和宣传作用，就中国的现状

61 孙佑海. 中华人民共和国水污染防治法解读[M]. 北京：中国法制出版社，2008.

62 余琴. NGO：环境保护部门的"同盟军" [J]. 中国改革，2006（12）：30.

63 在 2007 年 5 月厦门 PX 事件刚开始时，市民要上街头"散步"时，绿十字组织负责人马天南女士发表了著名的"三不政策"：对散步"不支持，不反对，不组织"。并禁止绿十字的成员穿戴绿十字的标志，仅同意成员以个人名义参加。而在媒体让她对此事表态时，她选择了拒绝，随后表示其最大的愿望是让这个组织生存下去。但是，马天南及其绿十字组织在厦门海沧南部区域的规划环评的公众参与座谈会即将召开前夕，做了一件非常重要的事情，一连组织了三个晚上的公众参与讲座，邀请了厦门大学的环保专家给利益相关者解读规划环评报告书的简本，帮助参与座谈会的公众代表提高专业知识，提出切实有效的、有针对性的问题，提高公众的参与能力和水平等方面发挥了重要的作用。最终帮助他们提出了 13 条反对意见。而在其后的座谈会上，这 13 条意见都被参会代表表达出来了。（引自：南方人物周刊，2007.8.）

而言，也许更为有效和合法、合理。尤其是在环境影响较为间接的一些生态型建设项目和战略环评中探索专业环保 NGO 介入环境影响评价的途径，具有重要的意义。二是直接参与。即 NGO 作为直接参与主体，参与到环境影响评价行动中，或者代表普通公众直接参与环评活动。国外有关经验表明：NGO 可以在参与式管理中发挥更好的作用，作为政府和普通公众的桥梁，沟通政府和公众。然而，非当地的 NGO 是否能够真正代表当地居民的意愿，NGO 和当地居民的利益诉求能否达成一致仍值得商榷。

2008 年 12 月 29—30 日，金沙江中游阿海水电站环境影响评价报告书技术评估会议在北京召开，会议第一次邀请了两名 NGO 代表马军和杨勇参加，两名 NGO 代表参与了评估的主要过程，阐述了 NGO 对阿海水电站潜在环境和社会影响的看法，表达了对金沙江中游"一库八级"的水电开发将会造成的严重累积影响的关切，并就此提交了书面意见，其中要点被作为特邀代表意见写入会议文件。根据《中国经济时报》记者陈宏伟的观察，在 NGO 的执着推动下，阿海水电站项目成为自《环境影响评价法》和《环境影响评价公众参与暂行办法》实施以来，大型工程环境影响评价公众参与执行的最为规范的一个案例。[64]然而，尽管如此，根据四川省地矿局区域地质调查大队的总工程师范晓介绍，在 2008 年年底阿海水电站通过环评许可之前，已经完成了"三通一平"、截流和坝基开挖等前期工作。[65]

要建立 NGO 参与的有效机制，有关部门应改变对 NGO 的不信任和排斥的态度。在相关法律法规中对环保 NGO 的地位予以确认，规定其权利和义务，制定和完善环保 NGO 参与环境保护管理和政策、法律、规划制定的程序；通过立法规范环保 NGO 的建立和活动，使其规范化、制度化和法定化；鼓励 NGO 参与和组织环境保护宣传教育活动，参与政府的相关环保活动。

---

64 汪永晨，王爱军. 困惑——中国环境记者调查报告（2009 卷）[M]. 北京：中国环境科学出版社，2011：75-76.
65 汪永晨，王爱军. 困惑——中国环境记者调查报告（2009 卷）[M]. 北京：中国环境科学出版社，2011：226-227.

6.4.2.2 信息公开

根据《环境影响评价公众参与暂行办法》的规定，建设单位或者其委托的环境影响评价机构、环境保护主管部门应当通过建设项目所在地的公共媒体如报刊、广播、电视、公报、新闻发布会、网络、免费印刷品等便于公众知悉的方式，向公众公开有关环境影响评价的信息。环评信息公开有几个时间节点：①在确定环评机构后，应告知公众建设项目、建设方、环评机构等简要信息。②在编制环评报告书过程中，报送环境保护主管部门审批或者重新审核前，进一步公告有关环评和公众参与的信息。③环境保护主管部门应当在受理建设项目环境影响报告书后，在其政府网站或者采用其他便利公众知悉的方式，公告环境影响报告书受理的有关信息。信息公开必须充分考虑信息的容量和公众的理解能力，必须使公众能够清楚了解未来的建设项目或规划的环境影响。信息的容量很重要，信息太多和信息太少一样没有用，信息过多会使人们淹没在信息的海洋中，无法获知真正有用的信息，也就无法知晓他们的利益受到何种影响。[66]

在实践中，一些重大项目的环评信息在环境影响评价的早期进行了信息公开，如在网站或者当地媒体上，但当时的公众对此没有多少反应，而在项目的推进过程中公众可能突然对项目有了剧烈的反应甚至过激行为，如厦门 PX 事件中，政府环保部门一再强调政府已经在环评阶段进行了信息公开和公众参与，但当地民众似乎并不知情。2012 年的四川什邡事件和浙江宁波 PX 事件中，在环评阶段同样做到了一定程度上的信息公开，但没有报道公众对此有何反应。从程序上而言，建设单位、环评机构也许符合环评公众参与的信息公开的规定，但这并不表明公众就是错误的，因为这和环评信息的公开程度、公开方式有关，更为重要的是公众对项目的环境影响会随着其对项目的认知程度、环境意识和环境素养而变化。

6.4.2.3 参与形式

环境影响评价中公众参与的一个目标就是在公众和决策者（包

---

66 [美] 伦纳德·奥托兰诺. 环境管理与影响评价[M]. 郭怀成，梅凤乔，译. 北京：化学工业出版社，2004：369.

括建设方和审批机构）之间开展对话和交流，确保决策者吸取公众的意见。[67]《环境影响评价公众参与暂行办法》中详细规定了包括问卷调查、咨询专家意见、座谈会，论证会、听证会等参与形式。在编制环评报告书过程中，建设单位或者规划编制机关在信息公开后，会组织相应的参与活动。

（1）问卷调查。

问卷调查是目前中国建设项目环评公众参与过程中应用最普遍的形式。调查问卷可以分为封闭式和开放式。封闭式问卷所涉及的问题一般以选择题的形式，受调查公众从一系列的应答选项中作出选择。其优点是便于公众回答问题，对统计结果易于量化，覆盖面广，参与人员多。其缺点在于问卷一般为标准化的调查，很难反映出受影响群众的个别的特殊意见，同时还会局限被调查公众的思维，容易产生误导效应。开放式问卷只提问题，不给具体答案，其优点是可以让公众充分发表自己的意见，调查者能够得到大量的信息。缺点是对受访公众的素质要求较高，要求其具有较高的专业能力和认知水平，否则调查无法进行。问卷调查和总结的设计要求专门的技巧，业余设计会使结果具有很大的偏颇。在选择问卷发放对象时也应充分考虑地域和影响程度不同的公众的代表性。

（2）咨询专家意见。

咨询专家意见分为两种情形，一种是建设单位和环评机构在编制环评文件时向技术专家咨询意见，比如在环评大纲完成以后，邀请专家对大纲进行技术咨询，便于下一步编制环评报告书；另一种即论证会，在技术评估过程中咨询专家意见。论证会一般指专家论证会，主要在环评报告书的技术评估[68]过程中进行，由决策方邀请权威专家和相关部门负责人对环评文件进行专家论证，作为技术评估

67 John Glasson，Riki Therivel，Andrew Chadwick. 环境影响评价导论[M]. 鞠美庭，等译. 北京：化学工业出版社，2007.
68 环评文件（报告书和报告表）的技术评估是由建设方委托第三方对环评报告书和报告表进行技术评估，技术评估机构在环保主管部门确定的专家库里选取专家对环评文件可能存在的技术问题和公众参与情况进行论证，形成的技术评估意见是环保主管部门审批环评文件的重要依据和参考。但是技术评估机构的法律地位并没有被法律所明确。

的重要依据。论证会一般仅限于技术专家和相关行政部门的代表，精英色彩浓厚，几乎不会邀请普通公众代表参与论证会。

（3）座谈会。

座谈会一般由建设方和评价机构组织进行，征询影响范围内的居民和单位的意见。受邀的公众包括普通的公众代表、单位的代表，有时候还会邀请当地的人大代表和政协委员。座谈会的形式比较自由，公众可以较为自由地表达自己的意见，但其缺点是不容易获得关键或有用的信息。例如，2007 年 12 月 5 日，厦门市召开了影响广泛的海沧南区规划环评的公众参与座谈会，进行了许多突破和开创举措。首先，对环评报告书简本进行了公开，并公开了座谈会的时间、参与形式和过程。其次，对座谈会的普通公众代表采用了摇号的随机抽取的方式；最后，座谈会的主持人厦门市政府副秘书长对场面进行了较好的掌控，且未压制不同意见的表达。但是座谈会过程中，仍然出现了所谓的"围攻"现象，迫使主持人反复引用名句，"我反对你的意见，但我誓死捍卫你说话的权利"，以平息纷争。[69]

（4）听证会。

听证会作为最正式的参与形式，也是最为严格的公众参与方法，发言非常正式，除了进行类似于庭审的控辩双方的发言外，参与者之间很少进行交流。听证一般分为正式听证和非正式听证，正式听证类似法庭的控辩式辩论，听证过程有记录，并且听证结果具有一定的法律效力，决策机关依据听证记录作出决定；非正式听证主要是给予当事人表达意见的机会，决策部门并不一定以听证作出决定。非正式听证中当事人仅是陈述意见而不举证，《环境影响评价公众参与暂行办法》中对听证会的程序进行了较为详细的规定，但该规定适用于建设单位及环评机构，没有明确听证笔录的法律效力，只具备听证的形式而不具备其实质内容；而且主持人和代表的遴选没有明确规定，一般由建设单位或环评机构自己选择，已违背了听证会

---

69 朱红军. 我誓死捍卫你说话的权利——厦门 PX 项目区域环评公众座谈会全记录. 南方周末，2007-12-9.

的本意，应该属于非正式听证会。[70]由建设单位或环评机构组织听证会，一是权限不够，不具备决策能力；二是听证效力不明，即听证笔录的效力难以确定。[71]这种"听证会"实际上应该类似于"公开说明会"或"座谈会"，通过一种类似于听证的程序向公众传达相关的环评信息，并听取公众表达意见和建议。在环评行政许可过程中的听证会则由《环境保护行政许可听证暂行办法》进行规范。该听证会属于正式听证的范畴，听证会的组织者、主持人、记录员等主体是法定的，建设项目环评的听证会由审批该项目的环保部门组织，规划环评则由规划审批机关组织。听证会的主持人的选择非常关键，对主持人的素质和公正性的要求非常高。实践中，一般由环保部门的法制机构的负责人作为主持人。听证会的结果以听证记录的形式存在，具有一定的法律效力。由于举行听证会的时间、人工和资金成本均比较高，除非存在重大分歧，有关部门很少举行听证会。如 2005 年圆明园防渗工程事件中，由环保部组织了全国首例环评听证会。

（5）公众参与形式与参与程度的分析。

1969 年，雪莉·阿恩斯坦（Sherry Arnstein）在其论文《市民参与的阶梯》（A Ladder of Citizen Participation）中提出了 8 种层次的公众参与类型模式，呈一种阶梯的形状展示出来，见表 6.1。[72]

表 6.1　公众参与阶梯的 8 个梯度

模式	层次
1. 操纵（Manipulation）	假参与
2. 训导（Therapy）	假参与
3. 告知（Informing）	表面参与
4. 咨询（Consultation）	表面参与
5. 展示（Placation）	高层次表面参与
6. 合作（Partnership）	深度参与
7. 授权（Delegated Power）	深度参与
8. 公众控制（Citizen Control）	深度参与

70 白贵秀. 环境行政许可制度研究[M]. 北京：知识产权出版社，2012：158.

71 白贵秀. 环境行政许可制度研究[M]. 北京：知识产权出版社，2012：160.

72 蔡定剑. 公众参与——欧洲的制度和经验[M]. 北京：法律出版社，2009：13-15.

这 8 个阶梯的参与又可以分为四大层次：第一层次，假参与，包括：①操纵，指组织者按自己的目的和意图组织并操纵公众参与的过程。②训导，指组织者以公众参与的形式，达到让公众支持自己的目的。第二层次，表面参与，包括告知和咨询。"告知"是组织者把信息通知参与者，使参与者了解情况。"咨询"是组织者提供信息，公开听取参与者的意见。第三层次，高层次的表面参与，即展示，组织者把方案向公众展示并听取意见。第四层次，合作性参与，包括合作、授权和公众控制，是公众影响决策的有效形式。

阶梯理论提供了一个认识公众参与程度和评价公众参与好坏的标准。根据 Arnstein 的阶梯理论，问卷调查仅处于咨询阶段，是一种"表面参与"；咨询专家意见也是属于一种咨询的"表面参与"阶段，如前所述，此时，专家以其专业、中立的身份接受政府或建设单位的邀请，参与环评的技术咨询，不属于公众的范畴，因而，并不属于公众参与的一种形式。座谈会根据互动和交流的程度不同，可以属于一种"告知"或者"展示"的阶段，即参与的效果会不一样。比如，厦门海沧南区的规划环评的公众座谈会，实际上已经属于一种深度参与阶段，最终，政府接受公众的意见，作出了 PX 项目迁址的决策。听证会属于一种深度参与的形式，尤其是正式听证会，公众可以直接影响决策。

6.4.2.4　反馈

有效公众参与的最终体现是对公众意见的反馈，以及公众如何影响决策。反馈并不表示决策者必须采纳公众的意见和建议，决策者有自由裁量权。《环境影响评价公众参与暂行办法》和《规划环境影响评价条例》均规定：建设单位、规划编制单位和环保主管部门应当认真考虑公众意见，并在环境影响报告书中附具对公众意见采纳或者不采纳的说明。由于这些规定仅仅要求建设单位、规划编制单位在环评报告书中附具对公众意见采纳或者不采纳的说明，并未要求其对公众进行直接的、当面的回应，而公众一般也无法得到环评报告书，则公众很难知晓其意见采纳与否，这就可能成为没有实质意义上的公众意见的反馈机制。建设单位和规划编制单位只需面对环保部门或规划审批主管部门，只要对"上"负责而不用对公众负责，容易导致公众参与的符号化、表面化，甚至弄虚作假。公众能否影响环评决策仍然取决于双方的博弈。

美国环境影响评价的公众参与的反馈或回应形式有以下几种：①修改原方案或其他替代方案；②发展或评估原先未慎重考虑的方案；③补充、改进或修正原来的方案；④作事实资料上的修正；⑤若对评论意见不积极采纳，则说明其缘由。不论评论意见是否得到采纳，都应附于环评文件的定稿中。[73]我国的环境影响评价制度很大程度上参照了美国的经验和实践，因此，两者在公众参与反馈机制的形式上具有一定的相似性，如均要求公众意见附于环评文件的正式定稿中，并附有意见采纳与否的说明等。但是，这仅仅是形式上的类似：其一，我国环境影响评价制度并未要求替代方案，则实际上公众没有多少选择的机会。其二，美国的环评文件一般情况下是向公众公开的，公众可以通过查阅环评文件知晓其意见的反馈情况，而我国的环评文件公众很难获得，公众无法知晓意见的反馈情况；其三，美国的公众可以通过公民诉讼的方式寻求第三方的法律救济，我国的公众很难提起与环境影响评价有关的诉讼。

6.4.3　战略环评公众参与的实证分析

研究我国战略（规划）环评的公众参与实践发现，层次越高、越宏观的战略环境评价中的普通公众参与度越低，大多数的规划环评以专家参与为主，普通公众的参与则受到许多限制。"内蒙古自治区国民经济和社会发展'十一五'规划纲要战略环境影响评价（2005 年）"是一个尝试性的国民经济和社会发展规划战略环境评价，在许多方面做了开创性和突破性的工作，公众参与也是其中的一个亮点，基本上和项目环评的公众参与做法一样。根据其环境影响评价报告，[74]公众参与的主要内容包括向被访人员告知规划以及

---

73 朱谦. 公众环境保护权利构造[M]. 北京：知识产权出版社，2009：260.
74 国家环境保护总局环境影响评价司. 战略环境影响评价案例讲评（第一辑）[M]. 北京：中国环境科学出版社，2006：38-39.

涉及的环境问题、环境影响评价的初步结论、减缓措施与效果等，以及调查被访人员对规划的了解、支持度、有关建议和要求等。公众参与贯穿整个战略环评过程，具体方式有：专家、技术人员咨询会，邀请规划、能源、经济、环境保护、交通、水利、市政园林、城市建设等部门的专家参加咨询会；问卷调查，对不同层次的干部、群众进行随机问卷调查，公众来自各行业，基本反映了社会各阶层人士的态度、意见和建议；咨询社会团体意见，即咨询人大、政协、群众团体和学术团体的意见；[75]听取高层次管理者、专家学者的意见——2005 年 11 月，内蒙古自治区人民政府召开了有院士和 30 多位专家组成的咨询会议，认真听取了专家们的意见。评价单位和规划编制单位也组织相关专家就规划纲要战略环境评价进行了讨论。对于公众的意见和建议，已在战略环境评价中得到充分考虑，并体现在报告书相关章节中。而"宁波市国民经济和社会发展'十一五'规划纲要规划环境影响评价"的公众参与仍然以"专家咨询和政府部门参与为主，普通公众参与为辅"的形式。这种方式得到了一些环评专家的认同，他们认为：规划环评的公众参与工作，最有效、最有代表性的方法就是征询政府各相关部门代表对规划的意见和建议，这对评价单位分析规划定位和发展规模，规划结构、规划布局这些核心问题具有直接的帮助，这种沟通是规划环评介入政府决策的平台。[76]这些观点是正确的，但是，在一定程度上也体现了现有规划环评的公众参与尤其是普通公众参与的难度和局限性，即使是环评领域的资深专家都不认同如规划环评这样层次高的战略环境评价中的普通公众参与的重要性和价值，这也一定程度上反映了我国公众环境素养的缺失和公众参与机制的不足。

全国林纸一体化工程建设"十五"及 2010 年专项规划战略环境评价由于是国家层面上的战略环境评价，普通公众的选择非常困难，

---

75 原文如此表述，但严格意义上而言，人大、政协并非社会团体，而是国家权力机关和协商机关。

76 环境保护部环境影响评价司. 战略环境影响评价案例讲评（第二辑）[M]. 北京：中国环境科学出版社，2009：413-414.

基本没有做到普通公众的咨询和参与，只在规划环评的第一阶段和初稿完成以后，以研讨会的形式邀请了专家进行咨询。然而，通过分析该规划环评的文本可知，规划还是涉及了不同地区的布局和林纸一体化工程基地的布局，如东南沿海的广东、福建，西南的云南、贵州、四川、重庆等省市，尤其是涉及造纸工程的布局，更是涉及水污染问题，应该对涉及地区的普通公众进行咨询和参与，听取他们的意见和建议。

全国铁路"十一五"规划环境影响评价报告文本上就没有公众参与的内容，根据原铁道部的指示，铁路"十一五"规划由国家正式公布前为机密文件，因此该规划环评没有进行广泛的公众参与活动。同样受到保密限制的规划环评还有广州市城市高压电网规划环境影响评价。[77]根据国家保密局、建设部《建设工作中国家秘密及其密级具体范围的规定》（建办[1997]49 号）中第 3 条第（三）项"保密级事项"第 2 目的规定，城市总体规划中"基础设施总体规划的城市给排水、城市供热、供气、防洪及城市电力、电信、人防等规划图，属于秘密级国家秘密"，即不得公开。而广州市城市高压电网规划为城市电力范畴，故不宜作一般公众的公众参与活动。故该规划环评的公众参与主体为与规划有关的部门、相关行业的专家。然而，专家在现场调查与踏勘过程中了解到部分公众对规划中部分变电站位于居民区产生质疑，对输变电工程的环境影响、健康影响心存疑虑。由于存在保密限制和公众参与之间的矛盾，公众的利益将受到损害。而且仅有专家现场调查时的公众意见，对于公众的范围、形式、代表性等问题均未涉及。尽管如此，规划环评对于一般公众意见表示采纳，但是处理公众意见却显得似是而非：对于规划中变电站站址位于居民区的质疑，建议在具体项目实施阶段再进行项目的公众参与，并向居民解释城市电网规划中变电站布点的技术、安全要求，让居民了解变电站位于居民区的必要性、合理性。另一个建议是规划实施阶段进行输变电工程环境影响的科普宣传以解除居

---

77 环境保护部环境影响评价司. 战略环境影响评价案例讲评（第二辑）[M]. 北京：中国环境科学出版社，2009：193-196.

民对输变电工程对环境影响、产生健康风险的担忧。第一个建议根本就没有采纳公众的意见，而是解释其所谓的"合理性、必要性"，或者是将"球"踢给后续的建设项目环评，建设项目的选址都定了下来，能给变电站附近的居民解决问题吗？第二个建议也是避重就轻。如果真的有影响，则光靠科普宣传是不能解决问题的。近年来频发的环境群体性事件如 PX 事件，本来就是影响较大的项目，再如何进行科普宣传也无济于事。

长江口综合整治开发规划环境影响评价则从 2004 年规划修订开始即邀请环评机构进行规划环评的早期介入，到 2007 年 1 月完成环评报告书的审查会，历时 3 年左右。该规划环评的公众参与有了新的突破，第一次出现了非政府组织的身影。其公众参与方式包括网上问卷调查、咨询、电子邮件、座谈会等，公众参与主体包括普通公众（问卷调查）和水利、环境方面的专家以及非政府组织。[78]参与的非政府组织包括环境学会、生态学会、水利学会、长江水利技术经济学会以及大专院校、科研机构等。尽管非政府组织好像并没有纯粹的民间 NGO，这些非政府组织还是积极参与咨询，以口头或电话形式提出了自己的意见，其中长江水利技术经济学会还出具了书面意见。专家、非政府组织和科研机构的意见在环评报告中均有体现。但是，该规划环评的公众参与仍然存在参与人员的针对性不强、参与人数偏少等缺点。如网上问卷调查，共有 78 人参与，其中有效问卷才 67 份。同样的问题也在宁波—舟山港总体规划环境影响评价的公众参与活动中出现，公众参与的问卷发放才有 68 份，而且没有说明回收问卷和有效问卷数，然后，下结论说"对于公众提出的主要意见均予以落实"。[79]这样的规划环评公众参与的有效性和客观性都不免让人质疑。

山西晋东大型煤矿基地阳泉矿区总体规划环境影响评价的公众

---

78 环境保护部环境影响评价司. 战略环境影响评价案例讲评（第二辑）[M]. 北京：中国环境科学出版社，2009：251-253.

79 环境保护部环境影响评价司. 战略环境影响评价案例讲评（第四辑）[M]. 北京：中国环境科学出版社，2010：428.

参与采取两种形式：一是报告书编制过程中采用问卷调查的形式进行；二是在环境影响报告书编制基本完成以后，在当地进行公告，设固定点接待来访群众，并在当地互联网上发布信息公告，而公众的反馈意见则对现有的矸石山和沉陷区的治理提出了意见和建议。[80]然而，该公众参与仍然是一种被动式参与，即公众并没有和规划编制单位、环评单位进行互动和沟通。对受到矿区开发影响的公众的合法权益的保障问题并没有很好地体现出来，影响了矿区开发中的公平性。同样的看法也体现在福州市轨道交通建设及网络规划环境影响评价中的公众参与活动，该规划环评认为，除非具有一定的专业知识，否则很难提出建设性的意见和要求；而专家和相关管理部门易于对环境影响作出判断。然而，其又承认：轨道交通中的噪声和风亭异味等容易被普通公众所认识，且能提出明确的意见和要求。[81]同样是轨道交通建设规划战略环境评价，上海市城市快速轨道交通近期建设规划环境影响评价的公众参与活动就显得更为有效和客观。2005 年 11 月 17 日—2006 年 1 月 3 日，在两个官方网站"上海环境热线 http://www.envir.online.sh.cn"和"上海城市交通 http://jt.sh.cn"上进行了网上公众调查，网上调查问卷总访问人数 5 127 人，有效问卷 2 766 份，普通公众参与比例达 54%。同时持续在"上海城市交通""上海市环科院""上海市环保局"等网站分阶段发布环评信息。2006 年 1 月 26 日，还召开了小型的环评结论的听证会。[82]可见，许多人都陷入了一种"专家理性"的误区，我们在规划环评中如何提高公众参与机制的有效性仍然需要进一步探讨。

大榭开发区总体规划环境影响跟踪评价是国内第一个规划环评的跟踪评价案例。该跟踪评价的成果基本达到了《环境影响评价法》第 15 条的要求，但是很遗憾没有在文本中看到跟踪评价的公众参与

---

80 环境保护部环境影响评价司. 战略环境影响评价案例讲评（第二辑）[M]. 北京：中国环境科学出版社，2009：372.

81 环境保护部环境影响评价司. 战略环境影响评价案例讲评（第二辑）[M]. 北京：中国环境科学出版社，2009：505.

82 国家环境保护总局环境影响评价司. 战略环境影响评价案例讲评（第一辑）[M]. 北京：中国环境科学出版社，2006：280.

的内容。[83]本来，该规划已经实施，尤其是项目实施过程中公众意见是实实在在反映规划及其中项目实施的环境影响问题，如果能够很好地实施公众参与，对于完善规划环评的监督机制具有重大的意义。而且在评价报告书中，环评单位已提出了其中有村庄已经暴露在一个项目的环境风险影响范围以内，却没有对该受影响村庄的村民进行公众意见调查等参与活动，只建议对村庄进行搬迁安置。[84]但对于如何搬迁、村民的意愿如何都没有提及，这难免给该跟踪评价的完整性打了个问号。

深圳市城市总体规划（2007—2020 年）环境影响评价的公众参与方式仍然采取分部门访谈、专家咨询和问卷调查三个层次进行。[85]较高层次的部门访谈和专家咨询贯穿规划环评的始终；而普通公众参与则只在环评报告书编写完毕以后，采取信息公开的方式，将环评报告书简本在深圳市环保局网站、深圳市环境科学研究院网站、深圳市规划局网站上公布，并在《深圳商报》发布"深圳市城市总体规划（2007—2020 年）环境影响评价"的公众参与信息公告，征求社会各界的意见和建议。专家咨询采用专家讨论会的形式；对于市民和相关协会/社团则主要采取问卷调查的方式。经过近 2 个月的公示，共有约 850 人访问网站，网上回收问卷 500 份，现场调查问卷回收 300 份，合计有效问卷 756 份，有效回收率达 94.6%。现场调查过程中，还先后征求了深圳市外商投资企业协会、深圳市归侨侨眷企业家联合会、深圳市投资商会、深圳市电子行业协会、深圳市会议展览业协会、深圳市饮食服务行业协会、深圳市设计联合会、深圳市工业经济联合会、深圳市汽车摩托车维修行业协会、深圳市软件行业协会、深圳市服装行业协会、深圳市美容化妆品行业协会、深圳市汽车行业协会、深圳市福田区时装设计协会、深圳市食品行

---

83 环境保护部环境影响评价司. 战略环境影响评价案例讲评（第二辑）[M]. 北京：中国环境科学出版社，2009：453.

84 环境保护部环境影响评价司. 战略环境影响评价案例讲评（第二辑）[M]. 北京：中国环境科学出版社，2009：459.

85 环境保护部环境影响评价司. 战略环境影响评价案例讲评（第三辑）[M]. 北京：中国环境科学出版社，2010：529-531.

业协会等多家协会社团的意见。从公众意见的反馈来看，问题主要集中在噪声、空气污染尤其是机动车尾气污染、水污染、海岸线利用等方面，提出了公交为主，使用太阳能、风能等清洁能源，保护东海岸线等合理建议。这项建议在规划环评中得到了充分考虑。笔者认为，深圳市城市总体规划环评的公众意见调查中网上调查问卷回收 500 份问卷，反映的意见和建议都比较客观和专业，表明深圳市民的素质和参与度较高。然而，纵览有关被征求意见的行业协会/社团名单，没有任何一家环保 NGO 和代表弱势群体的社团组织，几乎都是强势的行业协会/社团。毫无疑问，作为城市总体规划，必然涉及城市的发展和改造，涉及部分居民的利益变化或损害。然而，弱势群体没有利益的代言人，不能不说是一个缺憾。对比同样的副省级城市南京市城市总体规划（2007—2020 年）环境影响评价的公众参与，[86]发现同样存在没有征求弱势群体意见的问题。尽管采取的公众参与方式和深圳城市总体规划环评基本类似，但其文本中记录非常简单，没有问卷调查数量、问卷回收数量等必要的信息，也没有网上公示的反馈情况，居然下了结论：南京市城市总体规划（2007—2020 年）已得到广大公众、专家和政府管理部门的了解和支持。[87]让人觉得奇怪的是，这个结论是针对规划本身，而非规划评本身，不禁让人怀疑该城市总体规划环评公众参与的客观性和有效性，甚至不吝揣测，是否将规划的公众参与[88]的结论照搬过来。

长沙市大河西先导区空间发展战略规划环境影响评价于 2009 年 6 月被环境保护部正式列为部省框架合作协议先行示范项目和全国"两型社会"综合配套改革战略环评试点项目，也是第一个空间发展

---

86 环境保护部环境影响评价司. 战略环境影响评价案例讲评（第四辑）[M]. 北京：中国环境科学出版社，2010：151-154.

87 环境保护部环境影响评价司. 战略环境影响评价案例讲评（第四辑）[M]. 北京：中国环境科学出版社，2010：155.

88 根据《中华人民共和国城乡规划法》第 26 条规定，城乡规划报送审批前，组织编制机关应当依法将城乡规划草案予以公告，并采取论证会、听证会或者其他方式征求专家和公众的意见。公告的时间不得少于三十日。组织编制机关应当充分考虑专家和公众的意见，并在报送审批的材料中附具意见采纳情况及理由。

战略规划环境影响评价，在空间战略规划环境影响评价的思路和方法等方面进行了有益的探索，为开展空间战略规划环境影响评价起到了示范作用。[89]其公众参与活动也非常具有典范意义，参与时段、参与方式以及参与对象的选择都具有示范意义。[90]该规划环评的公众参与实现了真正意义上的普通公众的全过程参与（见表6.2）。

表 6.2　长沙大河西先导区空间发展战略规划 SEA 的公众参与方式[91]

规划环评阶段	公众参与方式	参与对象
规划环评 起步阶段	入户调查	企业和群众
	网上公示	普通公众、政府部门、科研单位、利益相关方
规划环评报告 编制阶段	政府部门沟通	先导区管委会各相关部门
	网上公示	普通公众、政府部门、科研单位、利益相关方
	公众参与调查表	普通公众、企事业单位、利益相关方
规划环评"综 合论证"阶段	公众参与座谈会	高新区管委会各相关部门、生态专家、环保专家、普通公众、利益相关方

普通公众的调查范围为整个先导区规划范围内居民，以及对先导区的发展、环境保护感兴趣的公众。采取分类抽样和偶遇抽样相结合的抽样调查方式，先将调查范围按行政区边界分 18 类，接着在各类调查范围内采用偶遇抽样方法抽取调查样本，并充分考虑性别、年龄、职业、文化程度等方面的差异。2009 年 9 月，环评项目组进行实地问卷调查，共发放问卷 600 份，回收问卷 563 份，回收率为93.8%，获得 543 份有效问卷，有效率为 90.5%。对获得的有效问卷，还按性别、年龄、文化程度、职业、居住区域等对受调查人群进行统计分析。问卷调查覆盖面较广，调查样本具有较好的代表性和广

89 环境保护部环境影响评价司. 战略环境影响评价案例讲评（第四辑）[M]. 北京：中国环境科学出版社，2010：46.

90 环境保护部环境影响评价司. 战略环境影响评价案例讲评（第四辑）[M]. 北京：中国环境科学出版社，2010：90-92.

91环境保护部环境影响评价司. 战略环境影响评价案例讲评（第四辑）[M]. 北京：中国环境科学出版社，2010，90.

泛性。[92]可见，长沙市大河西先导区空间发展战略规划环境影响评价的公众参与活动的有效性和客观性非常高，公众的问卷调查真正做到了社会学意义上的公众问卷调查，其公众参与的做法值得借鉴和学习。同样值得借鉴的是曹妃甸循环经济示范区产业发展总体规划环境影响评价的公众参与活动，其采用利益相关分析法来确定重点调查对象，即公众参与主体。[93]从利益相关的角度分析该规划实施过程中可能获得正面影响和负面影响的群体和个人，得到公众参与的主体为地方政府机关、当地居民、近海养殖户和盐场员工以及示范区企业职工等，并着重关注那些受负面影响的群体和个人。

综上所述，我国近年来的规划环评的公众参与方式还是比较落后，涉及普通公众的参与方式和建设项目环评类似，绝大多数采取问卷调查的形式，问卷设计一般采用封闭式为主、开放式为辅的方法。大多数规划环评案例的问卷调查的有效性和客观性存在不足。由于规划环评的层次较高，许多环评机构和规划编制机关并不认同普通公众参与的作用和有效性，认为专家参与和政府部门的参与对于规划环评的帮助比较大，陷入一种"专家至上"的误区。

6.5 环境影响评价公众参与机制存在的问题及完善

6.5.1 公众参与存在的问题

6.5.1.1 公众的组织化程度不足

乔舒亚·科恩认为："任何运转良好的、满足参与和共同利益原则的民主秩序都需要一个社会基础。除了政党和选民以外，次级组织——市场和国家之间的有组织团体——既需要代表那些未经充分代表的利益，也需要增强促进共同利益的公众能力。前者有助于确保

---

92 问卷调查样本量和被调查人群基本情况请参见规划环评报告的表25和表26，引自：环境保护部环境影响评价司. 战略环境影响评价案例讲评（第四辑）[M]. 北京：中国环境科学出版社，2010：91.

93 环境保护部环境影响评价司. 战略环境影响评价案例讲评（第四辑）[M]. 北京：中国环境科学出版社，2010：311-312.

政治平等，后者有助于促进共同利益。"[94]公民组织和信息公开被认为是公众参与的两大基础性制度。[95]分散的、未经组织的公众个体，在面对环境影响评价过程中的利益博弈时，他们要么在"搭便车"心理支配下无所事事，要么在"群体无意识，也不必承担责任的群氓心理"[96]支配下无所顾忌，表明他们缺乏采取有效的、理性的行动的能力。解决的途径有两种：一是分散利益的组织化；二是环保 NGO 等社会团体的参与。[97]然而，公众在参与环境影响评价过程中，同样面临利益多元化的诉求，诸如关注经济利益和环境权益之间的利益冲突，落后地区的发展利益和生态利益之间的冲突等；即使有时候公众可能会有某种共同利益或关注某个共同的问题，但是对于利益的实现方式和问题的解决路径会有不同的意见，这就导致利益的整合非常困难。即便是组成了临时性利益组织，由于这些群体大多数情况下是一些随机性的、松散的和临时性的组织，又面临着步调一致和选择代表人的问题。临时性利益组织的代表往往会被政府视为"意见领袖"或"激进分子"而被加强监控，更为严重者甚至可能被拘捕。但是，如果没有临时性利益组织并推举代表，建设单位或环保部门就有可能利用公众个体参与的弱点，有意识地选择公众代表，造成表面的决策民主和正当性，并形成所谓的民意表达的"虚假繁荣"。[98]

环保 NGO 以其专业性和组织性的特征长期活跃于国外的环境保护活动中；但在中国，由于种种原因，环保 NGO 尤其是草根 NGO 并不能很有效地参与到环境保护中，在环评领域更是如此。在建设项目环评实践中，决策者一般以没有法律依据为由，认为其与项目没有利害关系而把 NGO 排斥在环评公众参与主体之外。法律的模

94 转引自：陈家刚. 协商民主[M]. 上海：上海三联书店，2004：185.

95 王锡锌. 公众参与和行政过程——一个理念和制度分析的框架[M]. 北京：中国民主法制出版社，2007：69.

96 勒庞在其《大众心理》一书中指出："群体是个无名氏，因此也不必承担责任。"（引自：勒庞. 乌合之众——大众心理研究[M]. 冯克利，译. 北京：中央编译出版社，2005：16-20.）

97 朱谦. 公众环境保护权利构造[M]. 北京：知识产权出版社，2009：183-194.

98 陈虹. 环境与发展综合决策法律实现机制研究[M]. 北京：法律出版社，2013：331.

糊，影响了 NGO 作为环境影响评价参与者的地位和作用，[99]NGO 直接参与环境影响评价活动显得困难重重。

NGO 参与环境影响评价的体制内途径的受阻，导致存在 NGO 进行体制外表达意见的风险，使社会潜在的不稳定因素增加。如反对怒江大坝建设的过程中，就有 NGO 在泰国等地实施抗议活动，影响了我国政府的形象。更有甚者，普通公众由于缺乏有组织的参与，会导致公众参与的混乱和无序，甚至引发环境群体性暴力事件。考察从 2007 年厦门 PX 事件到 2012 年的四川什邡事件、浙江宁波 PX 事件的演进过程，可以发现，厦门公众的"散步"是相对文明而有序的，甚至散场的时候带走所有的纸屑垃圾，由于政府和公众的双方理性，并未产生过激的暴力行为。同时可以从相关的报道中，看到很多专家在发表专业性意见，也可以看到 NGO 理性的身影。到了 2012 年，无论是四川什邡、江苏启东、浙江宁波，均产生了群体性暴力事件，政府和公众的冲突日益明显。此外，也鲜见专家和 NGO 的身影及其意见表达。这种演进一方面表明了政府和公众之间对于环境权益的诉求的矛盾日益扩大，政府更依赖于"堵"，而非"疏"；另一方面也体现了有组织参与的缺失。这不能说是一种社会的进步。法国思想家勒庞指出："作为个体的人是理性的、有教养的、有独立性的，但是随着聚众密度的增大，身处其中的个体的思维和行动方式将渐趋一致，变得越来越情绪化和非理性……"[100]

6.5.1.2　环境信息公开不充分

我国的《环境影响评价法》和《建设项目环境保护管理条例》均未对环评有关的环境信息公开进行规范。2006 年国家环保总局才在规范性文件《环境影响评价公众参与暂行办法》中规定了环评信息公开的条款。2008 年 5 月 1 日实施的《信息公开条例》和《环境信息公开办法（试行）》使得环境信息的公开有了长足的进步。但对于环评相关的信息公开仍不够完善，仅在《环境信息公开办法（试

---

99 孙法柏，魏静. 环境影响评价公众参与机制的比较和借鉴——以奥胡斯公约为中心[J]. 黑龙江政法干部管理学院学报，2009（1）：122-125.
100 [法]古斯塔夫·勒庞. 乌合之众——大众心理研究[M]. 冯克利，译. 北京：中央编译出版社，2005.

行)》第 11 条第 8 款中要求政府公开"建设项目环境影响评价文件受理情况，受理的环境影响评价文件的审批结果和建设项目竣工环境保护验收结果，其他环境保护行政许可的项目、依据、条件、程序和结果"，该办法并未对企业是否公开其环评信息进行规范。由于法律的缺失，公众无法向企业申请公开其环评文件，也很难向环保部门要求公开环评文件。如厦门 PX 事件中，厦门大学赵玉芬院士曾经多次向厦门市环保局申请公开环评文件，均未实现。一些环保部门甚至以环评文件的知识产权属于企业为由而拒绝公开。公众与拥有大量环评信息的建设单位、评价机构以及环保部门之间存在着严重的环境信息不对称，使公众参与权利被严重虚置。

6.5.1.3 忽视"三同时"验收过程中的公众参与

完整的环境影响评价应该包括项目环保措施的"三同时"验收，及项目的环保竣工验收。然而，关于竣工验收过程中的公众参与被普遍忽视了。表现为：没有法律法规明确规定，只有一些技术规范给予了一定的关注，如原国家环保总局颁布的《建设项目竣工环境保护验收管理办法》中，在第 19 条仅规定了环保竣工验收的信息公告制度，并未明确要进行公众参与，表明有关部门并未认识到验收过程中的公众参与的重要性。在《建设项目竣工环境保护验收技术规范—生态影响类》中，规定了生态影响调查过程中，要进行公众意见调查。虽然在实践过程中，会有验收单位对公众意见进行走访或调查，但由于缺乏明确的法律规定，也未明确是否对公众意见予以反馈，会使得在竣工验收阶段的公众参与或被忽略，或流于形式。公众对于项目拟建时的环境影响的关注和认识可能存在不足，但随着项目建设的进行和完工，环境影响认识程度会进一步加深。然而，此时公众意见却没有参与和反馈的途径。有关方面可能认为因为项目已经完工，此时如果公众反对的话，会导致公众参与的成本过高。然而，如果项目运行后的环境污染严重，对于公众环境权益的诉求仍不可避免会造成严重的后果，甚至可能导致环境群体性事件的发生。对于规划环评并不存在验收过程，规划实施后，公众对于其环境影响的后果更是无从知晓。

6.5.1.4　利益相关者的意见反馈机制的缺失

如前所述，我国并没有建立真正意义上的公众参与的意见反馈机制，建设单位、规划编制机构等只需面对环保部门，而不用直接向公众回应其意见的采纳与否。《环境影响评价法》《规划环境影响评价条例》和《环境影响评价公众参与暂行办法》均没有规定建设单位和审批部门不组织公众参与活动、不采纳公众意见应当承担何种法律责任的条款。政府部门也更"习惯"于用专家论证会的形式取代公众意见。而且，由于专家咨询的不公开，许多专家发言漫无边际，甚至超越自己的专业领域而涉及"价值判断"问题。[101]另外，《环境影响评价法》中只规定对环境可能造成"重大"影响的建设项目（编制报告书）征求有关单位、专家和公众的意见，但对于那些对环境可能造成轻度影响以及对环境影响很小的建设项目（一般要求编制报告表和登记表），却未规定公众参与。比如，2007年发生的云南省大理—剑川Ⅱ回高压输变电工程环评纠纷就是由于按照有关规定只做环评报告表而没有进行公众参与，但由于担心电磁辐射问题，公众对该项目引起强烈的反弹，这就造成了相关规定、技术规范与公众利益诉求之间的反差。考察许多环评纠纷的典型案例可以发现，利益相关者通过公众参与平台要真正发挥作用大多不是在体制内，或者正常渠道下取得。一般要经过媒体的报道或者事件的升级才能真正引起有关部门的重视，从而发挥"作用"。否则，许多合理的意见或建议被相关部门束之高阁。这表明：一方面，这些事件和我国现阶段处于社会转型时期有关，诸多矛盾集中爆发，而相关管理部门和管理者却由于观念和机制的落后导致群体性事件的上升；另一方面，在互联网等非传统媒体的飞速发展下，简单依靠原有的舆论控制手段和管制手段已无法奏效，反而形成了一种负反馈机制，即普通群众认为依靠体制内的途径是无法解决其利益诉求的，只有将事件闹大，引起社会的轰动和广泛关注后，才有可能解决问题，这就会导致群体性事件愈演愈烈，形成恶性循环。

---

101 环评领域涉及许多价值问题和技术问题相互纠结的情况，专家可能以价值判断代替技术判断，从而造成专家"越位"的问题。

6.5.1.5　利益相关者的环境权益的法律救济机制存在缺陷

从深港西部通道深圳侧建设项目环评纠纷案、北京圆明园东区防渗工程事件、厦门 PX 事件和云南大理—剑川 II 回高压输变电工程纠纷等事件可以看出，目前我国环评纠纷的案件中公众环境权益的维护途径大致有听证、上访、申请行政复议、提出行政或民事诉讼等。如深圳—香港西部通道深圳侧的环评纠纷案中，利益相关者开始申请信息公开，再申请听证，申请行政复议，虽然最终未达到全部目的，但还是起到了一定的作用。北京圆明园东区防渗工程也是通过听证会形式使公众的诉求得以反映。为了评价 PX 项目是否可行而进行的厦门海沧南区规划环评则通过类似于听证会规格的座谈会使公众意见得以表达和接受。虽然这些途径在一定程度上可以起到一定的作用，但并未完全解决公众环境权益的法律救济机制的缺陷问题。

例如，云南大理—剑川 II 回高压输变电工程属于未批先建的项目，公众通过普通参与途径包括行政复议，以及随后的行政诉讼均未使公众的意见和诉求得到有效解决。[102]该项目受影响的公众的司法救济思路大致为：明确未批先建项目；申请环境行政执法；建设方补充环评审批手续；申请听证或复议；环保部门仍给予环评批复；提起撤销环评许可的行政诉讼；最后拟提起民事诉讼，要求建设方或行政许可部门赔偿损失。但是，二审法院最终维持了一审关于行政许可合法的判决结果，由此，后续的民事诉讼程序无法启动。该案表明环评公众参与的司法救济途径存在如下问题：①由于涉及行政和司法权的分离和中国的国情，司法机关要推翻行政许可相当不易实现。②即使行政许可被推翻，也不一定就能够维护利益受损方的利益。根据《环境影响评价法》的规定，不合法的环评行政许可，有关部门承担的法律责任并不严重，而建设方最多被罚款。③环评行政诉讼的实体审查和提起民事赔偿诉讼的证据难以确定。由于环评的事前性，危害并没有发生，如何确定公众环境权益受损的判断

---

102 案件的详细讨论请参考第 7 章的 7.2.4 的内容。

标准是环评诉讼的最为关键的问题。因此，对于环评司法救济的实体审查难度相当大，即使依据一些环境标准和环评导则，也并不意味着法官拥有比环境行政部门更强的技术能力，而是恰恰相反。因此，目前的环评诉讼大多局限于审查其是否有违反行政程序的行为。我国的环评法律和环评技术导则规定：进行规划和建设项目环境影响评价的主要依据是环境保护标准。然而，环境保护标准是一定时期的经济、社会条件和科技发展水平的产物，未来可能会被不断修正，这就存在决策于科技未知之中的风险。[103]仅以环境标准作为判断依据，公众环境权益受损的危害和风险并不一定能够得到救济，因此一些环境损害尤其是具有累积效应的"小剂量、长时期"的损害潜伏期长。由于科学上的不确定性，导致环评决策和损害风险的判断均存在不确定性，而这种决策的风险并不是司法救济能够解决的。建立"举证责任倒置"原则，即由环评编制机构或建设方就项目或规划的实施与公众环境权益侵害的可能性不存在因果关系进行举证也许可以减轻利益受损方的举证责任，但不能根本解决原告的证据缺失问题。然而，即使是决策方进行举证，若其因果关系的举证仍然以环境标准为判断依据，审判机关又该如何抉择？因此，无论是环评决策，还是损害风险判断均存在不确定性。有学者认为建立环境公益诉讼也许可以解决公众环境权益受损而存在的司法救济难题。然而，即使一些地方如贵阳、昆明等正在进行环境公益诉讼的试点，环境公益诉讼在我国的建立仍然任重道远。

6.5.2　环境影响评价公众参与机制的完善建议

虽然我国环境影响评价的公众参与取得了很大的进步，利益相关者的法律地位得到确认，其意见和态度受到开发方和环保主管部门的重视，在环境影响评价决策中体现出一定的作用。但由于环境影响评价立法博弈中存在的缺陷，即便是规范性文件《环境影响评价公众参与暂行办法》的出台和有关部门的推动，公众环境权益要

103　叶俊荣. 环境政策与法律[M]. 北京：中国政法大学出版社，2003：23.

得到真正的维护仍然需要许多努力，利益相关者的地位和作用有待进一步提高。我国大量存在的职权立法和其他行政管理措施，由于缺乏具体的上位法授权规制，再加上行政官员往往以问题解决与效率原则为思维导向，隐藏着忽略公民权利保护的巨大隐患。[104]公众参与的有效性不足是指公众参与的过程达不到参与的目标和效果。这个问题的原因主要在于行政体制，在我国大一统国家、单一制政府和等级递阶的科层结构中，一级政府的主要责任是向上负责，上一级政府对下一级政府的主要官员的任免起着关键的作用。这种体制使政府的工作重点偏向于保证完成上级政府交付的任务。假如下级政府不能很好地完成上级交给的任务，在现行的考核体制下，下级政府官员的晋升就会受到影响，而公众压力就不具备这种立竿见影的作用。[105]20世纪90年代，罗伯特·D·帕特南将"社会资本"概念引入民主治理和公共领域，提出了"公民参与网络"的概念，并将其分为两类，即横向的平等关系网络和垂直的等级关系网络。然而，垂直网络很难维系社会信任和合作；而横向的公民参与网络有助于解决参与者集体行动困境，一个组织的建构越具有横向性，就越能够在更广泛的共同体内促进制度的成功。[106]

为此，有必要在以下方面进一步完善公众参与环境影响评价机制：

（1）扩大公众参与的主体范围，提高公众参与的组织化水平。积极推动包括NGO在内的社会团体参与环评，并善待公众临时组织或公益组织的代表，进行平等和充分的沟通和协商。

（2）完善环境信息公开制度，强化舆论监督，进一步规范政府和企业的环境信息公开的行为。对于违反法律法规的规定，应予以公开的环评信息而对不公开的行为给予一定的惩戒。

（3）进行全过程的公众参与，尤其重视环保竣工验收阶段的公

104 莫纪宏. 违宪审查的理论与实践[M]. 北京：法律出版社，2006：441-442.

105 齐晔，等. 中国环境监管体制研究[M]. 上海：上海三联书店，2008，11：181-182.

106 [美] 罗伯特·D·帕特南. 使民主运转起来[M]. 王列，赖海榕，译. 南昌：江西人民出版社，2001：203-206. （转引自：展江，吴麟. 社会转型与媒体驱动型公众参与//蔡定剑. 公众参与——风险社会的制度建设[M]. 北京：法律出版社，2009：359-360. ）

众参与，进一步完善公众的意见表达机制。

（4）将专家论证机制和普通公众的参与机制相结合。由于我国缺乏环评专家参与咨询的法律规制，目前只有原国家环保总局颁布的《环境影响评价审查专家库管理办法》一个行政规章。而且，现实中专家的中立性难以保证，专家容易受到行政部门的影响。专家的角色，应该是信息提供者或专业咨询者，而不是以其专业取代公众参与。[107]要解决这些问题，莫如将专家审查机制和公众参与机制有机结合，即将专家论证过程公开和透明化，邀请公众代表参与或旁听原来封闭的专家论证会。对于公众所关注的问题，专家应当以其专业知识给予解答。专家在咨询中，不但要担当政府决策的外脑，也要成为公众的信息提供者。专家论证过程的公开，使得专家的言行受到公众的监督，专家的发言将会更加谨慎，更少涉及价值判断领域，而更多关注于技术领域并作出自己的专家意见，回归专家咨询机制的本位，将决策权归于行政机关。

（5）建立环境影响评价公众参与的问责制度。如果相关的环评部门在环境影响评价过程中，不依照法律法规以有效的方式开展公众参与，公众的意愿便无法通过正当的途径得以表达；或者开展了公众参与，有关部门对公众的正确意见不足够重视，甚至忽视，势必在环境决策时造成误判，进而环境损害的发生也就不可避免，更不用说也会侵害公众的相关环境权。为了避免这种情况的发生，就有必要在环境影响评价中公众参与环节引入问责制度。问责制度的引入在一定程度上可以保证环境影响评价制度的有效实施，并且可以在问题出现后追究到第一责任主体，确保环境影响评价中公众参与真正得到贯彻实施。

（6）进一步完善利益相关者的反馈机制，构建完善的环境影响评价司法救济机制。无救济则无权利，必须完善公众参与权和公众知情权以及侵害公众环境权益的法律救济体系，使公众参与权利成为真正的权利。

---

107 王芳筠. 环境影响评估制度中公民参与机制之研析[D]. 台湾暨南国际大学，2004//白贵秀. 环境行政许可制度研究[M]. 北京：知识产权出版社，2012：169.

6.6　环境影响评价的舆论监督机制刍议

公众对环境影响的监督，还可以通过新闻媒体等舆论方式进行监督，舆论监督是保障公众知情权的重要途径。随着各种报纸杂志种类的日益丰富，以及网络的普及和发展，这种监督方式已日益发挥出重要的作用。新闻舆论监督主要是指新闻从业人员经过调查，将公权力行使中的违法失职或其他不公现象通过媒体公之于众，督促有关机关加以改正。新闻舆论监督具有时效性强、影响广泛的特点，是社会监督的重要手段和环节。[108]许多环境污染事件和突发环境事件都是通过新闻报道而为大众所知晓。如厦门 PX 事件、四川什邡钼铜项目事件、江苏启东造纸厂排污事件、浙江宁波 PX 事件等，就是通过新闻媒体和网络的不断曝光，促使越来越多的人关注这些问题，成为公共事件。新闻舆论监督在推进政府和环保部门履行其职责方面起到了重要作用。

现代媒体已成为公众发表意见和讨论问题的平台。报刊、广播电视媒介以及互联网使公众有机会参与到公共事件的讨论中，当这种讨论聚集到一定程度，便会形成舆论压力，迫使政府及其他权力部门修正原有决策或制定新的政策。展江教授认为，在处于转型时期的中国，公众参与大多具有"媒体驱动"（Media-driven）的鲜明特点。媒体不仅是公众参与的必要条件，而且媒体所担负的功能不止于沟通。因为若无大众传媒以连续的报道和评论进行介入，某一"事情"（Happening）难以成为地区性乃至全国性的公共"事件"（Event）；若无大众媒体的关注、呈现、传播及加温，某一"话题"（Topic）将难以成为地区性乃至全国性的公共"议题"（Agenda）。假如公共事件或公共议题难以形成，则公众参与也将因缺乏关怀对象而不复存在。[109]媒体在公众参与中具有监督功能、放大功能和动

---

108 汪劲. 环保法治三十年：我们成功了吗[M]. 北京：北京大学出版社，2011：338-339.
109 展江，吴麟. 社会转型与媒体驱动型公众参与//蔡定剑. 公众参与——风险社会的制度建设[M].
北京：法律出版社，2009：352-353.

员功能；媒体在公众参与的作用主要是呈现、关注和升温。[110]这三个作用既可以独立也可以相互结合而发挥媒体的功能，即媒体可以通过报道呈现出一个公共议题，并通过持续的关注，引起更多人的参与，通过加温而使公共议题产生舆论压力。

当然，媒体作为国家和公民之间的"第三种权力"，应当坚持新闻专业主义，成为中立的把关人和客观的反映者。[111]然而，我国的新闻报道领域还存在一系列的严格管制。与环境污染特别是重大环境污染事件的新闻，常常与新闻发布纪律中要特别谨慎和严格控制的政治性、敏感性宣传报道相关。如果新闻媒体曝光了本地严重环境违法事件，地方政府甚至中央政府也会承担舆论上、政治上的不利后果，危及环境违法企业和某些地方政府官员的利益，所以阻挠舆论监督的事件时有发生。因此，很多地方出台了一些限制新闻媒体报道环境群体性事件的内部规定。[112]互联网的虚拟性使得公众对于自己的言论承担责任的风险大大降低，导致网络信息真伪难辨、鱼龙混杂。因此，针对网络的舆论监督方式，需要谨慎鉴别，但其毕竟可以督促行政部门依法行政。

---

110 展江，吴麟. 社会转型与媒体驱动型公众参与//蔡定剑. 公众参与——风险社会的制度建设[M]. 北京：法律出版社，2009：369-387.

111 展江，吴麟. 社会转型与媒体驱动型公众参与//蔡定剑. 公众参与——风险社会的制度建设[M]. 北京：法律出版社，2009：388.

112 汪劲. 环保法治三十年：我们成功了吗[M]. 北京：北京大学出版社，2011：78.

7 环境影响评价的司法监督机制

7.1 环境影响评价司法监督机制概述

7.1.1 环境影响评价司法监督的功能

司法监督，又称为司法救济，"没有救济的权利不是真正的权利"，司法救济权是公民在认为自己的权利受到侵害或与他人发生争议时，或面临刑事指控时，享有的要求法院启动审判程序，予以公正审理，作出公正裁判的权利。[1]司法是社会正义的最后一道防线。

环境影响评价司法监督机制，是指为达成保护环境的目的，公民、法人或其他组织在建设项目和规划的环境影响评价执行过程中对企事业单位的违法行为、行政机关的违法行为或不良行政决策向法院提起诉讼、寻求救济的机制。[2]环境影响评价作为项目建设的前置程序，具有"一票否决"的强制力，环评行政许可权也是环保行政管理部门最重要的权力之一，如果缺乏监督，容易产生"寻租"活动。寻租是指用较低的贿赂成本获取较高的收益或超额利润，寻租活动会使政府决策和运作受利益集团或个人操控。寻租活动容易发生在：①决策权集中于政府的少数职位；②政府官员决定公共物品的获得，或是在经济生活中起相当广泛的作用，如管制者或生产管理者；③缺乏独立的司法权或具有庇护公务员逃脱责任的法律传统，官员寻租的机会较低的国家。[3]寻租会导致"政府失灵"，而司法机构独立于整个环境影响评价管理过程的利益链条，扮演着一种

---

1 黎晓武. 司法救济权研究[D]. 苏州：苏州大学，2005：11.

2 邓晓. 我国环境影响评价司法救济机制研究[D]. 昆明：昆明理工大学，2012.

3 王蓉. 中国环境法律制度的经济学分析[M]. 北京：法律出版社，2003：22-23.

外在的监督者身份，司法机关的监督、审查作用具有不可替代性，可以有效监督和阻止环境影响评价领域的管制活动过程中的寻租活动。国际上环境影响评价监督机制最重要的一点就是具有一个独立的司法体系对行政机关的决定进行监督。环境影响评价司法监督最大的一个功能是监督行政机关，促使行政机关勤勉执行环境影响评价制度，防止由于行政措施不当而导致环境恶化的不良后果发生。行政救济是行政系统的内部监督，该制度的设置维护了行政相对人的合法权益，其对行政相对人的救济方式是撤销或变更具体行政行为及确认具体行政行为违法。就已有的行政救济方式来看，虽然在一定程度上为检举揭发破坏环境的违法行政行为提供了有效渠道，但由于是内部监督，在一定程度上缺乏足够的公正性和公信力。司法救济与行政救济相比较，司法救济是公众和当事人获得最终且最有保障的救济手段，如果没有司法救济，公众在环评阶段的权利便是一纸空文。[4]建立环境影响评价司法监督机制，可以为公众抗议行政机关违法的行政行为以及项目建设或规划单位的违法行为开辟一条法律救济渠道，从而达到源头治理、减轻或消除环境影响的预防目的，并将可能引发的群体性事件消除于萌芽状态。如果司法救济渠道不通畅，可能会导致公众越来越倾向于在体制外寻求自力救济的方式来解决问题，如"散步""围堵工厂"等。

　　环境司法监督机制也是随着实践的需要而不断发展起来的。例如，由于日本在 20 世纪 60—70 年代的公害问题非常严重，当时日本所提起的公害诉讼，侧重于事后救济。到了 80—90 年代，公害诉讼的请求向预防、抑制环境侵权行为发生的方向转移，即事前预防，表明了日本环境侵权民事责任制度的不断完善。[5]在中国香港老太太申请港珠澳大桥香港段的环境影响评价司法审查纠纷一案中，全长近 50 km、计划 2016 年竣工通车的港珠澳大桥，被香港一位年过六旬的女居民质疑环境影响评估报告不合规而提出司法复核，香港高

4 同上注.

5 王红英. 日本公害诉讼及其对我国的启示[J]. 华南热带农业大学学报，2006（3）：75.

等法院亦判其胜诉。[6]该案充分体现了香港关于环境影响评价纠纷的司法监督机制的作用和威力。[7]

然而，司法监督机制有其自身的弱点和不足。其中比较突出的是司法不能即技术储备的缺陷。法官对于行政所面临的专门性与技术性问题的解决，并不占优势。行政事务的专业性和技术性，许多行政手段的确立，对于朝夕面对专业问题的行政部门而言，都属于疑难问题，更何况是不具备专业知识背景的法官们。因此，对于行政手段的选择，法官往往止步于合法性判断的外围。[8]环境司法监督非常复杂，必须在民意和法律之间进行适当的平衡。如果法官忽视民意，一味唯法律是从，反倒可能引发政治问题。因为，环境问题常常涉及众多的利益纠纷，如果处理得当，可以促进政治问题向法律问题转化，甚至得到妥善的解决；反之，可能引发政治对抗，造成更大的困局。[9]

7.1.2 环境影响评价司法监督机制中的审查标准

审查标准和审查强度，是法学中经常使用又常常被相互替代的概念，实际上这两个概念的内涵有所不同，这主要是因为来源于美国的司法审查标准的含义非常广泛。在美国，审查标准（Standard of Review）是一个指向异常宽泛的概念，至少包括了以下三种用法：①司法介入其他公权力的范围。如司法克制标准就是法院不要动不动就去司法审查，这样会使司法的功能收效甚微。②司法作出判断

---

6 http://www.chinadaily.com.cn/hqpl/zggc/2011-04-21/content_2374042.html [2011-5-3].

7 根据1997年制定的香港《环境影响评估条例》，在大型项目的开建前，至少有两次公众参与的机会。首先，由开发单位向香港环保署提交"简介"，同时公示，之后的14日内，由专家组成的咨询会和公众对"简介"提出意见。在此基础上，环保署长决定是否批准"简介"。第二步，开发单位根据"环评研究概要"以及评估技术规定，编制"环境影响评估报告"，再递交给环保署，同时公示，并进行公众参与。之后，再由署长决定是否批准。第三步，即使署长批准了环评报告，如果有居民认为项目或规划侵害了自己的利益，也可就个案提出起诉，由法院做出裁定。（见：新京报.老太拿什么逼停了港珠澳大桥建设.http://www.chinadaily.com.cn/hqpl/zggc/2011-04-21/content_2379719.html [2011-5-3]）

8 蒋红珍.论比例原则——政府规制工具选择的司法评价[M].北京：法律出版社，2010：361-362.

9 白贵秀.环境行政许可制度研究[M].北京：知识产权出版社，2012：296-297.

的理由或依据。如合理性标准就是审查要符合社会的善良风俗或是以比例原则来判断损失和受益；中立原则标准是指法官在进行司法审查时要保持中立性。③司法在个案干预中的强度或者论证力度。实质程序审查标准是指法官在进行司法审查时要考虑实质的问题，不能只按法律给的条框例行公事就完事，而应运用自身的法理知识、经验和智慧来能动审查。[10]在我国分别有三个概念来指向美国的这三层用法中的"审查标准"：①审查范围。我国关于审查范围的最核心的理解是司法审查的"受案范围"。如现行的《行政诉讼法》第 11 条和第 12 条的规定，即阐述了行政司法审查的受案范围。当然，审查范围除了实务上较多的应用为"受案范围"外，学术界还存在另外两种含义：一是将审查范围区分为事实审查和法律审查；二是将审查范围区分为形式审查、程序审查和实体审查。[11]②审查标准。或称为审查基准，是指司法判决的理由和依据。我国现行的《行政诉讼法》第 54 条所规定的判决理由就是提供了司法审查的标准。③审查强度。审查强度是指司法对于立法权或行政权的审查能够达到何种深度或者强度。审查强度作为行政权和司法权之间的"调节阀"，如果过于宽松则会使法院一味尊重原有的行政结论，审查容易流于形式；如果过于严格，则会使法院过分干涉原有行政决定，同时会牺牲行政和司法的效率和资源。

我国现行的行政诉讼法体系中，通说认为，"审查标准"的条款共有两条：一是《行政诉讼法》第 5 条规定："人民法院审理行政案件，对具体行政行为是否合法进行审查。"这就是所谓的"合法性审查标准"。然而，从案例的实证分析可以得出，没有一个案例的判决书能够援引合法性审查标准作为直接依据，因此，合法性审查并不是一个标准，而是一个原则性的规定。[12]二是第 54 条，该条款可以作为判决直接援引的依据，包含了形式标准、程序标准和实体标准，

---

10 范进学. 论美国司法审查的实质性标准[J]. 河南政法干部管理学院学报，2011（2）：1-8.

11 蒋红珍. 论比例原则——政府规制工具选择的司法评价[M]. 北京：法律出版社，2010：117-121.

12 蒋红珍. 论比例原则——政府规制工具选择的司法评价[M]. 北京：法律出版社，2010：139.

而且审查标准和行政诉讼的判决形式相对应。

7.2　环境影响评价行政许可的行政复议和行政诉讼机制

7.2.1　环境影响评价行政许可的行政复议实证分析

在我国，行政争议的解决途径有两种，一是通过行政复议制度来解决；二是通过行政诉讼来解决。通常认为，行政复议本质上仍然是行政监督的一种，不能归于司法监督中。笔者认为，行政复议在性质上属于行政机关的自我监督和纠正机制，但为了和行政诉讼进行比较和衔接，而且行政复议具有一种"准司法"程序，故并不限于传统的司法救济的分类，而是将行政复议在司法监督机制中一并加以论述。

行政复议是指行政机关根据相对人的申请，对行政行为的合法性和适当性进行审查，进行解决行政争议的制度。行政复议和行政诉讼之间具有许多相似点，但两者之间也有明显的区别：①受理的机关不同。行政复议一般由原来作出处分的上级行政机关受理，行政诉讼由法院受理。②解决争议的性质不同。行政复议处理的是行政机关的行政争议，属于行政行为；行政诉讼则由法院处理，属于司法行为。③适用的程序不同。行政复议适用行政复议程序，行政复议程序简便、迅速、廉价，实行一裁终局制度，但公正性和效果有限；行政诉讼适用行政诉讼程序，比较正规、复杂，成本较高，实行二审终审制。④审查强度不同。行政复议可以对行政行为的合法性和适当性进行审查，而行政诉讼只能对行政行为的合法性进行审查。⑤受理和审查范围不同。行政复议的受案和审查范围比行政诉讼要宽，而且行政复议可以将抽象性行政规范纳入审查范围，可以对国务院部门的规定、县级以上地方各级人民政府及其工作部门的规定、乡镇人民政府的规定等规范性文件进行审查。[13]《行政诉讼法》

13 江必新，梁凤云. 行政诉讼法理论与实务[M]. 北京：北京大学出版社，2011：12.

并不对抽象行政行为进行审查，尽管随着《行政诉讼法》提上修改议事日程，一部分行政规范被纳入可诉范围，被学术界赋予极高的期待。[14]

行政复议属于行政内部救济机制，具有一定的优势。许多行政纠纷往往涉及许多专业性和技术性很强的问题，在这个方面行政部门的工作人员具有优势。行政复议程序简便易行，可以使争议的解决比较迅速，而且行政复议不收费，成本低廉。行政复议便于行政机关自我纠正失误，避免与其他国家权力机关如法院产生纠葛。但是，这种行政机关的自我纠正机制本身存在很大的局限性：①行政机关在行政法律关系中具有优势地位，难以平等地处理行政相对人提出的争议，行政机关有既做"运动员"，又做"裁判员"的嫌疑。②下级行政机关和上级行政机关的行政行为有着千丝万缕的联系，上级行政机关并不必然和行政争议没有利益关系。行政相对人向上级机关提起行政复议，上级机关的公正性难免让人质疑。③行政主体解决行政争议具有一定的简便和低廉的优点，但处理比较复杂的争议力不从心，不足以排除非事实和非法律因素的干扰，因而，公正性期望值不能太高。

在与环评行政许可有关的行政复议典型案例中，大部分公众的复议请求都未能得到满足。例如，深港西部通道深圳侧接线工程环境影响报告书审批案中，由于公众不满深圳市环保局的环评许可中的意见答复，并通过了该许可，遂聘请了律师于 2004 年 12 月向广东省环保局提起了行政复议。[15]双方的争议焦点是：①深圳市环境科学研究所编制的环境影响报告书是否存在程序和实体错误问题；②深圳市环保局的审批行为是否符合法律规定问题；③被申请人的审批行为是否侵害了公众的环境权益。而广东省环保局的复议答复中所认定的事实和理由基本上是依据深圳市环保局的答辩意见作出

14 蒋红珍. 论比例原则——政府规制工具选择的司法评价[M]. 北京：法律出版社，2010：7.
15 本书在此处仅就环评行政复议的效果进行简要分析，关于该案件的详细情况及行政复议的详细过程和争议问题的讨论参见：汪劲. 中外环境影响评价制度比较研究[M]. 北京：北京大学出版社，2006：281-294.

的，倾向性十分明显。[16]最终否定了公众的复议请求，维持了深圳市环保局的行政许可批复。[17]在北京"西—上—六"输变电线路工程环境影响报告书审批案中，北京海淀区农大北路百旺家苑居民 6 人和北京海淀区西北旺百草园居民34人就北京市环保局对该项目的环境影响评价行政许可批复向原国家环保总局提出了行政复议申请，请求撤销北京市环保局的行政许可决定。原国家环保总局尽管在行政复议决定书的前半部分所认定的事实似乎对申请人有利，但最终却维持了北京市环保局的行政许可决定。[18]大理—剑川 220 kVⅡ回输变电工程项目环境影响评价行政许可纠纷案中，针对云南省环保局作出的该项目的行政许可文件《云南省环保局准予行政许可决定书》（云环许准[2007]68 号），受影响的村民先向原国家环保总局申请行政复议，原国家环保总局于 2007 年 9 月 24 日向村民申请人送达《行政复议决定书》（环法[2007]37 号），维持了原行政许可决定。巧合的是，北京"西—上—六"输变电线路工程和大理—剑川220 kVⅡ回输变电工程都属于"未批先建"的违法项目。[19]还有一个已运行项目的环境影响评价案例的行政复议，北京市某酒楼改建工程于 2005 年 12 月进行了环评，并于 12 月 28 日获得了北京市海淀区环保局的行政许可。但该酒楼经营产生的噪声、油烟、垃圾等污染，侵扰了周边小区的居民，双方协商解决不成，居民 6 人向海淀区人民政府申请行政复议，请求撤销海淀区环保局对该酒楼改建工程的行政许可，并责令停产停业，赔偿经济损失。但海淀区政府做出了维持原行政许可的复议决定。[20]

　　从上述案例可知，环评行政许可的行政复议案件中，绝大多数以维持原行政机关的行政许可决定而告终，这表明，一方面，行政

16 汪劲. 中外环境影响评价制度比较研究[M]. 北京：北京大学出版社，2006：289.
17 关于本案中环境影响评价预测模型的计算争议问题，将在后文继续深入讨论。
18 汪劲. 中外环境影响评价制度比较研究[M]. 北京：北京大学出版社，2006：295-308.
19 但是，同样是 220 kV 高压输变电线路工程，北京"西—上—六"输变电线路工程是进行环境影响评价报告书的编写，而大理—剑川220 kVⅡ回输变电工程却在云南省环保局决定编写环境影响评价报告表。关于大理案例的行政诉讼的争议在后文将进行详细讨论。
20 张璐. 环境资源保护法案例与图表[M]. 北京：法律出版社，2010：109.

机关具有绝对的专业和技术优势；另一方面，在经济利益和环境利益以及公众的环境权益面前，复议机关很难推翻下级环保部门的行政许可决定。另外，行政复议最大的弊端是采取书面审查的形式。[21]当初的规定是为了简便、快捷，提高行政复议的效率，但采取书面审查剥夺了申请人的陈述和辩论的机会，从上述几个案例中，双方对于环评文件的一些内容和技术规范的争议非常大，复议机关常常直接采用被申请复议机关的答辩意见，又不给予双方答辩、对质的机会。这样的行政复议的有效性令人质疑。

7.2.2 环评行政许可的行政复议与行政诉讼机制的衔接初探

在现行的制度框架下，行政复议制度以及由《行政复议法》第7条所规定的"行政规定附带审查"制度对于行政自我纠正机制非常重要。行政复议代表自我纠错，纠错的能力和程度就不需要受到权力分立的限制，可以触及行政决定的实质。这也是为什么行政诉讼遵循合法性审查，而行政复议却可以进行合理性审查的原因。[22]

我国现行的行政复议法、行政诉讼法及相关的司法解释，以及环境影响评价的相关法律法规等均没有规定环境影响评价行政许可争议必须先经过行政复议的前置程序才能提起行政诉讼，这也是为了给予行政相对人和第三人更多的救济选择机会。但是，由于环境影响评价的专业性和复杂性，如果相对人因环评行政许可争议直接向法院提起行政诉讼，有可能导致法院并不比行政机关更为专业，而产生诉讼效果不佳的结果。法院基于尊重行政裁量权，在没有重大或者明显的法律失误时，很难支持原告的诉讼主张。因此，是否有必要先给予行政机关自我纠正的机会，即先由相对人提起行政复议，如果当事人对复议机关的复议决定仍然不服，再提起行政诉讼。这样可以发挥行政复议简便、廉价的优点，又能给予当事人以司法救济的最后权利。在此，可以参考美国的公民诉讼的提前告知程序，规定要提起环境影响评价的行政许可诉讼之前，必须先经过行政复

---

21 《行政复议法》规定行政复议以书面审查形式为原则，其他方式为例外。

22 蒋红珍. 论比例原则——政府规制工具选择的司法评价[M]. 北京：法律出版社，2010：155.

议或行政告知程序，意味着先告知行政机关，"我对你的行政决定不满意，需要你先自我纠正，如果不能，则要提起行政诉讼。"当然，这样做有两个不利之处：一是限制了当事人的救济权，相当于规定了环境行政诉讼的行政复议的前置程序；二是拖延了时间，可能导致最终即使当事人赢得了行政诉讼，但是由于项目正在建设或已经建设，导致当事人的权利很难挽回。因此，如何在环评许可领域设置行政复议和行政诉讼的衔接机制，让当事人能够有效地行使自己的救济权利，是一个值得进一步研究的问题。

7.2.3　环境影响评价的行政诉讼机制

7.2.3.1　环境行政诉讼机制概述

行政诉讼是人民法院根据《行政诉讼法》所确定的程序，解决一定范围内的行政争议的活动。我国的行政诉讼具有以下特征：①行政诉讼是解决一定范围内的行政争议的活动。②行政诉讼的主管机关是人民法院。③行政机关制定的规范性文件不能成为行政诉讼的客体。法院不受理因不服规范性文件而提起的行政诉讼，法院也不能通过行政诉讼撤销行政机关的规范性文件或者以判决确认行政规范性文件的合法性。法院在审理行政案件的过程中，对于违法或不具有法律效力的规范性文件可以拒绝适用。法律授权法院"参照"行政机关的规章等规范性文件，实际上间接地赋予了法院可以审查行政规章的权力。[23]④行政主体不能成为原告。根据我国《行政诉讼法》的规定，我国的行政机关不能作为原告提起行政诉讼，这就意味着行政机关之间的争议不能通过法院来解决，而是通过上级行政机关来解决。但是从大量的行政合同的争议看，行政主体不能作为原告有一定的局限性。⑤内部行政行为不能提起行政诉讼。如行政机关内部的奖惩、任免和纪律处分等内部行政行为不能提起行政诉讼。环境行政诉讼对行政主体行使职权有监督、控制的作用，是以司法权监督制约行政权，是环境行政法制监督制度的重要一环，

---

23 江必新，梁凤云. 行政诉讼法理论与实务[M]. 北京：北京大学出版社，2011：10.

对促进和监督环境行政主体依法行政发挥了不可替代的作用。[24]

我国行政诉讼的核心原则之一就是合法性审查。合法性审查的确立是基于以下原因：一是行政权和司法权的不同。依法行政既包括行政机关依照法律行使职权，也包括行政机关享有一定自由裁量权，自由裁量涉及合理性问题，法院不宜干预。二是行政管理涉及的专业性和技术性较强。法官并不比行政人员更具有优势，对行政行为的适当性的判断存在不足；而法官擅长于法律问题的判断。故对行政行为的合法性审查，可以避免行政机关的专横和法制混乱。然而，尽管合法性审查是行政诉讼的核心原则，并不意味着法院完全避免对行政行为的合理性审查。实际上，合法性和合理性只有程度上的差异，对于严重不合理的情形基本属于违法，实践中关于合法性和合理性严格区分的尝试并不成功。[25]故环评的行政许可争议要提起诉讼的难度之大可想而知，环境影响评价的科技性和不确定性，连行政机关都难以完全把握，有"决策于未知之中"的风险，遑论法院的专业性和技术性还不如行政机关。故法院审理环评纠纷的行政案件，一般以合法性审查为主，而合法性审查又主要以环评许可的程序是否违法进行审查，对于实体性问题一般不予干涉。然而，即便是程序性审查，仍然涉及对环境影响评价是否进行实体审查，比如环评导则和标准的适用性问题。环境行政诉讼涉及的范围非常广泛，本书仅针对环境影响评价行政许可有关的行政诉讼的以下几个问题进行探讨。

7.2.3.2 环评许可的行政诉讼的原告资格

行政诉讼的原告，是指认为行政主体及其工作人员的具体行政行为侵犯其合法权益，而向人民法院提起诉讼的个人或组织。[26]任何一个国家设定原告资格的一个基本目的是防止滥诉和无效耗费，同时也不能妨碍行政诉讼宗旨或目的的实现，不得妨碍法院对于行政相对人合法权益的保护，不得妨碍法院对于违法行政行为的审查和

---

24 张梓太. 环境法律责任研究[M]. 北京：商务印书馆，2004：199-200.

25 江必新，梁凤云. 行政诉讼法理论与实务[M]. 北京：北京大学出版社，2011：38.

26 姜明安. 行政法与行政诉讼法[M]. 北京：北京大学出版社，2007：504.

纠正。考察世界各国的行政诉讼法关于原告资格的认定问题，出现了原告资格呈现越来越宽泛的趋势，这主要是基于以下原因：①实践证明，担心原告资格过于宽泛会人为制造行政纠纷和案件，从而影响行政机关正常活动或者法院工作的想法是多余且落后的。由于诉讼费用和行政机关的强势地位，公民不可能以挑战行政机关为乐事。反而是公民不愿意起诉行政机关，不愿意通过法律途径解决问题，将问题藏于心底，怀恨在心，才是真正危险的，容易造成潜在的社会不稳定风险；②防止滥诉的利益远小于使不法行政行为受到司法审查的利益和保护公民权益所带来的利益；③随着公众参与意识和对行政机关的监督意识的加强，放宽原告资格是扩大监督机制和参与机制的一条重要途径。[27]

我国《行政诉讼法》关于原告资格的认定，主要体现在《行政诉讼法》第 2 条关于行政诉权的规定、第 24 条关于原告范围的规定、第 41 条关于受理条件的规定中。然而，《行政诉讼法》的规定比较原则，难以解决司法实践中的原告资格的认定问题。最高人民法院《关于执行〈中华人民共和国行政诉讼法〉若干问题的解释》第 12 条确立了原告资格认定的新标准："与具体行政行为有法律上的利害关系的公民、法人或其他组织对该行为不服的，可以依法提起行政诉讼。" 以"法律上的利害关系"标准替代"行政相对人"的标准。该规定源于《行政诉讼法》第 27 条关于第三人的规定。法律上的利害关系并非指行政主体与受影响的人之间产生的法律关系，不是行政法律关系（也包括行政事实行为），也不是"法律上的权利义务关系"。"法律上的利害关系"是指对相对人的权利义务产生了实际影响，不仅包括了法定权利，也包括了合法权益、既得利益和期待利益等。[28]以"法律上的利害关系"作为原告资格认定标准扩大了原告资格的范围，有利于保护当事人的行政诉权，同时也在事实上拓宽了行政诉讼的受案范围。[29]

---

27 江必新，梁凤云. 行政诉讼法理论与实务[M]. 北京：北京大学出版社，2011：342.

28 江必新，梁凤云. 行政诉讼法理论与实务[M]. 北京：北京大学出版社，2011：346.

29 姜明安. 行政法与行政诉讼法[M]. 北京：北京大学出版社，2007：506.

　　江必新教授认为，撤销诉讼的原告资格有以下构成要件：一是有可诉性行政行为的存在；二是属于行政行为针对的行政相对人，但是行政相对人不能简单理解为行政行为所指明的直接相对人，还包括所有受该行政决定约束的人和所有行政程序中的当事人；三是必须是保护自己的权利；四是权利可能受到损害。[30]这些规定对于解决环境影响评价行政许可可能产生的行政诉讼的原告资格有一定的帮助。申请建设项目环境影响评价行政许可的企业，是当然的行政相对人，如果其权利受到侵害，当然有权利提起行政诉讼，包括行政作为或不作为之诉。但这不是本书讨论的重点，笔者认为，这里存在的问题是：该建设项目环境影响评价行政许可颁布之后受到环境影响的公众的原告资格问题，还有针对区域限批行为提起行政诉讼的原告资格问题。[31]如果按照上述法律规定和学者的观点，受项目环境影响的公众应该可以作为原告提起环境行政许可的撤销之诉，尽管其不是该环评行政许可的直接的行政相对人，但是由于该许可的颁发可能会影响其环境权益，存在"法律上的利害关系"。[32]如果按照《行政诉讼法》第2条和第41条的规定，则公众只能以第三人的身份参加到行政诉讼中，但是，第三人的身份对于公众的权益保障非常不利。[33]行政许可的相对方即企业如果成功拿到了行政许可，其肯定不会提起行政诉讼。此时，即使公众觉得其权益受到损害，也无法通过诉讼途径得以解决，堵死了公众寻求法律解决环境争议的渠道。[34]因此，司法解释赋予和行政行为没有直接关系的

---

30 江必新，梁凤云. 行政诉讼法理论与实务[M]. 北京：北京大学出版社，2011：351-355.

31 因区域限批而产生的行政行为，是否能提起行政诉讼还是一个理论上需探讨的问题。

32 江必新教授认为，根据司法解释，只要个人或者组织与行政行为有法律上的利害关系，受到行政行为实际的不利影响，无论其是否属于行政行为直接针对的对象，只要这种不利影响不能通过民事诉讼得以救济，就应考虑通过行政诉讼来解决。（见：江必新，梁凤云. 行政诉讼法理论与实务[M]. 北京：北京大学出版社，2011：366.）

33 行政诉讼中的第三人虽然可以参加到诉讼中去，以保护自身的权利。但是，如果诉讼不启动，则无独立请求权的第三人也就无法通过诉讼来维护自身的权利。

34 姜明安教授主编的《行政法与行政诉讼法》（第三版）认为，最高人民法院的司法解释将原告资格认定标准和第三人的标准相同，表明所有行政诉讼的第三人都可以成为原告。（见：姜明安. 行政法与行政诉讼法[M]. 北京：北京大学出版社，2007：505.）

第三方的公众以行政诉讼的原告资格将有助于公众维护其自身的环境权益。

7.2.3.3 环评行政许可的撤销诉讼中是否停止执行的讨论

进入诉讼之后，行政主体的行为是否还能得到执行，是一个在理论和实践上都非常重要的问题。我国《行政诉讼法》第 44 条进行了专门的规定："诉讼期间，不停止执行具体行政行为的执行。但有下列情形之一的，停止具体行政行为的执行：（一）被告认为需要停止执行的；（二）原告申请停止执行，人民法院认为该具体行政行为的执行会造成难以弥补的损失，并且停止执行不损害社会公共利益，裁定停止执行的；（三）法律、法规规定停止执行的。"这一规定确立了我国《行政诉讼法》诉讼不停止执行、停止执行为例外的原则。这主要是因为：一是行政行为的效力先定性所决定的，行政行为已经作出，就假定为合法的行政行为，对于行政机关和行政相对人具有约束力。二是行政行为是依据行政权作出的，具有国家权威性。如果当事人一起诉，在还没有确定其违法时就停止执行，会使行政法律秩序处于不稳定状态，直接影响国家行政管理的效力，社会和公众的利益也难以得到保障。[35]三是停止执行可能导致公共利益的危害，该公共利益的代表者一般假定为行政机关，此处"执行"的具体含义是指行政行为效力的"执行力"。[36]

根据《行政诉讼法》第 44 条的规定，诉讼不停止执行的主体有两个，一是行政机关自身，二是人民法院。行政机关停止执行的时候，是否告知法院并通知对方当事人；法院裁定停止执行的情况下，当事人对此裁定是否可以上诉[37]等问题都没有明确的法律规定。这实

---

35 江必新，梁凤云. 行政诉讼法理论与实务[M]. 北京：北京大学出版社，2011：880-881.

36 具体行政行为的效力内容包括公定力、确定力、拘束力和执行力四个方面。执行力就是对行政主体和行政相对人之间的一种法律效力，双方主体对于具体行政行为所设定的内容都具有实现的权利义务。执行力就是实现具体行政行为内容的效力，实现方式包括自愿履行和强制履行.（见：姜明安. 行政法与行政诉讼法[M]. 北京：北京大学出版社，2007：240-244.）

37 根据最高人民法院《关于执行〈中华人民共和国行政诉讼法〉若干问题的解释》第 63 条的规定，只有不予受理、驳回起诉和管辖权异议的裁定才可以上诉，可见，对于停止执行的裁定或者驳回停止执行的裁定，不能提起上诉。

质上涉及停止执行时，是否遵循一定的法律程序，以及停止执行的主体职权的划分问题。江必新教授认为，进入行政诉讼之后，该行政行为是否合法，是否代表公共利益并非行政机关自己判断，而应当由法院进行判断。[38]另外，我国的诉讼不停止执行制度的一个问题就是没有区分停止和暂缓执行这两个概念。张树义教授认为，《行政诉讼法》规定的"停止执行"并非真正意义上的停止执行，而是一种暂停执行，只有人民法院对行政行为的效力明确作出裁断后，行政行为的效力才能有最后的定论。在此之前，行政行为的效力始终存在，不因起诉人的申请或者法院的裁定而消失。[39]张梓太教授认为，在环境行政诉讼领域，应执行"诉讼期间行政决定停止执行"原则。[40]因为行政行为的公定力仅存在于行政程序阶段，一旦进入诉讼阶段，行政行为的公定力因受到行政诉讼的"违法推定原则"的阻却而丧失。而且环境利益和一般利益不同，一旦遭到破坏，将很难恢复，如果准予环境建设开发的许可行为在诉讼期间不停止执行，即使法院最后确认该许可行为违法并予以撤销，但由于建设开发行为已经或者将要完成，事实上的环境保全目的就难以达到。日本学者原田尚彦认为，"在环境行政诉讼中，虽然原告每一个人遭受的健康和财产上的损害个别看不带明显的具体性，但当认定了具有区域性的广泛的严重影响时，区域性环境破坏就必须依靠停止执行加以阻却。"[41]

　　具体到环境影响评价行政许可撤销之诉中，是否对于环评许可的行政决定停止执行的情况更为复杂：①如果起诉的是并非原行政法律关系的相对人，而是该行政行为的第三人（如相邻权人或者权益受到损害的其他公众）为原告提起行政撤销之诉。那么，如果原告要求法院裁定停止执行，执行主体是谁，是作出该行政许可的行

---

38 江必新, 梁凤云. 行政诉讼法理论与实务[M]. 北京：北京大学出版社，2011：884.

39 张树义. 冲突与选择——行政诉讼的理论与实践[M]. 北京：时事出版社，1992：212.

40 张梓太. 环境法律责任研究[M]. 北京：商务印书馆，2005：204-205.

41 [日] 原田尚彦. 于敏译. 环境法[M]. 北京：法律出版社，1999：192.

政机关还是申请许可的建设单位？[42]从法律关系而言，行政机关一旦作出行政许可，其权利义务基本结束，剩下的是监督相对人如何履行该行政许可的内容。但是，行政机关是否有权要求建设单位停止执行该行政许可？当然，法院可以直接要求建设单位停止执行，即停止建设项目的建设行为。②诉讼开始后，环评行政许可刚刚颁发，建设项目还未启动，是否需要停止执行？一般情况下，环评许可进入行政诉讼程序，表明公众对于该项目的争议比较大，而项目还未启动，此时如果行政机关自行决定或者法院裁定停止执行。在经过法院审理之后，如果法院维持项目的环评行政许可的效力不变，则项目由于诉讼的拖延，而损失了建设和投产运营时间；如果涉及市场竞争，则项目甚至可能因为错过投产时机而亏本，导致建设单位的经济损失又由谁承担？当然，如果法院最终判决该项目的环评行政许可不合法而被撤销，此时对于建设单位而言，因为项目没有启动，它的经济损失最小。如果诉讼期间，不停止执行，一旦法院判决该项目的环评行政许可不合法而被撤销，则项目意味着违法建设，损失又由谁承担？③诉讼开始后，环评行政许可已经颁发并生效，项目刚刚启动时是否需要停止执行？如何停止执行？④诉讼开始后，环评行政许可已经颁发并生效，项目已经启动，建设至中途，是否需要停止执行？如何停止执行？⑤诉讼开始后，环评行政许可已经颁发并生效，项目已经建成投产，是否需要停止执行？如何停止执行？这些都是涉及环评行政许可撤销诉讼中"停止执行"的问题，需要在理论和实务上进一步研究。

公众提起的环评行政许可的撤销诉讼实际上是一种防御诉讼，或称为预防性诉讼，即利害关系人就正在实施的行政行为向法院起诉要求排除可能遭受损害的诉讼类型。然而，我国并没有相关的法律规定该类型的防御诉讼。另外，防御诉讼中很重要的一个条件是原告的合法权益受到了侵害或者威胁，至于这些权利是来自《行政

---

42 一般情况下，由于行政法律关系之外的第三人为原告提起环评行政许可的撤销之诉时，由于存在重大利益关系，作为原行政许可的行政相对人——企业或建设单位可以主动参与或法院追加作为第三人参与诉讼。

法》的规定还是来自《民法》等其他法律的规定无关紧要，因为有些受到公权力侵害的行为实际上已无法通过民事诉讼解决。[43]具体到环境影响评价领域，如果环保行政部门批准某项目的环评行政许可，则建设单位依据该许可进行项目的建设和运营，但其环境污染行为导致周边公众的环境权益受到了损害。[44]公众提起民事诉讼，要求建设单位赔偿损失，建设单位以该项目的环境许可的合法性为由答辩。法院在民事诉讼中不能审查环保部门颁发的环评许可是否合法，而要满足公众的诉讼请求，必须将环保部门的环境行政许可撤销或判为无效。如果法院将环保部门的许可决定作为一个既定的法律事实，则公众的民事诉讼原告资格毫无意义。可见，赋予公众在许可初期的防御诉讼原告资格是使其权益得到保护的必要条件。[45]

7.2.3.4 环评诉讼中有关信息公开行为的给付之诉

如前所述，环境信息公开是环评公众参与的基石。在现实情况中，与环评有关的信息不透明是导致公众参与有效性降低的重要原因，因此，有必要赋予公众对于环境信息公开权利受损的救济权利。《政府信息公开条例》第 13 条规定：公民、法人或者其他组织可以根据自身生产、生活、科研等特殊需要，向国务院部门、地方各级人民政府及县级以上人民政府部门申请获取相关政府信息。公众要求政府公开环评信息，包括环评文件等，如果没有得到满足，公众可以提起信息公开行为的给付之诉，要求法院判决政府遵守有关信息公开的法律规定，向公众公开相关的信息。完善信息公开的法律救济机制，在参与者对信息公开方面的不作为或决定不服的，应允许他们提起行政复议或行政诉讼，以有助于提高信息公开的程度。

---

43 江必新，梁凤云. 行政诉讼法理论与实务[M]. 北京：北京大学出版社，2011：705-706.
44 此时假定项目的运行都是符合环保要求的合法排污行为而导致的污染。因为，尽管环境法学界多数认同违法性并非环境侵权的一个构成要件，但是实践中法院还是以违法性作为环境民事侵权的一个要件。
45 江必新，梁凤云. 行政诉讼法理论与实务[M]. 北京：北京大学出版社，2011：706-707.

7.2.4 环评司法审查的实体审查与程序审查的实证分析

对环境影响评价的司法审查包括两方面的内容，其一是实体审查，其二是程序审查。实体审查主要审查行政机关的决定是否违反了实体法上的义务，即合法性审查；而程序审查主要审查行政机关是否遵守了程序性规范。实体审查的对象主要有现状调查、预测、评价等的可信度和替代方案的存在及评价书内容的充分性等内容；而程序审查的对象主要涉及是否编制评价书、评价程序的合理性及是否经过公众参与的征求意见的法定程序等内容。

环评的司法审查强度到底如何，是进行程序审查还是进行实体审查，这在理论和实践上都存在较大的争议。美国的做法主要是进行程序审查，审查是否存在程序和法律方面的问题，而将事实问题交由环保部门进行处理。我国学者对于环评的审查强度也未达成一致，多数学者认为，环境影响评价的内容具有较强的技术性和专业性，对法官来说欠缺相关的知识、经验、技术及行政资源，难以对其进行有效的调查研究和资料搜集工作，法院的司法审查应该只审理法律问题（包括程序问题），而事实问题则尊重环保部门的行政裁量权。[46]在此，笔者想以"云南大理州宾川县大营镇茹尾村村民诉云南省环保厅环境许可纠纷案"为例来分析环境影响评价的司法审查强度。

7.2.4.1 案件简介

云南省大理州宾川县茹尾村 86 名村民因 220 kV 大理—剑川Ⅱ回送变电线路工程的高压线太靠近他们的居住村庄，担心形成的电磁场辐射和无线电辐射等不利环境影响，以及认为该村作为云南省认定的历史文化名村，属于"环境敏感区"，该送变电项目的环境影响评价应进行环境影响报告书的编写，而非现在的环境影响报告表，进而认为该环评项目没有进行公众参与而存在程序违法问题，

---

46 林宗浩. 环境影响评价法制研究——与韩国相关法制的比较分析为视角[M]. 北京：中国法制出版社，2011：78-82.

将原云南省环保局告上法庭，[47]要求昆明市西山区人民法院一审确认原云南省环保局做出的《云南省环境保护局准予行政许可决定书》（云环许准[2007]68 号，以下简称 68 号行政许可决定书）违法，并撤销该行政许可。但是，昆明市西山区法院一审判决原告败诉，维持了原云南省环保局的行政许可决定。原告村民不服，向昆明市中级人民法院提起上诉，最终，昆明市中级人民法院环保法庭开庭二审审理了该庭成立以来的首起环保案件，并做出了维持原判的判决。[48]

7.2.4.2　争议的焦点及一审、二审法院的审理

实体方面的争议焦点有 2 个，即茹尾村是否属于环境敏感区，220 kV 大理—剑川Ⅱ回送变电线路工程是否需要做环境影响报告书。进而影响到程序问题的焦点，即原云南省环保局的 68 号行政许可决定书是否违法。原告及上诉人 86 名村民及其委托代理人认为：①茹尾村属于省级非物质文化遗产保护地和云南省历史文化名村，属于《建设项目环境保护分类管理名录》规定的环境敏感区，《建设项目环境保护分类管理名录》明确规定"500 kV 以下，敏感区"的输变电工程及电力供应应当编写"环境影响报告书"。而被上诉人和原审第三人云南电网公司提供的行政许可决定书的基础性文件等遗漏了征求大理州环保局意见的法定程序，错误地通过了原审第三人的环评报告表的申请，作出了决定书。②原审判决认定"220 kV 大理—剑川Ⅱ回送变电线路工程可以按照非敏感区管理，不属于应当编制环境影响报告书的项目"的理由违背了环境影响评价法律法规和《行政诉讼法》，也超越了司法审判职权。③被上诉人在作出 68 号行政许可决定书之前没有举行听证会，程序违法。被上诉人原云南省环保局答辩认为，该项目不属于依法应当编制环境影响报告书的建设项目，理由如下：①虽然茹尾村是云南省第一批非物质文

---

47 该项目的业主为云南电网公司，在一审和二审均作为第三人参加庭审。

48 案件详情见云南省昆明市中级人民法院行政判决书（2009）昆环保行终字第 1 号，载于：首届环境司法论坛会议材料——云南省环境司法的实践与探索. 2011: 133-147. 本书的案件简介和争议的实体问题焦点均根据该判决书改编。

化遗产保护名录中的白族传统文化保护区，也是云南省历史文化名村，但是由于没有经过依法批准的相应规划确定其具体保护范围，所以不能判定茹尾村属于依法需要特殊保护的环境敏感区；②即便假定茹尾村属于所谓的"环境敏感区"，基于上述同样的理由，也不能认定茹尾村西侧 22 m 以外的半山坡是"环境敏感区"；③即便假定茹尾村西侧外 22 m 以外的半山坡属于所谓"环境敏感区"，也不能因为 137 km 长的线性工程中仅仅 315 m 的线路经过所谓的"环境敏感区"，就认定整个项目属于"位于环境敏感区的建设项目"；④即便假定本案争议项目属于"位于环境敏感区的建设项目"，也不能仅根据建设项目分类管理的一般性规定就认定本项目属于必须编制环境影响报告书的建设项目。作为有审批权的环境保护主管部门，云南省环保局可以根据对该项目的环境影响特征的判断，在征求大理州环保部门意见后，确定是否按敏感区要求管理。[49] 综上所述，被上诉人原云南省环保局认为，本案争议项目编制环境影响报告表符合国家关于建设项目分类管理的规定，云南省环保局依法作出的 68 号行政许可决定书认定事实清楚、证据确凿、适用依据正确、程序合法，请依法予以维持。原审第三人关于上述事实争议焦点的答辩理由和被上诉人基本一致，在此不赘述。

一审法院参照《建设项目环境保护分类管理名录》第 3 条规定"历史文化保护（区）属于环境敏感区"，鉴于"云政发[2006]75 号"云南省人民政府文件公布宾川县茹尾村属于云南省第一批非物质文化遗产保护地名录中的需要特殊保护的白族传统文化保护区的事实，认定 86 名村民居住地属于《建设项目环境保护分类管理名录》规定的"环境敏感区"。由于"云政发[2006]75 号"云南省人民政府文件是向省内各州、市、县人民政府，省直各委、办、厅、局传递的文件，在信息交流不对称的情况下，无法证实、也无法推论原云南省环保局在作出本案争议的行政许可行为前已知或应知该文件。基于上述情况，原省环保局在作出行政许可行为时没有注意到该 86

---

49 该答辩意见具有极强的逻辑性和专业性，体现了环保行政部门在专业和技术方面的无可置疑的优势，但也无意中暴露了行政部门在面对法庭和普通公众当事人时的强势。

人村庄属于环境敏感区的事实，也没有征求大理州环保局的意见。但一审法院又认为："考虑到该建设项目在茹尾村旁修建的高压线塔产生的以电磁辐射和无线电干扰为主的污染因子（经监测，污染值低于国家标准限度）对该村生态环境不会造成主要影响，对村民居住村庄的房屋、民俗民风、生活习惯等白族非物质传统文化的延续、发展不会造成主要影响。" 并参照《建设项目环境保护分类管理名录》第 1 条第二项的规定，依据《环境影响评价法》第 21 条第 1 款的规定，认为该项目不属于应编制环境影响报告书的项目，作出了维持原云南省环保局的 68 号行政许可决定书的一审判决。

二审法院经过审理同样确认了一审法院认定的事实，即 220 kV 大理—剑川Ⅱ回送变电线路工程属于"未批先建"的违法项目，原因在于原来建设单位向环保部门申报 220 kV 兰坪输变电工程环境影响报告表遗漏了 220 kV 大理—剑川Ⅱ回送变电线路工程的内容，并经大理州环保局处以责令停止建设、补办环评手续的处罚。另外二审法院还查明：① 220 kV 大理—剑川Ⅱ回送变电线路工程从茹尾村村庄外侧经过，项目的边导线距最近的居民房屋约 22 m。②根据云南省建设项目环境审核受理中心出具"云环评估表[2007]54 号"《关于 220 kV 兰坪输变电工程 220 kV 大理—剑川Ⅱ回送变电线路工程环境影响报告表的技术评估意见》，从类比分析以及对敏感点监测结果分析，运行期工频电场、磁场满足《500 kV 超高压送变电工程电磁辐射环境影响评价技术规范》（HJ/T 24—1998）居民区公众全体辐射 4 kV/m、0.1 mT 推荐限值要求；无线电干扰满足《高压交流架空送电线无线电干扰限值》（GB 15707—1995）52 dB（μV/m）的标准限值要求。

二审法院经审理认为，参照《建设项目环境保护分类管理名录》第 3 条规定和"云政发[2007]9 号文"《云南省人民政府关于公布巍山县东莲村等 15 个村镇街区为云南省历史文化名村名镇街区的通知》载明茹尾村被省政府批准为历史文化名村，因此应当属于"环境敏感区"。但《建设项目环境保护分类管理名录》第 4 条规定："位于环境敏感区的建设项目，如其环境影响特征（包括污染因子和生态因子）对该敏感区环境保护目标不造成主要环境影响的，该建设项目环境影响评价是否按敏感区要求管理，由有审批权的环境保护行政主管部门征求当地环境保护部门意见后确认。"根据本案确认的事实分析，本案建设项目位于环境敏感区，但"云环评估表[2007]54号"《关于220 kV兰坪输变电工程220 kV大理—剑川Ⅱ回送变电线路工程环境影响报告表的技术评估意见》已证实项目对当地环境不造成重大环境影响。因此，是否按敏感区要求管理的决定权在当地环保部门，即大理白族自治州环境保护局，且该部门应当以建设项目的环境影响特征对该敏感区环境保护目标不造成主要环境影响为依据。大理州环保局于2007年3月12日作出"大环评管[2007]23号"的审查意见已证实其同意以环境影响报告表的形式上报云南省环保局，之后云南省环保局依据大理州供电局上报的环境影响报告表作出了68号行政许可决定书的行为符合法律、法规的规定。故最终，二审法院作出了"驳回起诉，维持原判"终审判决。

7.2.4.3 案件评析

本案牵涉到的两个关键的实体问题争议，即村庄是否属于环境敏感区、项目是否对村庄具有重大环境影响，直接关系到法律问题即项目是否需要编制环境影响报告书、项目的环境影响评价准予行政许可决定书是否违法。关于是否属于环境敏感区的问题，一审和二审法院参照原国家环保总局颁发的《建设项目环境保护分类管理名录》（2003版）[50]第3条规定和云南省政府的有关文件，都已确认茹尾村属于环境敏感区中的"历史文化名村"。故二审法院已经否定了被上诉人的第1~2条的答辩意见。关于项目是否对村庄产生重大环境影响。一审法院认为："考虑到该建设项目在茹尾村旁修建的高压线塔产生的以电磁辐射和无线电干扰为主的污染因子（经监测，

---

50 环保部于2008年颁发了新的《建设项目环境影响评价分类管理名录》（2008版），于2008年10月1日施行，同时原2003版的《建设项目环境保护分类管理名录》废止。案件事实是发生在2007年，旧版的《建设项目环境保护分类管理名录》当时显然有效。二审法院审理该案时旧版已经废止。

污染值低于国家标准限度）对该村生态环境不会造成主要影响，对村民居住村庄的房屋、民俗民风、生活习惯等白族非物质传统文化的延续、发展不会造成主要影响。"然而，一审法院没有考虑到所谓的"历史文化名村"是需要人来传承和维护的，如果村庄尤其是靠近线塔和线路的村民担心电磁辐射和无线电干扰的危害而搬迁。那么，所谓的历史文化名村没有任何存在的意义和价值。而且，输变电线路和线塔如果过于靠近村庄，也可能会对村落的景观造成一定的不良影响。因此，项目对历史文化名村的影响是毋庸置疑的。而二审法院采纳了云南省建设项目环境审核受理中心出具的技术评估意见，认为电磁辐射和无线电干扰均符合国家标准，且评估结论认为项目建设符合环保要求。[51]故二审法院采纳了该证据而认为项目对村庄没有重大环境影响。[52]

　　一审法院参照《建设项目环境保护分类管理名录》（2003 版）第 1 条第二项的规定，依据《环境影响评价法》第 21 条第 1 款的规定认定项目不需要编制环境影响报告书。然而，这些法律依据并不准确。虽然一审法院审理过程中认定了原云南省环保局行政许可时并没有征求大理州环保局的意见，却回避了有审批权的环保部门对环

---

51 这里法院或者上诉人没有关注到该评估意见的出具单位是云南省环保局下属事业单位的事实，即具有利害关系。当然，即便是具有利害关系或是云南省环保局的下属事业单位，云南省建设项目环境审核受理中心的技术评估意见不是为了法律诉讼而专门出具的，而是在云南省环保局审批该项目的环境行政许可文件前出具的，是审批行政许可的重要依据和参考。故该证据的合法性和关联性不存在问题。

52 本案和前述的北京"'西—上—六'输变电线路工程"关于电磁辐射和无线电干扰适用的同样的国家标准，但是北京方面的行政复议申请人认为，《500 kV 超高压送变电工程电磁辐射环境影响评价技术规范》（HJ/T 24—1998）推荐暂以 4 kV/m、0.1mT 推荐限值是参考国际辐射保护协会的标准，而国际辐射保护协会于 1998 年制定的标准，并且在标准中明确："0.1 mT（100 UT）限值的制定并没有考虑长期电磁场暴露诱导癌症的因素，因此该限值仅基于短期暴露导致的立即性健康损害，例如外部神经和肌肉的刺激，通过接触导体引起的电击和灼伤以及由于吸收电磁场能量所导致的组织温度上升等。对于电磁场暴露的长期潜在效应，如患癌症危险性的增加，本协会认为还没有足够的有效数据基础来建立一个限值"。而国际卫生组织（WHO）已经确认高压输电产生的工频电磁场是人类可疑致癌物，另外还有大量的研究证明了和一些人类疾病（如神经系统疾病）的关联性。（引自：汪劲. 中外环境影响评价制度比较研究[M]. 北京：北京大学出版社，2006：298-299.）。笔者在此仅作学术讨论，关于标准和规范的制定属于抽象行政行为，法院在行政诉讼中并无权力审查抽象行政行为。

境敏感区的决定权。二审法院则认为，参照《建设项目环境保护分类管理名录》（2003 版）第 4 条的规定，项目是否编制环境影响报告书，由环保行政部门决定。但是二审法院将决定权归于大理州环保局是不准确的，是对该规定的误读。进而二审法院以大理州环保局出具审查意见同意以环评报告表的形式上报审批为由，认为是原云南省环保局以一种"默示"的方式征求过大理州环保局的意见，该理由同样有些牵强。《建设项目环境保护分类管理名录》（2003 版）第 4 条是规定"……由有审批权的环境保护行政主管部门征求当地环境保护部门意见后确认。"可见，大理州环保局仅有建议权，而云南省环保局才具有决定权。此外，笔者认为，既然一审、二审法院都认为茹尾村属于环境敏感区，那么上诉人关于"《建设项目环境保护分类管理名录》明确规定'500 kV 以下，敏感区'的输变电工程及电力供应应当编写'环境影响报告书'"的上诉理由是成立的。因为这是《建设项目环境保护分类管理名录》（2003 版）中明确规定要求编写环境影响报告书的范畴。只有"500 kV 以下，非敏感区"才是要求编制环境影响评价报告表。遗憾的是，二审法院并没有采纳该上诉意见。而且，《建设项目环境保护分类管理名录》（2003 版）并没有规定以输变电线路工程的距离长短来确认是否编制环境影响评价报告书，故被上诉人的第 3 条"……不能仅有 315 m 通过环境敏感区就认定 137 km 长的整个项目位于'环境敏感区'"的答辩意见是不成立的。虽然，新的《建设项目环境影响评价分类管理名录》（2008 版）对此进行修改为："500 kV 以上；330 kV 以上，涉及环境敏感区"的输变电线路工程才要求编制环境影响报告书，220 kV 输变电线路工程即使涉及环境敏感区也不用编制环评报告书。然而，如前所述，项目建设、环评审批和争议均发生在《建设项目环境保护分类管理名录》（2003 版）仍然有效的 2007 年，故本案不应适用新的《建设项目环境影响评价分类管理名录》（2008 版）。

关于环境敏感区的建设项目环境影响评价级别的争议也从另一方面反映了建设项目环境影响评价的重要规范性文件《建设项目环

境保护分类管理名录》（2003 版）第 4 条的规定存在问题。[53]既然已经是位于环境敏感区的项目，却又给予了环保行政部门以环境敏感区管理的决定权，在一定程度上有点自相矛盾。实践中也给予许多本属于环境敏感区的项目，应该编制环境影响报告书，但有审批权的环保部门往往利用该条规定的疏漏，而否定了编制环评报告书的要求，从而降低了环境影响评价的要求，并排斥了公众参与，剥夺了公众环境参与权和知情权，造成了许多的纠纷。故 2008 年重新修订的《建设项目环境影响评价分类管理名录》将该条作了重要修改，改为："建设项目所处环境的敏感性质和敏感程度，是确定建设项目环境影响评价类别的重要依据。建设涉及环境敏感区的项目，应当严格按照本名录确定其环境影响评价类别，不得擅自提高或者降低环境影响评价类别。环境影响评价文件应当就该项目对环境敏感区的影响作重点分析。"从而取消了地方环保部门对环境敏感区的决定权。

　　本案属于一个比较典型的环境影响评价行政许可争议案件，涉及环境影响评价的多方面的主体，包括建设单位、审批部门和公众。虽然本案的审理过程中并没有涉及建设项目"未批先建"，违反建设项目环境影响评价管理的违法行为。但是，不可否认的是，正因为本案的建设项目属于未批先建，项目已经快要完工了，如果判决撤销行政许可，成本过于高昂，故法院虽然认定了茹尾村属于"环境敏感区"的事实，却回避了对项目是否编制环境影响报告书的法律判断，而以尊重行政部门的自由裁量权为由判决原告败诉。

　　另一个发生在杭州的关于公众对于高压输变电线路工程的环境影响评价纠纷案在实体方面的诉求以及程序方面的问题和本案惊人的雷同。[54]2005—2006 年，当地公众因不满杭州 220 kV 庆丰输变电工程项目距离住宅太近以及电磁辐射和无线电干扰对人体健康存在风险为由，对浙江省环保局就该项目环境影响评价行政许可批准文

---

53 同样，笔者在此仅作学术探讨，我国大陆地区的法院目前没有权力在行政诉讼中审查规范性文件。

54 关于该案的详情，请参见：陈敏华，王重阳. 一场环评诉讼案胜诉的意义[J]. 大众用电，2008，3：8-9.

件向国家环保总局提起行政复议，[55]复议失败以后又提起行政诉讼一审、二审，但最终公众败诉。该案也是非常典型地反映了公众和建设单位之间就项目的环境影响和健康风险问题的争议，以及关于环境标准和技术规范之间的实体性问题。当然，胜诉方电力公司的态度和观点则非常值得深思。[56]

7.2.4.4 香港的司法审查强度

研究我国香港关于环境影响评价纠纷案的司法审查标准和强度，可以发现，香港法院关于环境影响评价的审查标准比较低。如2011年曾经广泛报道的老太太逼停港珠澳大桥香港段的诉讼案中，香港66岁老太朱绮华及其律师认为，港珠澳大桥的环境评估没有包括臭氧、二氧化硫及悬浮微粒的影响，因而不合理也不合法；按照世界卫生组织要求，这些指标应该在考虑范围内，环保署也有权力考虑这些指标。[57]尽管香港的相关环境标准中并无这些要求，但香港高院认同了世界卫生组织的标准，并裁定香港环保署2009年完成的环评报告无效。不过，法官判词亦强调，如环保署颁布新的环评报告，能反映工程的环境影响，署长可决定是否批准工程动工，无须经法庭裁定。[58-59]然而，大桥因此停工，预计造价或

---

55 公众在行政复议中的诉求是：①程序上，浙江省电力设计院受托编制环评报告过程中，没有举行论证会和听证会，也没有征求距离该变电站最近的包括唐某等在内的公众意见。②变电站离他们住宅最近处为2米，不符合法律法规规定，环评报告对此只字未提，故内容也不合法。③该项目为总投资3.13亿元的220 kV输变电工程，根据国家环保总局《关于执行环境影响评价制度有关问题的通知》，此项目应由国家环保总局审批，浙江省环保局越俎代庖违反级别管辖规定。④该项目建设单位为浙江省电力公司，而实际上却由杭州市电力局组织环评、规划报批，名实不符。因此，提出上述撤销请求。（见：陈敏华，王重阳. 一场环评诉讼案胜诉的意义[J]. 大众用电，2008，3：8-9.）

56 建设单位工作人员发表文章讨论了本案胜诉的原因以及在今后的相关项目中的环境影响评价和环境保护工作方面应该注意的问题。（见：陈敏华，王重阳. 一场环评诉讼案胜诉的意义[J]. 大众用电，2008，3：8-9.）

57 吴娓婷，刘真真. 小人物叫停大工程 影响超越港珠澳大桥. 经济观察报，2011-4-29.

58 http://www.chinadaily.com.cn/hqpl/zggc/2011-04-21/content_2374042.html [2011-5-3].

59 香港环评专家认为：香港有关政府部门面前有两个选择，一是根据法庭指出不妥善的地方，重新做一个符合规格的环评报告，然后拿到环保署去审批；二是对法庭的判决作出上诉。重做完整的环评并取得环保署长的许可证，估计需要半年到一年。而如果选择上诉并最终告到香港终审法院，最少也要几个月。（见：http://www.chinadaily.com.cn/hqpl/zggc/2011-04-21/content_2375112_2.html [2011-5-3]）

因此上涨 5%。[60]

7.2.4.5 余论

总体而言，环境影响评价行政许可争议的行政诉讼案件的审理涉及的事实问题和法律问题实质上是交织在一起的，在司法实践中并不能完全将法律问题和事实问题分开审查。所以我们应该运用科技手段以使法院在实质上提高并确保司法过程中的审查公正性与实效性。[61]司法机关可以吸纳一些懂得环境影响评价技术性、专业性知识的法律人才，从而使司法机关的队伍更加夯实，更加有法律素养，提高司法监督的效率和权威。同时，应更加重视违反"三同时"制度的可诉性和司法救济手段，因为污染防治措施是在环评报告及环评行政许可中得到确认，因此，违反"三同时"的违法事实容易得到确认，易于起诉，可以由环保主管部门提起环境公益诉讼，或 NGO 及利益相关者提起民事诉讼等。

7.3 环境公益诉讼与环境影响评价的司法监督

7.3.1 环境公益诉讼概述

环境公益诉讼是指公民、企事业单位、社会组织以及有关国家机关依照法律的特别规定，在环境受到或者可能受到污染和破坏的情形下，为维护环境公益不受损害，针对有关民事主体或行政机关而向法院提起诉讼，由法院追究行为人法律责任的诉讼。[62]

美国早在 20 世纪 70 年代在《清洁空气法》中就规定了公民诉讼制度，并得到了各方面的欢迎。在国外环保团体提起公益诉讼有两种模式：一是美国的环保团体诉讼，实际上属于环境公民诉讼，任何公民和团体都可因环境损害而提起诉讼。1970 年的《清洁空气法》规定："任何人都可以以自己的名义对包括公司和个人在内的民

---

60 http://informationtimes. dayoo. com/html/2011-04/21/content_1329443. htm### [2011-5-3].

61 邓晓. 我国环境影响评价司法救济机制研究[D]. 昆明：昆明理工大学，2012.

62 李爱年. 中国环境公益诉讼的立法选择[J]. 法学杂志，2010，8：4-7.

事主体就该法规定的事项提起诉讼，原告仅需主张自己为国会制定的法律所保护的权益受到直接或间接的影响即可确立起诉权。"1972年的《清洁水法》则将公民诉讼中的"公民"定义为"其利益正受到或可能受到不利影响的一个或多个人"，表明了法律抛弃了诉讼资格的"法律权利说"的标准，转而接受"实际损害说"。[63]1972年的"塞拉俱乐部诉莫顿"案中，联邦最高法院指出环保或其他团体在自己成员的环境利益受到实质上的损害（包括直接损害和间接损害）时享有起诉权，同时又指出所谓"事实上的损害"并不局限于经济利益上的损害，还包括美学、自然保护、经济、娱乐等方面的损害，强调"审美和优美的环境如同优裕的经济生活一样，是我们社会生活质量的重要组成部分，许多人而不是少数人享受特定环境利益的事实并不降低通过司法程序实施法律保护的必要性"。[64]但是，符合"实际损害"标准的原告主体仅具有提起环境公益诉讼的可能性，美国法院的判例和环境法律仍然确立了若干原告主体资格的限制：[65]①公民或环保团体必须有法律明确的授权，即具有明确的可诉范围。②设置了公民诉讼的行政前置程序，即公民必须在提起环境公益诉讼前60天通知美国环保局、州政府以及其将要控告的对象。[66]③环境行政机构勤勉地执行法律可以阻止公民诉讼的提起。美国环境公民诉讼的一个重要特点是：由环保团体提起的诉讼占全部公民诉讼的绝大多数。根据1984—1988年的统计，由全国性环保团体根据《清洁水法》提起的诉讼占全部诉讼数量的三分之二。[67]与个人相比，环保民间组织的能力更强，训练有素，是公民诉讼主要提起者，被称为环境法的"看门狗"（Watch Dog），随时准备好起诉那些错误或不

---

63 吴勇. 论我国环保团体提起环境公益诉讼的模式选择与制度保障//徐祥民. 中国环境法学评论[M]. 北京：人民出版社，2013：61.

64 Sierra Club v. Morton 405 U. S. 727（1972）. 转引自：吴勇. 论我国环保团体提起环境公益诉讼的模式选择与制度保障//徐祥民. 中国环境法学评论[M]. 北京：人民出版社，2013：61.

65 陈景敏. 论水域污染公益诉讼适格原告主体的判断标准//刘中夫，李挚萍. 正义与平衡——环境公益诉讼的深度探索[M]. 广州：中山大学出版社，2011：112.

66 齐树洁. 环境公益诉讼原告资格的扩张[J]. 法学论坛，2007（3）：47-52.

67 吴勇. 论我国环保团体提起环境公益诉讼的模式选择与制度保障//徐祥民. 中国环境法学评论[M]. 北京：人民出版社，2013：61.

当履行职责的政府机关和污染企业。政府部门和企业在处理环境议题时就不得不小心翼翼，以免被起诉，而一旦败诉则意味着巨大的诉讼成本负担。公民诉讼也不仅仅限于针对环境违法行为的诉讼，还包括推动新的环境标准的制定、修正和完善社会公共政策等内容。司法权在美国的地位极高，法官可以通过具体的案例来创制法律、改变公共政策，推动法律的发展使之适应同样发展中的社会。因此，以公民诉讼为形式的公众参与可以实现准立法的功能。[68]公民诉讼的存在也延长了社会对环境违法行为监控的视角，公民诉讼的被告还包括政府机关，实现了对政府执法的有效监督。另一种模式是以德国、法国为代表的大陆法系的团体诉讼，是指有权利能力的公益团体，基于团体法人自己的实体权利，依照法律规定，就他人违反特定禁止性规定的行为或无效行为请求法院命令他人终止或撤回其行为的特别诉讼制度。欧洲的环境公益诉讼大部分是由环保团体提起诉讼，环保团体在其中是核心力量。[69]但是，欧洲的团体诉讼限制较严，适用范围也较狭窄，而美国的公民诉讼则比较灵活，并不恪守传统的诉讼规则。

7.3.2 环境公益诉讼的功能

环境公益诉讼的功能主要体现为以下几个方面：

（1）诉讼目的的公益性。环境公益诉讼是为整个社会的环境公共利益而不是为了单个私人利益而提起的诉讼，其追求的终极目的不是个别人的权益救济，而是整个社会环境公共利益的维护和保障。[70]社会公共利益，虽然和集体利益、国家利益和政府利益会有所交织，但它们之间仍然存在较大的差别。集体利益是由多数人享有的利益，并不一定就是社会公共利益；国家利益是一个对外的概念，是相对于外国和国际组织而言，国家作为一个整体具有的利益；尽管理论

---

68 胡玮. 环境公益诉讼：概念的迷思——一个比较法的视角//徐祥民. 中国环境法学评论[M]. 北京：人民出版社，2013：66-75.

69 李挚萍. 欧洲环保团体公益诉讼及其对我国的启示[J]. 中州学刊，2007（4）：88-92.

70 李爱年. 生态效益补偿法律制度研究[M]. 北京：中国法制出版社，2008：93-95.

上政府是社会公共利益的代表者，但政府一旦成立，就有自身的利益考量，并不能在任何时候任何事情上都能保证代表社会公共利益。[71]社会的环境公共利益，有别于多数人享有的共同利益如集体利益、国家利益等。

（2）环境公益诉讼有助于实现权力的监督制衡，纠正和预防生态环境保护中的"政府失灵"和"市场失灵"的现象，治理环境损害，改善环境质量。环境行政公益诉讼有助于监督政府部门的"行政不作为"或"行政乱作为"；环境民事公益诉讼有助于制止一些污染企业在污染治理和生态环境保护方面的"外部性"，加强企业的环境责任。

（3）公益诉讼具有预防功能。[72]环境公益诉讼能够"防患于未然""禁恶于未萌"，[73]有助于建立生态环境保护的预防机制；在功能上侧重于事前预防，预防、减少、消除、制止环境污染或生态破坏行为。[74]其着眼点在于对环境损害行为的抑制和预防以及对环境公益行为的促进和鼓励，[75]而不仅仅是为了赔偿由环境污染或生态破坏造成的健康损害或经济损失。环境公益诉讼的这个功能与环境影响评价的司法监督机制中的预防功能是一致的。环境影响评价本身就是为了预防和减缓项目或规划对环境的影响，对于环评的司法监督是为了更好地发挥其预防功能。有时，自身受到项目或规划影响的公众个体并无能力为环境权益提起司法救济时，以环保团体等为代表的环境公益诉讼在环境影响评价领域的实施能够更好地维护环境公共利益，预防和抑制环境污染和生态破坏。

71 林莉红. 法社会学视野下的中国公益诉讼//贺海云. 公益诉讼的新发展[M]. 北京：中国社会科学出版社，2008：6.

72 吕忠梅. 建立和完善环境纠纷解决机制[J]. 求是，2008（12）.

73 黄学贤，王太高. 行政公益诉讼研究[M]. 北京：中国政法大学出版社，2008：11.

74 李爱年，何燕. 环境公益诉讼原告主体的多元化及其冲突的解决//徐祥民. 中国环境法学评论[M]. 北京：人民出版社，2013：52.

75 吴勇. 专门环境诉讼：环境纠纷解决的新机制[M]. 北京：法律出版社，2009：187.

7.3.3 我国环境公益诉讼的发展

7.3.3.1 理论上的发展

环境公益诉讼已成为近年来环境法领域最热门的话题之一，诸多研究文献汗牛充栋。据颜运秋教授的统计，仅在中国知网（CNKI）中以"环境公益诉讼"为主题的检索，就能搜到期刊论文 1 557 篇，硕士论文 348 篇，博士论文 11 篇；而在 2000 年之前的检索结果为"没有检索到符合条件的结果"；2001—2005 年，以"环境公益诉讼"为主题能检索出 135 条记录。[76] 可见，大量的环境公益诉讼方面的研究文献都是从 2006 年以后产出的，而且环境公益诉讼已成为整个公益诉讼研究最重要的部分。其中，原告资格研究已成为整个公益诉讼研究的核心部分，但大部分研究从内容看大同小异，纠结于环保社会组织、个人和检察机关是否具有原告资格问题。然而，理论上的研究并没有多少为实践和立法所采纳。比如，关于环保社会组织能否具有环境公益诉讼的原告资格问题，新修订的《民事诉讼法》采取了模棱两可的态度，导致司法实践中，民间环保组织无法很好地作为原告提起公益诉讼。甚至在《环境保护法》的修订过程中出现原告资格由一家官方色彩极其浓厚的所谓环保社团垄断问题。[77] 而且，由于对美国公民诉讼制度和美国权力分立制度背景存在一定程度的误读，学者们和环保部门的官员热情呼吁环保行政部门可以作为环境公益诉讼的原告，但对于公民个人的原告资格司法实践中却基本持否定态度。[78] 多数学者没有实践或亲自经历过环境公益诉讼，对于环境公益诉讼实践中存在的问题关注较少，如证据问题和证据规则，审判方式、裁判结果以及执行等问题的研究成果不多。在一定程度上而言，我国在环境公益诉讼的探索方面，实践已远远走在理论的前面，直到许多司法实践案例出来，学者们才开始对其进行

---

76 颜运秋，李明耀. 中国的环境公益诉讼研究：综述与评价//徐祥民. 中国环境法学评论[M]. 北京：人民出版社，2013：77.

77 于华鹏. 环保修正案二审亮点信息公开和公众参与[N]. 经济观察报，2013-7-8.

78 胡玮. 环境公益诉讼：概念的迷思——一个比较法的视角//徐祥民. 中国环境法学评论[M].北京：人民出版社，2013：66-75.

学理上的研究。

7.3.3.2　立法方面的发展

国家层面，2012 年修订的《民事诉讼法》第 55 条规定："对污染环境、侵害众多消费者合法权益等损害社会公共利益的行为，法律规定的机关和有关组织可以向人民法院提起诉讼。"第一次将环境民事公益诉讼纳入民诉法。但该规定过于原则，如何在司法实践中操作还是个问题，司法解释也未出台，许多法院就以没有司法解释、缺乏可操作性为由对一些环保 NGO 提起的环境民事公益诉讼拒绝予以立案。虽然《民事诉讼法》作出了修改，但《行政诉讼法》并没有作出相应的修改规定公益诉讼，提起环境行政公益诉讼仍然没有法律依据。2005 年 12 月 3 日国务院发布的《关于落实科学发展观　加强环境保护的决定》中就强调发挥社会团体在环境保护中的作用，鼓励推动环境公益诉讼。表明环境公益诉讼在政策层面得到认可。2008 年 2 月 28 日修订的《水污染防治法》是第一部规定了社会团体（包括 NGOs）可以参与环境损害诉讼，起到支持起诉的作用。最高人民法院于 2010 年在《关于为加快经济发展方式转变提供司法保障和服务的若干意见》的第 13 条专门规定了促进环境保护纠纷案件审理的内容，其中也有"依法受理环境保护行政部门代表国家提起的环境污染损害赔偿纠纷案件，严厉打击一切破坏环境的行为"等规定。[79]

地方层面，许多地区在环境公益诉讼的法律依据方面进行了许多试点和探索，具有十分重要的借鉴和参考意义。[80]2008 年 9 月，无锡市中级人民法院和无锡市人民检察院联合发布了《关于办理环境民事公益诉讼案件的施行规定》，提出了建立环保法庭的构想并予以实施，初步建立了环境公益诉讼制度，如规定了检察机关、环境行政部门和环保社团可以提起环境民事公益诉讼。2009 年，云南省

---

79 最高人民法院.《关于为加快经济发展方式转变提供司法保障和服务的若干意见》的通知（法发[2010]18 号），2010 年 6 月 29 日。

80 严格意义而言，除了《贵阳市促进生态文明建设条例》外，许多地方的许多关于环境公益诉讼的规定并不是地方性法规、规章，而仅仅是地方法院、检察院颁发的规范性文件。

高级人民法院颁发了《全省法院环境保护审判庭建设及环境保护案件审理工作座谈会纪要》，并规定："环境公益诉讼为特定国家机关或者组织为维护环境公共利益向人民法院提起的民事、行政诉讼。"明确了环境公益诉讼包括环境民事和行政公益诉讼。同时，该文件还明确了环境公益诉讼的原告为人民检察院和环保社团，将公民个人的原告资格排除在外，但没有对环保行政机关的原告资格进行界定。[81]该文件还对环保案件的范围进行了规定："包含涉及生态环境、生活环境包含的民事、刑事、行政案件。民事、行政诉讼中的资源类案件不应当列入环保案件范围。"随后，2010 年，昆明市中级人民法院颁发了《关于办理环境民事公益诉讼案件若干问题的意见（试行）》（昆中法[2010]78 号），将环境公益诉讼的原告界定为"人民检察院、环保机构、环保社团组织"，但其对人民检察院的原告资格作了一定的限制"人民检察院可以督促、支持环保机构或者支持环保社团组织向人民法院提起环境民事公益诉讼。必要时，也可以直接向人民法院提起环境民事公益诉讼。"可见，检察院首先是支持起诉，并起到法律监督作用，必要时，才直接作为原告提起环境民事公益诉讼。该规定很好地体现了检察院在司法体系中的地位和作用，并承认了检察院在环境公益诉讼方面的专业性并不一定占优势。昆明市中院的文件还明确了诉讼费用的缴纳问题，该文件第 28 条规定："公益诉讼人提起环境民事公益诉讼可以缓交诉讼费，公益诉讼人败诉的，免缴诉讼费；被告败诉的，由被告缴纳诉讼费。"2011 年，云南省玉溪市中级人民法院和玉溪市人民检察院联合发布了《关于办理环境资源民事公益诉讼案件若干问题的意见》（玉中发[2011]2 号），该文件大部分内容如原告资格、诉讼费用、审判程序和证据规定等方面和昆明市中院颁发的文件相同，但在原告资格方面有些差异。玉溪市中院的文件并没有对检察院的原告资格再进一步作限制。但是，遗憾的是，尽管云南省高院的《全省法院环境保护审判庭建设

---

81 云南省高级人民法院《全省法院环境保护审判庭建设及环境保护案件审理工作座谈会纪要》规定："人民检察院、在我国境内依法设立登记的，以保护环境为目的的公益性社会团体可作为原告提起环境公益诉讼。暂不受理公民个人作为原告向人民法院提起环境公益诉讼。"

及环境保护案例审理工作座谈会纪要》规定了环境行政公益诉讼，昆明和玉溪的文件都只规范了环境民事公益诉讼，回避了对环境行政公益诉讼的探索。2010 年贵阳市《贵阳市促进生态文明建设条例》也对环境公益诉讼制度作出了规范，其亮点是规定了环境民事公益诉讼的裁判方式，主要有要求责任主体承担停止侵害、排除妨碍、消除危险、恢复原状、消除影响等责任。

7.3.3.3 司法实践方面的发展

2007 年贵阳市"两湖一库"管理局诉贵州天峰化工有限公司案是首例行政机关作为公益诉讼原告的环境民事公益诉讼。2008 年，昆明市环保局诉昆明三农公司的环境公益诉讼案是云南省内第一个由环保行政机关作为民事公益诉讼原告的环境污染案件。还有 2009 年中华环保联合会诉江苏江阴港集装箱有限公司环境污染侵权纠纷案、中华环保联合会诉贵州省清镇市国土资源局不履行收回土地使用权法定职责案，以及 2010 年 10 月，中华环保联合会、贵阳公众环境教育中心起诉贵州省贵阳市乌当区定扒造纸厂水污染侵权纠纷环境公益诉讼案。这些案件都在当地的环保法庭所受理并已审理完毕。2012 年 10 月，北京"自然之友"和重庆"绿色联合会"等环保民间组织在其志愿者和志愿律师的不懈努力下，最终使曲靖市中级人民法院变更了诉讼主体，在将原来的第三人曲靖市环保局变更为共同原告后，进行了立案，使曲靖铬渣污染环境公益诉讼案成为中国第一个被立案的由草根非政府组织作为原告提起的环境公益诉讼。[82]

然而，环境公益诉讼在实践中，仍然存在诸多问题。笔者以上述"自然之友"等为原告的曲靖市铬渣污染环境公益诉讼案为例，探讨环境公益诉讼尤其是环保民间 NGO 为原告在司法实践中存在的问题：

---

82 中华环保联合会尽管从法律意义上是一个环保非政府组织,但其成员和领导多为一些政府退休高官,官方色彩过于浓厚,并不能完全以 NGO 的视角看待,故其作为原告提起的环境公益诉讼并不完全是一个民间 NGO 作为原告的案例。

（1）环境公益诉讼难以涉及公众的环境健康风险。

由于因果关系和具体的公众的健康损害属于一种私益性质的诉讼，所以，该案的诉求中并没有涉及具体的人员健康风险损害的赔偿问题。但是其诉状中要求被告恢复环境、治理污染等问题也是间接为保护居民的健康起到了积极的作用，可以从源头上遏止对居民健康的危害。从这个意义上而言，具有很好的积极意义和示范作用。否则，依靠当地的弱势村民，难以撼动企业的违法排污和污染行为，有效维护自身的健康权益。自然之友等 NGO 诉污染企业的环境公益诉讼虽然已经立案，并取得了重大突破，但该诉讼仍然存在不可避免的甚至是至关重要的缺憾或不足，导致对其诉讼结果的不容乐观。

（2）取证难。

环境污染是一个长期的过程，即使是突发性环境污染事故造成的污染也需要一个对照的背景资料或长期的环境监测资料。这些资料一般由环保部门及其下属机构保存，在取证过程中，部分环保部门对公益诉讼的观念尚未转变，导致取证过程中存在一定障碍。而且环保部门在履行环境监管中存在疏漏和环保经费的保障不足，一些地区尤其是农村地区甚至缺失基本监测资料。所以，该案从 NGO 最开始将曲靖市环保局列为（被告）第三人，最终变更为共同原告的重要理由之一就是为了取证方便。

（3）环境损害难以鉴定。

目前关于环境损害鉴定面临不少困难，其中比较突出的问题是：资金缺乏；技术、方法的不完善，缺乏相应的规范和程序；技术人员和有力量的技术机构缺乏。在该案的诉讼过程中，原告方多方寻找有实力的评估机构对环境损害进行评估，从云南当地到发达地区，结果均难以如愿。不是要价昂贵，就是技术力量不足，所涉案件的社会影响程度也往往成为评估机构判别是否接受评估委托的考虑因素。例如，环保部下属的环境规划研究院环境风险与损害鉴定评估研究中心是司法部批准试点的环境损害评估机构，技术和资质均符合法律规定和案件需求，但鉴于该案的特殊性和影响力使该机构最终未接受评估委托。昆明市环境科学研究院也成立了相应的环境损害司法鉴定中心，成为司法部门批准的试点单位之一。在决定是否进行评估的过程中，仍然顾虑重重：一是跨地区的障碍，昆明和曲靖属于不同的行政区域，涉及单位间协调和沟通，必要时还需上报上级主管部门。二是技术力量和背景数据的不足。由于历史铬渣堆放时间长，许多基础性数据缺失，包括地下水污染状况、土地污染状况、地表水污染状况等都不完整，需要进行比较详细的取样和分析，意味着要耗费不菲的资金和时间（估计需要 8 个月到 1 年的时间才能初步完成环境损害评估报告），而费用也需要在 150 万元以上（据说这还仅为成本费用，包括差旅费和监测费用等）。[83]对于 NGO 而言，最大的问题还是资金缺乏，NGO 作为草根性组织，自己很难承担如此庞大的资金，而共同原告之一的曲靖市环保局，作为行政机关，受制于政府财政预算，同样难以负担上百万元的鉴定费用。

（4）判决或调解。

基于上述困难，法院和环保局倾向于用调解的方式结案，原告 NGO 基于技术原因最终同意调解，调解前双方还是进行了很详细的准备，包括双方证据的收集、提交和证据交换等程序，均符合一般民事诉讼程序的规定。在 2012 年 5 月 21—23 日，原被告和法院进行了质证。[84]原告 NGO 和被告均邀请了技术专家出庭对案件所涉专业性问题进行了解释和说明。然而，关于环境公益诉讼的调解，学术界和司法审判界的争议较大，最主要的问题是调解必然涉及利益的博弈和取舍，原告既然代表公众利益，那他（它）是否有权为了调解而放弃或降低公共利益的诉求？但是，调解有其优势和便利之处。调解结案可在最终执行方式上趋于灵活，不限于简单地要求被告支付污染修复费用，可以针对土壤、地下水、地表水的具体修复行为给予动态的监督和管理。从这个意义上而言，更能凸显公益诉讼的本质。

---

83 经过多方努力，昆明市环境科学研究院环境损害司法鉴定中心同意参加本案的司法鉴定工作，但由于经费和时间周期问题，至今没有进行环境损害鉴定工作。

84 媒体报道为"庭审"也不是错误，因为双方和法院在质证过程中的交锋和争论非常激烈，甚至比一般的庭审过程还要激烈。

（5）公益诉讼的法律依据仍显不足。

尽管云南省高院出台了鼓励环境公益诉讼的文件，最高人民法院也有类似的文件，但这些仅仅是文件，而非正式的法律或法规。法律依据的不足导致环境公益诉讼一直处于试点或试验状态，并不能形成常态化的诉讼机制或模式，这也导致许多环保法庭处于"无米下锅，无案可审"的尴尬境地。最高人民法院虽然在《关于为加快经济发展方式转变提供司法保障和服务的若干意见》的第 13 条专门规定了促进环境保护纠纷案件的审理的内容，其中也有"依法受理各类因环境污染引起的损害赔偿纠纷案件，正确适用环境侵权案件举证责任分配规则，准确认定环境污染与损害后果之间的因果关系，确保环境侵权受害人得到及时全面的赔偿"和"依法受理环境保护行政部门代表国家提起的环境污染损害赔偿纠纷案件，严厉打击一切破坏环境的行为"等规定。[85]该文件则仅规定了环境保护行政部门可以代表国家提起环境公益诉讼。2005 年国务院《关于落实科学发展观　加强环境保护的决定》和 2008 年修订的《水污染防治法》的规定也并未对 NGO 的原告资格进行明确的界定，《水污染防治法》仅规定了 NGO 组织的支持起诉的地位。

《民事诉讼法》的修订，一方面是将司法实践中已经存在的环境公益诉讼入法，另一方面则基于各种考虑，将民事环境公益诉讼的原告资格仅限于国家机关和有关社会组织。[86]毫无疑问，立法吸收了司法实践中有益的探索经验，把环境公益诉讼制度转化为具体的立法条文，但这种立法与司法实践的统一却未考虑到立法的前瞻性，而是保持了有限的克制。在这种情况下，司法实践中环境公益诉讼主体并未完全归纳入法律，造成的结果是：此次铬渣污染公益诉讼案中的主角——北京"自然之友"和重庆"绿色联合会"很可能将

---

85 最高人民法院.《关于为加快经济发展方式转变提供司法保障和服务的若干意见》的通知（法发[2010]18 号），2010 年 6 月 29 日。

86 全国人大出于慎重，在立法调研的过程中提出只规定环境和消费者权益两类公益诉讼，并对公益诉讼主体资格严格限制。具体参见：江必新. 新民事诉讼法专题讲座[M]. 北京：法律出版社，2012：66.

在修订后的《民事诉讼法》中失去提起公益诉讼的原告资格。[87]如果追究公益的代表者，国家机关乃至法律规定的组织与民间自治团体之间，能够切实维护社会公共利益的主体并不必然是前者，并且就目前环境污染以及公众环境健康权益的现状而言，以污染换得的经济发展，正是政府部门所追求的目标之一。正因为如此，环境公益诉讼的原告资格如果单纯地由国家机关及有官方背景的"有关社会组织"来承担，那么新修订的《民事诉讼法》基本上排斥了纯粹地以公益为志向的民间环保组织为公众环境健康权益寻求司法救济的途径。

7.3.4　环境公益诉讼制度的异化

7.3.4.1　环境行政公益诉讼的萎缩

环境公益诉讼理论上应包括环境行政公益诉讼和民事公益诉讼。目前，环境公益诉讼的实践主要集中于民事诉讼领域，环境行政公益诉讼极为少见。如前所述，地方司法实践中也有意回避环境行政公益诉讼问题，以公民个人或个人的联合为原告的环境民事私益诉讼和行政诉讼，虽然在实体法和诉讼法尚都有明确的依据，实践中却常常面临立案难、胜诉率极低的问题，但这种诉讼不在"环境公益诉讼"的讨论范围内。根据现行的行政体制，环境行政机关对于环评许可事项具有较为广泛的裁量权，这种裁量权在一定程度上是必要的，因为污染源复杂多样，各地的环境状况、环境负荷等因素都有不同，允许环境行政机关根据许可的对象与条件作出裁量。但是这种裁量如果没有监督，则可能会导致行政裁量的滥用，环境行政公益诉讼则是为了监督行政机关，促使行政机关勤勉履行环境保护义务，防止由于行政行为的不当使环境破坏的不良后果发生而

---

87 修订后的《民事诉讼法》条文："对污染环境、侵害众多消费者合法权益等损害社会公共利益的行为，法律规定的机关和有关组织可以向人民法院提起诉讼。"按照这一规定，只有法律赋予身份的有关组织才可以提起公益诉讼，这就意味着没有法律明确规定的组织将不能提起公益诉讼，如 NGO 只是通过合法登记注册的团体，并非"法律规定"的有关组织。同时，按照全国人大法工委在修订法律过程中的意见，其实是把公益诉讼的范围和原告资格做了限制，在环境公益诉讼方面，如中华环保基金会这样的准官方组织才具有所谓的"法律规定"的资格。

采取的一种救济途径。建立环境行政公益诉讼制度，可以为公众抗议政府的不良行政行为开辟一条新的法律救济渠道，以便及时消除可能引发的环境群体性事件。

行政公益诉讼是各国对起诉资格不断放宽，甚至取消的产物。行政公益诉讼有以下几个特征：①与一般的行政诉讼制度比较，行政公益诉讼中的原告并不局限于具体的合法权利或财产受到损害的特定人；②违法行政行为侵害的是公共利益，对于普通公众只有不利影响，而无直接利益上的损失；③为了防止滥诉，影响行政行为的效率，行政公益诉讼的受案范围往往受到限制。[88]我国的行政诉讼法律中没有明确行政公益诉讼制度，这在一定程度上反映了行政权力至上的观念和误区，并陷入一种行政机关就不会侵害公共利益的假设；或者认为公共利益可以分解为若干个数量不等的私益，当它受到侵害时，私益主体自然会通过诉讼来保护自己的利益。然而，实践证明，这种假设是不能成立的，无论是行政机关的作为或不作为都有可能对公益造成损害，而且，并非所有的公益都是若干私益的简单叠加，由私益主体自行救济。[89]

根据《行政诉讼法》第 2 条、第 11 条、第 41 条的规定，行政诉讼的原告仅限于自身合法权益受到侵害时才能提起行政诉讼。但是，最高人民法院的司法解释将原告资格扩大为"法律上的利害关系"标准。此时，面临一个新的问题：如果公共利益受到行政行为的不法侵害，谁具有行政诉讼的原告资格，即法律是否允许无直接利害关系人为维护公共利益而向人民法院提起行政公益诉讼。虽然在 2005 年 11 月公开的《行政诉讼法修改建议稿》中引入了公益诉讼的条款，其中第 29 条规定："人民检察院认为行政行为侵害国家利益或社会公共利益的，可以向作出行政行为的行政机关提出要求予以纠正的法律意见的建议，行政机关应当在 1 个月内予以纠正或予以书面答复。预期未按要求纠正、不纠正或不予答复的，人民检察院可以提起公益行政诉讼"。但《行政诉讼法》至今未修改，故检

---

88 江必新，梁凤云. 行政诉讼法理论与实务[M]. 北京：北京大学出版社，2011：378-379.
89 姜明安. 行政法与行政诉讼法[M]. 北京：北京大学出版社，2007：510.

察机关作为原告的行政公益诉讼仍然没有法律依据。

而我国目前热衷的环境行政机关作为原告提起环境公益诉讼,是对美国环保局(EPA)提起的诉讼(由司法部代其起诉)的一种流于形式的观察和误读:认为是政府机关在通过"行政诉权"的方式履行保护环境的行政职责。这是因为没有理解美国的分权原则和制度安排,行政机关和其行政管理的对象在身份上是平等的,一旦有争议,EPA 无权做自己案件的法官作出最终决定,而必须由法院作为中立第三方进行裁决,即"司法最终原则"。[90]在美国,EPA 每年平均被诉150 次以上,2010 年这个数字甚至超过了 200。[91]而我国并无明显的分权制度,与美国相比,我国环境行政部门有强有力的执法权,有权作出多种环境行政决定,行政机关还可申请法院强制执行。因此,还要鼓吹由环保行政机关来提起"环境公益诉讼",搁置自己强有力的行政执法权而去追求诉讼的"形式",无异于"自废武功"。[92]

7.3.4.2 《环境保护法》修订与环境公益诉讼原告资格的限制

近年来,赋予环保组织以原告资格主体的呼声不绝于耳,但是,实践却极为诡异:一个"环境公益诉讼"要经过漫长复杂的"酝酿"过程,甚至本该中立的法院也参与其中,借用"环境公益诉讼"的形式,挑选"合适"的原告,以司法之名,完成一个漂亮的"环境公益诉讼",当然,原告必定胜诉。然而,如果没有真正的法治环境,无论是谁坐在原告席上,都不免沦为一场"游戏"。[93]这些话语虽然刺耳难听,但确实道出了现在所谓"环境公益诉讼"的一个实情:

---

90 胡玮. 环境公益诉讼:概念的迷思——一个比较法的视角//徐祥民. 中国环境法学评论[M].北京:人民出版社,2013:66-75.

91 U. S. GAO Environmental Litigation,Cases against EPA and Associated Costs over Time,GAO-11-650,Aug. 1,2011. 转引自:胡玮. 环境公益诉讼:概念的迷思——一个比较法的视角//徐祥民. 中国环境法学评论[M]. 北京:人民出版社,2013:66-75.

92 笔者认为,环保部门尚认为自己的行政执法权力不够,比如根据相关环境法律能作出的处罚力度过低,而对企业没有威慑力。现实情况确实如此,如 2005 年松花江污染事件,原国家环保总局开出了 100 万元的有史以来最大的罚单,但和其造成的 266 亿元的治理成本相比简直是杯水车薪。但是,法院如果接受案件的审理就能够提高处罚力度吗?法院也是同样根据环境法律来审理和判决案件,除了引起舆论的关注外,并不能有实质性的改变。

93 胡玮. 环境公益诉讼:概念的迷思——一个比较法的视角//徐祥民. 中国环境法学评论[M].北京:人民出版社,2013:66-75.

环境公益诉讼中的被告多是民营小企业；或者是针对政府部门的不痛不痒的所谓行政不作为进行诉讼，操纵和炒作的成分很大。

鼓励环境民间组织参与环境公益诉讼，能有效改变环境公共利益代表主体缺位的情形，有利于促进和监督政府环境执法，并有利于促进环境民主的发展。政府在环境保护方面负有重要的责任，但由于对经济利益的过分倾斜，导致环境执法方面的"不作为""消极作为"。因此，在环境保护方面仅靠政府进行有效的行动是不够的，环保 NGO 具有环境公益诉讼的主体资格，可以督促政府积极采取措施保护环境，并会引起公众的广泛关注，既提高了公众的环境意识，又鼓励了更多的公众参与到环境保护活动中来。环保 NGO 参与到环境诉讼中与个体公众的诉讼相比更具有优势：①在财力和信息方面具有优势。NGO 在信息网络、证据收集、法律熟悉程度以及与政府、企业的谈判能力方面都比个体公众更具有优势。②团体诉讼可以避免因适用多数人诉讼而带来大量复杂的诉讼技术问题，解决诉累，减轻法院诉讼负担。③环保 NGO 具有组织性和公益性。在环境问题上相对中立，基本上能够保障公益诉讼不会偏离公益维护的轨道，且有能力吸引环保专家、法律专家提供良好的技术支持和法律服务，从专业的角度保证诉讼目的的实现。[94]

为此，许多学者呼吁在《环境保护法》修改中，应顺应社会呼声，并吸收环保司法实践，对环境公益诉讼主体作出明确规定。但是，2013 年 6 月的《环境保护法》修正案（二审稿）中竟然规定了中华环保联合会作为唯一有资格提起环境公益诉讼的社会组织，结果和学者呼吁扩大环境公益诉讼原告主体资格的观点完全相反。[95]如果《环境保护法》真如二审稿中如此修订，则 2011 年年底以"自然之友"等民间环保组织在云南起诉一家企业的铬渣污染环境公益诉讼案将成为草根民间环保组织作为环境公益诉讼原告资格的"绝

---

94 吴勇. 论我国环保团体提起环境公益诉讼的模式选择与制度保障//徐祥民. 中国环境法学评论[M]. 北京：人民出版社，2013：60.

95 《环境保护法》修正案（二审稿）第48条提出："对污染环境、破坏生态，损害社会公共利益的行为，中华环保联合会以及在省、自治区、直辖市设立的环保联合会可以向人民法院提起控诉。"

响"。这绝非我国环境保护事业及环境司法救济的幸事。

胡玮律师通过对美国环境公益诉讼的实地考察后认为，要正确理解美国的公民诉讼制度的内涵，不要误读其中的制度背景和制度差异，我国行政机关提起的环境诉讼不应被冠以"公益诉讼"之名而被盲目倡导，民间环保组织对环境法律事实的参与则应得到法律明确保障，同时应落实既有的以受害人保障为核心的私益诉讼制度。美国的公民诉讼（Citizen Suit）意指公民、市民，可以是个人，也可以指公司、民间团体，但绝对区别于政府公权力机关。美国的环境公民诉讼通常包括三种形式：①起诉其他个人、公司、组织、政府机关的环境违法行为；②起诉政府机关未履行法律规定必须履行的行政职责；③无论行为方是否违法，请求禁令以免受损害。公民诉讼的概念从一开始就和环境法律执行机制（Enforcement of Law）密不可分，事实上，公民诉讼几乎就是一个和政府执法相平行的环境执法机制另一边的组成部分。[96]

7.4　环境影响评价司法监督机制中的证据问题

7.4.1　科学不确定性与环评决策

环境问题的预测和判断，是一个非常复杂的问题，环境标准的确定、预测模型的选择和估算等问题，并非纯粹的科学问题。以环境标准为例，虽然以环境中的污染物对人或动物不产生有害影响的最大剂量为依据，但仍需要考虑社会、政治、经济和技术等条件来确定，而且考虑到个体差异问题，绝对安全的标准，即"零风险"根本不存在，除非停止生产。环境影响评价方法中的污染物排放预测模型的选择依赖于专家的经验和技术水平。[97]环境问题的最大特点在于其涉及高度的科技背景，许多环境上的危害行为或产品往往在经年累月后才被发现，

96　胡玮. 环境公益诉讼：概念的迷思——一个比较法的视角//徐祥民. 中国环境法学评论[M]. 北京：人民出版社，2013：66-75.

97　白贵秀. 环境行政许可制度研究[M]. 北京：知识产权出版社，2012：6-7.

这也使得环境决策的风险很大，所做的决策在日后都有可能被证明是错误或偏差。[98]环境问题的因果关系的认定也非常困难，常常牵涉到科学上的极限，难以立即给予一个肯定的答案，以作为认定责任或采取相对措施的依据。[99]在环境影响作为一种预测行为、践行预防原则的前提下，应由谁承担一个不确定性的举证责任问题，即承担一个"尚不明朗的事实状态"（该状态是由于对预防措施进行的结果仍保持开放以及不确定性尚未消除的调查和评估）所引起的后果？[100]

美国在 20 世纪 50 年代末开始，为了加强水质管理和水污染的控制，采取了一个三级实施步骤的形式来加强对污染者的处罚权力。[101]1956 年的《污染控制法》允许公共卫生局对那些排放的污水危及下游人们健康和福利的工厂和市政进行处罚，实施步骤的第一级是一个有联邦和各州水污染控制官员参加的会议，公共卫生局在会议上就跨州间的污染问题进行陈述，如果可能的话，相关单位之间会就合适的补救措施和实施时间达成共识。若不能达成共识，则实施第二级步骤，就此问题组织一个听证会。若听证会失败，则进入第三级，由联邦政府提起诉讼。[102]到了 1965 年《水质法》进行了修改，1970 年，水质管理权交给了新成立的美国环保局（EPA），并对三级实施步骤进行了修改，反映了环境标准的重要性。如果排污者导致州际水质超标，联邦政府就可以对他们提起诉讼。但是，联

---

98 美国环境保护局（EPA）原来不愿意制定空气品质标准，经环保团体诉请法院获胜诉判决（NRDC v. Train，545 F 2d 320（211Cir. 1976）后，只得依赖厚达 300 多页的科学数据，制定 1.5 μg/cm³ 的标准。环保团体和业者都不满意该标准并诉诸法院审查，法院认定其合法性[Lead Industries Association, Inc. v. EPA，647 F 2d 1330（D. C. Cir. ），cert. denied，449 U. S. 1042（1980）]；然而，事后"清洁空气科学顾问委员会"却发现正确的健康影响数值，在美国环境保护局所依据血的铅含量的 1/3 就已开始，所制定的标准因而已不标准。[Current Development，Env't. Rep. 197（1985）]. （转引自：叶俊荣. 环境政策与法律[M]. 北京：中国政法大学出版社，2003：13.）
99 叶俊荣. 环境政策与法律[M]. 北京：中国政法大学出版社，2003：23.
100 刘刚. 风险规制：德国的理论与实践[M]. 北京：法律出版社，2012：235.
101 [美] 伦纳德·奥托兰诺. 环境管理与影响评价[M]. 郭怀成，梅凤乔，译. 北京：化学工业出版社，2004：228-229.
102 Freeman，Haveman 和 Kneese（1973，p. 116）指出 1956 年和 1965 年间只有一个案例走到了第三级步骤。（转引自：[美] 伦纳德·奥托兰诺. 环境管理与影响评价[M].郭怀成，梅凤乔，译. 北京：化学工业出版社，2004：228.）

邦政府的这项权利很少使用，到 1971 年，只有 27 个诉讼案例被报道。因为很难有证据说明某个污染源与其下游的水质超标之间的一一对应关系，其中的复杂关系很难搞清楚，尤其是当存在几个相邻的污染源并且还不太清楚污染物和天然水体如何混合的情况下。这时，如果一个企业被认为超标，那么它就会提出是其他的污染源导致了污染，或者认为认定它超标没有科学依据。

另外，环境问题会产生累积效益，即每一个小项目可能只有很微小的环境影响，但是一系列的一个接一个的小项目可能产生显著的集体影响，即可能导致环境污染的"蝴蝶效应"。环境影响评价的复杂性和特殊性决定了环评结论并不具有唯一性，因而，当环评的结论与环保行政机关的审查观点不一致时，如何裁决便成为问题，行政裁量权的行使在环评行政许可领域便成为关键。一是如何防止行政裁量权的滥用；二是如何平衡审查机关和环评机构之间的分歧。由于风险的不确定性，决策于未知之中，受行政许可的期限等情形所限，环评审批部门决策的正确与否难以判断，这就给司法监督提供了介入的机会。

7.4.2 环境影响的判断标准

环境影响评价中的关于环境影响的判断标准最重要的是环境标准和技术导则等技术性规范文件。[103]关于环境标准的法律属性，我国立法上没有明确的规定，法律地位一直比较模糊，学者们关于环境标准的法律属性的争议比较大。多数学者认为环境标准是环境法规的重要组成部分，这个观点为国内多数环境法教材所认可，成为一种通说。[104]但也有人认为只有强制性环境标准才属于环境法规，而推荐性标准则不属于环境法规。还有学者认为，标准本身不是法规，只是和法律法规一起才成为环境法规。由于法律地位的模糊，一方面，在制定环境标准时，其往往仅被视为环境行政的一种技术性参照规范，并不具

---

103 技术导则也是属于环境标准的一部分，大部分环保部颁发的环境影响评价技术导则均以环保部的推荐性标准冠以标准号。

104 如已故著名环境法学家金瑞林教授认为，环境标准具有规范性、法律的拘束力，如法规一样要经授权由有关国家机关按照法定程序制定和颁布。故环境标准属于法律规范。引自：金瑞林. 环境与资源保护法学[M]. 2 版. 北京：高等教育出版社，2006：101.

有严格的法律拘束力；另一方面，在环境影响评价及其行政许可等环境管理行为和环境侵权纠纷中，环境标准以其具体和实用性常常被作为环境影响程度大小的判断标准，以及司法上认定侵权行为存在与否的主要依据。[105]白贵秀博士从制定主体、制定程序和规范效力三个方面论证了环境标准的法律属性：第一，环境标准是经法律授权的国务院环境保护主管部门和省、自治区、直辖市人民政府颁布，是行政法意义上抽象行政行为——行政立法。第二，根据《环境标准管理办法》第11条的规定，环境标准的制定遵循编制标准制（修）订项目计划、组织拟定标准草案、对标准草案征求意见、组织审议审查批准、程序编号、发布正式的标准等一系列法定程序，与规章的制定程序"立项、起草、审查、决定、公布"基本一致。第三，关于环境标准的规范效力，有人从《标准化法》的规定"强制性标准必须执行""推荐性标准自愿执行"中认为只有强制性标准属于法律规范，而推荐性标准不属于法律规范。这种思路的错误在于将法律规范片面地理解为"命令性规范"，而忽视了大量的"授权性规范"。强制性标准可以理解为法律条文中的"应当"，推荐性标准可以理解为"可以"。[106]环境标准具有普遍拘束力，无论对行政机关内部的管理，还是生产、生活活动，或者是在环境诉讼案件中均具有拘束力。[107]我国在审理环境诉讼案件时，法院对于环境标准大多数是直接采用，一般不会质疑环境标准的正当性和合理性问题，这在一定程度上赋予了环境标准制定机构的终局决定权。[108]

---

105 汪劲. 环保法治三十年：我们成功了吗[M]. 北京：北京大学出版社，2011：138.

106 白贵秀. 环境行政许可制度研究[M]. 北京：知识产权出版社，2012：84-85.

107 在环境影响评价中，存在大量的技术导则，一般都以环保部的推荐性标准的形式存在，尽管是推荐性标准，但是这些技术导则不但是环评文件编制的规范，也是环评文件的技术评估和行政机关的环评行政许可审查以及作出行政许可的依据。同样，技术导则也应成为法院审理环评有关的案件的依据。

108 我国环境标准的制定通常采取课题申请的方式确定起草单位，由起草单位起草后，公开征求意见，经专家评审，再由行政机关审批、颁发，尽管也有公开征求意见，但基本没有涉及公众参与的规制。然而，随着公众环境意识的觉醒和环境健康风险的增大，公众对于环境标准制定的参与欲望和行为日益加强。最著名的莫过于国家大气环境质量标准修订过程中关于是否纳入 $PM_{2.5}$ 进入标准及其标准值的争论。由于公众的参与和环境恶化的压力，环保部由最初的抵触到最终接受了 $PM_{2.5}$ 进入大气环境质量标准。

　　环境标准是一定时期的经济、社会条件和科技发展水平的产物，未来可能会被不断修正，这就存在决策于科技未知之中的风险。而且环境标准的制定被部门专家和有关利益集团过多地主导，公众的意见基本缺失，影响了标准的合理性和科学性。[109]那么，当环境标准经修改以后，已经获得行政许可的企业如何规制？实践中，新标准实施会有一个生效日期，环保部门可以颁发命令，要求企业在一定期限内重新达标。如果在该期限内企业没有达到新标准的要求，则可能被要求限期治理，甚至被关停。[110]这里涉及《行政许可法》的信赖保护原则[111]是否适合环境标准提升后的重新达标领域。现行的《行政许可法》第8条规定："公民、法人或者其他组织依法取得行政许可受法律保护，行政机关不得擅自改变已经生效的行政许可。行政许可所依据的法律、法规、规章修改或废止，或者准予行政许可所依据的客观情况发生重大变化的，为了公共利益的需要，行政机关可以依法变更或撤回已经生效的行政许可。由此给公民、法人或者其他组织造成财产损失的，行政机关应当依法给予补偿。"信赖保护是否适用于所有的行政行为呢？根据德国联邦法院的观点，行政信赖保护的适用条件是：受益人相信行政行为的存在；受益人的信赖值得保护；其信赖利益大于因恢复合法性产生的公共利益。因此，白贵秀博士认为，并不是只要存在公民的信赖就一定要保护，还需要进行利益的衡量，确定信赖利益大于因恢复合法性产生的公共利益时，信赖保护原则才得以适用。实践中，一般不会对不符合新标准的项目的环评行政许可进行撤销。因为，这样涉及行政法规的溯及效力问

109 汪劲. 环保法治三十年：我们成功了吗[M]. 北京：北京大学出版社，2011：78.

110 白贵秀博士认为，由于企业的项目可能达不到新标准，则该项目的行政许可如环评行政许可可能被撤销。（参见：白贵秀. 环境行政许可制度研究[M]. 北京：知识产权出版社，2012：114.）但实践中并非如此。

111 信赖保护原则最早出现在1925年奥地利的《一般行政程序法》第68条第3项："行政机关基于公共利益即排除大灾害的考虑，行政机关可以将授益的行政决定废止或者撤销，但应尽可能保护已经既得之利益"。德国也在1976年的《联邦行政程序法》中确立了"信赖保护原则"。（参见：江必新，梁凤云. 行政诉讼法理论与实务[M]. 北京：北京大学出版社，2011：211.）

题，在法律和程序上均难以实施。[112]故实践中新标准实施以后，规制企业的环境保护主要是污染控制管理部门，而非环评审批部门的职责。但仍然涉及环境行政的信赖保护原则问题，比如进行超标排污收费、限期治理、关停等行政行为。故环境标准的修改和提升的溯及既往的效力并不涉及环境行政许可，但涉及环境监察和环境污染治理等环境监管的行政行为。当然，这里仍然存在一个问题，在环境诉讼领域中，环境标准的修改是否具有法规的溯及力呢？例如，项目已经运行以后，公众是否可以依据企业不符合新环境标准而要求法院判决企业赔偿公众的环境污染损失？

《环境影响评价技术导则》中关于环境防护距离的设定和计算也是争议较大的问题。例如，项目和环境敏感区之间的距离、垃圾焚烧厂和周边居民之间的防护距离等都是环评中经常面对的实体性问题。如前述的深港通道深圳侧接线工程环境影响评价报告书审批争议中，公众代表两位退休高级工程师利用环评报告最后 7 页关于公式计算部分的复印件，对距离 100 m 处的敞口段自行利用环评预测的公式进行了计算，结果是氮氧化物浓度超标 19.64 倍。而根据环评报告，距敞口段 120 m 处以外，大气环境质量即可符合国家 2 级排放标准。然后，经过环评文件编制的专业技术人员和两位高工的反复核算，得出的结果是超标 14.4 倍，该结果得到了清华大学环境工程系两位专家的认可。如此的差距使得环评报告书成为双方争议的重点，而空气质量是否达标的技术争议也成为公众维权的重心。[113]但是，在随后深圳南山区主持的"西部通道深圳侧接线工程环境影响评价问题专家释疑会"上，由国内顶级的权威专家组成的专家组居然对此的回答也是模棱两可："现行的规范也不是十全十美的，也需要不断改进，但还是应该按规范来执行；经认真复核，两位老高

---

112 实践中，环评行政许可的撤销一般不是因为环境标准的变化，而是由于客观情况发生重大变化，为了公共利益的需要而撤销。当然，这种情况也非常少，最著名的例子就是 2007 年厦门的 PX 事件，最终，厦门 PX 项目在厦门海沧停止建设，而改为迁址漳州古雷半岛（迁址后需要重新进行环评审批）。

113 详细内容见：陈善哲，金城. 深港西部通道接线工程环评事件调查[N]. 21 世纪经济报道，2005-5-14；朱谦. 公众环境保护权利构造[M]. 北京：知识产权出版社，2009；203；汪劲. 中外环境影响评价制度比较研究[M]. 北京：北京大学出版社，2006；285.

工的计算没有错，但市环科所的计算也是符合规范的；……采用美国新的模型作了估算，环科所的结论基本上还是对的。"[114]在前述的北京"西—上—六"输变电线路工程环境影响报告书的环境影响行政许可听证会上，公众代表认为，该环境影响报告书所作的类比监测和理论计算不具有证明效力。因为，环评报告书在进行磁场理论计算时，没有使用该工程设计的实际电流值作为依据，而类比检测的福西线电流仅为 96.4 A 和 99.4 A，定热线的电流为 122 A 和 138 A。环评报告书中关于导线的选择，220 kV 输变电线路容量应在数十万千瓦至百万千瓦量级，此时的输电电流在 1 000 A 以上。电流的大小直接决定磁辐射值的高低，故环评报告书利用类比检测值的计算结果与工程不符。[115]另外，双方还在电磁辐射的适用标准问题上存在争议。在随后的行政复议过程中，北京市环保局关于是否考虑听证会意见的答辩中认为：我国尚无专门关于 220 kV/110 kV 输电线路的标准，国家环保总局 2004 年 8 月 4 日作出《关于高压送变电设施环境影响评价适用标准的复函》（环函[2004]253 号），指出："超高压送变电工程的环境影响评价，按照《500 kV 超高压送变电工程电磁辐射环境影响评价技术规范》（HJ/T 24—1998）执行，330 kV、220 kV 和 110 kV 输电线路的环境影响评价、审批和管理，可以参考该标准（HJ/T 24—1998）执行。"此外，环评技术导则应用方面还具有一定的不确定性。例如，"惠州大亚湾区近期发展规划环境影响评价"案例中的评价人员指出，新的大气导则进行预测需要注意排污口概化的问题。《环境影响评价技术导则—大气环境》（HJ/T 2.2—2008）对建设项目的大气环境影响预测提出了新的要求，加入了地形因素。在大亚湾区未来规划水平年大气影响预测工作中，由于中海油炼油项目一期、二期项目的大气排污口距离过近，在模型中自动概化成一个高架点源，结果造成预测结果偏低。在对报告进行校正时发现中海油炼油项目扩产前后的大气影响差别不大，经过反复核查才发现

---

114 http: //www. fon. org. cn/content. php? aid=6629；朱谦. 公众环境保护权利构造[M]. 北京：知识产权出版社，2009：174-175.

115 汪劲. 中外环境影响评价制度比较研究[M]. 北京：北京大学出版社，2006：298.

是模型的概化造成的，之后对模型进行了修正。该问题在大范围区域的多点源影响预测中应高度重视。[116]

这些都涉及环境影响评价的判断标准问题，尽管上述的争议还没有进入司法程序，但其因涉及关于环评适用的技术标准和评估模型的预测结果等技术性问题无疑也是环评行政许可诉讼中必然要面对的事实问题。此时，没有技术和专业优势的法院该如何应对？是回避？还是认同环保行政部门的专业判断？[117]还是自行组织专家再行论证？

7.4.3 环境诉讼的专家辅助人制度的完善

由于环境影响评价领域的司法实践涉及大量的专业知识、信息和技术的审查，而法院又不善于应对这些领域，因此，专家证人制度有时显得十分必要。它可以利用专家优势缓解司法对于高度技术性问题的审查负担，并且也适当向专家行政采取倾斜性的态度。我国的《最高人民法院关于行政诉讼证据若干问题的规定》第48条大致确立了行政诉讼中的专家出庭制度。但是我国的专家出庭制度并不是和英美法系中的专家证人制度一致。英美法系国家，将证人划分为一般证人和专家证人，将证人意见分为体验陈述和意见陈述。体验陈述是证人就其自身体验的事实作出的陈述，又称为非专家证人意见；意见陈述是证人根据其知识和经验，以推理的方式陈述其对事实的意见，又称为专家证人意见。如澳大利亚联邦1995年《证据法》第79条规定："如果某人基于训练、研究或者经验而具有专门知识，则该人全部或者主要基于其专门知识所提出的意见证据不适用意见证据规则。"英美法系的专家证人制度相当于我国的鉴定人。然而，我国的实践中有将鉴定结论视为"科学的判决"的误区。[118]法院将鉴定结论视为专门性的知识而无法自己判断，直接认

---

116 环境保护部环境影响评价司. 战略环境影响评价案例讲评（第四辑）[M]. 北京：中国环境科学出版社，2010：207-208.

117 基于利益和其他的考量，环保部门所谓的专业判断也并非就是正确，如前所述的原国家环保总局在北京"西—上—六"输变电线路工程环境影响报告书行政许可的行政复议决定中在一定程度上存在前后不一致的结论。

118 江必新，梁凤云. 行政诉讼法理论与实务[M]. 北京：北京大学出版社，2011：620-623.

可。然而，鉴定结论是由专业技术人员根据客观材料作出的鉴别和判断，具有一定的主观性，那么就应该允许当事人对其提出质疑。故我国的《最高人民法院关于行政诉讼证据若干问题的规定》第47条规定："当事人要求鉴定人出庭接受询问的，鉴定人应当出庭。鉴定人因正当理由不能出庭的，经法庭准许，可以不出庭，由当事人对其书面鉴定意见进行质证。"

我国特别采取了专家辅助人制度。专家辅助人，又称为诉讼辅助人，是指在科学、技术以及其他专业知识方面具有特殊的专门知识或者经验，经当事人申请并经法庭准许或者人民法院依职权通知出庭就待证事实所涉及的专门问题进行说明的人。专家辅助人是我国诉讼制度中极具特色的诉讼参与人，与英美法系国家技术顾问有一定的类似之处。技术顾问是指协助法院处理技术问题的专家，技术顾问和法官一起坐在法官席，与法官一同审案，又称为技术陪审员。技术顾问是完全忠实于法院，忠实于科学的专家。根据英国民事诉讼规则，一审法院可以任命不超过两名的技术陪审员，技术陪审员须为诉讼标的专家，但技术陪审员没有投票权。法院选择技术陪审员须考虑当事人的意见。但是，我国的专家辅助人和技术顾问在法律地位上有明显的差异。《最高人民法院关于行政诉讼证据若干问题的规定》第48条规定："对被诉具体行政行为涉及的专门性问题，当事人可以向法庭申请由专业人员出庭进行说明，法庭也可以通知专业人员出庭说明。必要时，法庭可以组织专业人员进行对质。当事人对出庭的专业人员是否具备相应的专业知识、学历、资历等专业资格有异议的，可以进行询问。由法庭决定其是否可以作为专业人员出庭。"专家辅助人与英美法系的专家证人以及我国的鉴定人不同。专家辅助人和专家证人一样，为法庭提供专业知识，但是专家证人属于证人的一种，在诉讼中作为证人发挥作用，而专家辅助人陈述的专家意见，仅仅是为了弥补一方当事人在专业知识方面的缺陷，并就专业知识进行说明；而鉴定人是具有鉴定资格的独立法人，其组成人员为鉴定人员，鉴定人员必须记载于鉴定人名录。专家辅助人的范围非常广泛，凡是具有一定专业技术知识的人都有可能被聘请为专家辅助人。因此，司法解释对于鉴定人和专家辅助人分别作了规定，而且，专家辅助人可以向鉴定人进行询问，使法官及当事人进一步了解鉴定结论的客观性和科学性。但是，专家辅助人既非专家证人，又非鉴定人，尽管专家辅助人可以出庭就专门性问题进行说明。可见，我国专家辅助人的法律地位比较模糊。当事人一方聘请的专家辅助人一般情况下是为其服务的，是为了弥补其专业知识方面的不足，但其陈述意见属于当事人的陈述还是属于其他性质的证据？或者其证据效力如何？对方当事人或者法官能否就专家辅助人的意见进行质询？法律并没有进一步明确。故我国应该进一步对专家辅助人制度进行完善。

环境诉讼的有关案件中，涉及的专门性问题非常多。当事人争议的事实和科学技术方面的新知识及新手段密切相关。一般的当事人并没有能力证明；诉讼代理人也多数是法律方面的专家，对于待证的专门知识并没有优势。前面所述的昆明市中级人民法院颁发的《关于办理环境民事公益诉讼案件若干问题的意见（试行）》（昆中法[2010]78号）和玉溪市中级人民法院颁发的《关于办理环境资源民事公益诉讼案件若干问题的意见》（玉中发[2011]2号）都对环境民事公益诉讼方面的证据如环境损害的鉴定制度和专家辅助人制度等问题进行了大胆的探索，值得环境诉讼案件的司法实践借鉴。关于环境损害的鉴定，两个文件都规定："对于损害后果的评估、因果关系的鉴定，有法定评估、鉴定机构的，由法定机构评估、鉴定；无法定机构的，可以由司法鉴定机构评估、鉴定；司法鉴定机构无法进行评估、鉴定的，可以由依法成立的科研机构、专门技术人员评估、鉴定。"这个规定在环境诉讼方面突破了必须要由法定或者具有司法鉴定机构出具鉴定结论的现行法律规定，对于解决环境诉讼中鉴定难、司法鉴定机构缺乏的问题具有十分重要的作用。关于专家辅助人，两个文件都规定："对涉及技术性或者专业性的问题，当事人可以聘请专门技术人员作为专家辅助人出庭作证。人民法院可以邀请专门技术人员出庭阐明技术性或者专业性问题。专门技术人员对技术性或者专业性问题的陈述可以作为证据。"其中，最后一条将专家辅助人的陈述定性为证据是对现行的行政诉讼和民事诉讼的司法解释的突破和尝试，因为关于民事诉讼和行政诉讼证据规定的两个司法解释都未明确专家辅助人陈述的法律性质。昆明市中级人民法院还在环境公益诉讼案中实践了专家辅助人制度，在昆明市环保局诉昆明三农公司环境公益诉讼案中，原告昆明市环保局邀请了专家就环境损害鉴定评估报告进行了技术说明；被告同样邀请了环保专家对环境损害鉴定评估报告的技术问题进行了陈述，并且和原告邀请的专家进行了对质。这促进了法院进一步了解和明确鉴定报告的客观性和科学性。

综上所述，在现行的法律制度的基础上，进一步完善环境诉讼方面的专家辅助人制度是可行的，也是十分必要的。

7.4.4 环境诉讼的证据效力问题——以昆明市环保局诉昆明 三农公司环境公益诉讼案为例

云南省首例环境公益诉讼案于 2010 年 12 月 13 日在昆明市中级人民法院开庭，于 2011 年 1 月 26 日作出一审判决。双方争议的焦点主要集中在被告是否停止污染行为、环境监测报告的合法性和环境污染治理成本评估报告有效性等三个方面。被告认为，由于昆明市环境监测中心与原告昆明市环保局为上下级关系，且监测采样时未通知被告在场，因此，对监测报告的证据效力不予认可。同时，被告对于由原告下属单位昆明市环境科学研究院出具的环境污染治理成本评估报告的治理工艺和治理成本（417.21 万元）不予认可，认为该单位和原告存在利害关系且没有评估资质。加之目前我国关于环境污染的评估标准和损失认定的相关立法缺失，技术上也存在困难，本书拟就对这两个问题进行探讨。[119]

7.4.4.1 环境监测报告的证据学归类

环境监测是环境监测机构按照有关的法律、法规和技术规范要求，运用科学的、先进的技术方法，对代表环境质量及其发展趋势

---

119 关于环境诉讼的证据效力问题的部分内容笔者曾发表于《环境保护》. 参见：吴满昌, 罗薇. 云南省环境公益诉讼第一案孰是孰非——以环境证据为视角[J]. 环境保护, 2011（14）.

的各种环境要素进行间断或连续的监视、测试和解释的科学活动。[120]
传统观点认为，环境监测是一种政府行为，是环境行政管理的基础
和重要组成部分。[121]环境监测活动具有法定性、专业性和客观性等
特点。根据《民事诉讼法》第 63 条，民事诉讼证据分为：书证、物
证、视听资料、证人证言、当事人称述、鉴定结论和勘验笔录等 7
种法定证据[122]。对照证据学关于法定证据的定义和特征，我们来分
析本案中的最关键证据——环境监测报告的法定证据归类问题。

　　首先，勘验笔录是由法院或公安机关对案件现场及相关物证进
行勘察、检验，针对勘察、检验的过程和结果制作而成的客观记录。
勘验笔录是对案件发生现场及相关物证的原貌进行全面客观的反
映。勘验笔录具有制作主体的法定性、制作时间的特殊性、内容的
客观性和程序的法定性等特点。环境监测报告和勘验笔录有一定的
相似性，环境监测是具有相应资质的单位根据相应的技术程序，对
污染现场进行取样，并根据一定的技术分析手段进行分析后得出的
监测结论或监测数据，具有客观性和法定性的特点。但从制作主体
和内容等方面分析，勘验笔录最大的特点是主体的法定性和对现场
的客观反映，而环境监测活动是对污染现场的客观分析。因此，环
境监测报告并不符合勘验笔录的特点。

　　其次，鉴定结论是对于诉讼涉及的专门性问题，鉴定人运用专
门经验和专业技能进行分析所作出的结论。鉴定人和鉴定机构一般
要求具有法定资格，还要经过司法机关认定。通说认为，鉴定的对
象是事实问题而非法律问题，而且只能是专门事实而非普通事实。[123]
鉴定结论和环境监测报告具有一定的相似性，两者都要依赖于专业
人员的专业知识和技能进行分析、判断，并得出相应的结论。但鉴
定结论更依靠专家的经验和评估过程，具有较强的主观性，而环境
监测报告则是专业人员根据技术程序和标准对所采样品进行科学检

120 张建辉. 环境监测学[M]. 北京：环境科学出版社，2001：4.
121 蓝文艺. 环境行政管理学[M]. 北京：中国环境科学出版社，2004：320.
122 江伟. 民事证据法学[M]. 北京：中国人民大学出版社，2011：31-32.
123 同上注.

测而得出环境污染状况的判断，其客观性较强。因此，将其归于鉴定结论似乎不妥。此外，根据我国《民事诉讼法》第 45 条、全国人大常委会通过的《关于司法鉴定管理问题的决定》第 9 条和司法部《司法鉴定程序规定》第 20 条的规定，鉴定人适用回避的规定。如果环境监测报告属于鉴定结论的话，那么在本案中，被告根据上述法律规定认为监测机构和原告具有利害关系而要求其回避的话，则本案的环境监测报告作为证据的合法性存在问题，本案也就可能无法进行下去。（附带提及，就鉴定结论的定义和特征而言，后文所提及的环境损害评估报告可以归于鉴定结论一类。）在环境诉讼的司法实践中，如果案件是原告提出的鉴定报告，被告常常会以原告和鉴定单位之间存在利害关系为由，对鉴定报告的合理性、公平性提出异议。但如果被告不是专家，其无法提供充分有效的鉴定报告进行反驳，法院仍然会以原告提供的鉴定报告为主要依据。[124]因而，当事人更希望法院组织鉴定，即使对鉴定事项负有举证责任的当事人也愿意向法院申请鉴定，避免自行委托鉴定被相对方质疑而不被采纳甚至代表国家提起诉讼的行政机关也因其组织的鉴定经常受到质疑而担心鉴定的证据效力。[125]

书证是以文字、符号、图案等所记载的内容和表达的思想来对案件事实进行证明的书面文件或其他物品。书证必须在法庭上出示并由当事人质证，才能作为认定案件的依据。环境监测报告就其形式和内容而言可以归于书证的一种，但和传统意义上的书证还是有不同之处。书证一般是在案件或纠纷发生前形成的，如合同、营业执照、遗嘱等；环境监测数据根据监测时间的不同可能有污染事件发生前的历史监测数据、污染事件发生时的应急性监测数据、恢复治理前的现状监测数据和恢复治理后的监测数据等，不同的监测数据在诉讼中的证明作用是不同的。作为书证的证明力包括形式证明

124 李挚萍，詹思敏. 广东海事审判中水域污染公益诉讼案件调研报告//刘年夫，李挚萍. 正义与平衡——环境公益诉讼的深度探索[M]. 广州：中山大学出版社，2011：17.

125 詹思敏，王玉飞，邓锦彪. 完善海洋油污损害司法鉴定制度探究//刘年夫，李挚萍. 正义与平衡——环境公益诉讼的深度探索[M]. 广州：中山大学出版社，2011：190.

力和实质证明力。形式证明力是指书证制作的真伪问题，或称为"书证真实"，即书证本身的真实性。环境监测报告只要是由具有监测资质的机构出示，其形式证明力不存在问题，关键在于其实质证明力，而实质证明力的判断要符合法定程序和技术规范，进而判断其是否具有客观性，在后文会对此进行专门讨论。

7.4.4.2　环境监测报告的合法性和客观性问题

（1）环境监测机构的资质。

环境监测是一项严格按照相关的技术规范和程序进行的科学活动，环境监测机构还必须具有法定的计量认证资质。《计量法》第23条规定："为社会提供公证数据的产品质量检验机构，其计量测定、测试能力和可靠性必须经过省级以上人民政府计量部门的考核合格。"《计量法》第9条还规定："县级以上人民政府计量行政部门对社会公用计量标准器具，部门和企业、事业单位使用的最高计量标准器具，以及用于贸易结算、安全防护、医疗卫生、环境监测方面的列入强制检定目录的工作计量器具，实行强制检定。未按照规定申请检定或检定不合格的，不得使用。实行强制检定的工作计量器具的目录和管理办法，由国务院制定。"可见，环境监测是国家计量认证规定的四大强检部门（贸易结算、医疗卫生、安全防护、环境监测）之一。[126]由于环境监测的特殊性，由环境保护部组建国家计量认证环保评审组，负责全国环境监测站的计量认证工作。[127]因此，通过环保计量认证的昆明市环境监测中心和嵩明县环境监测站的资质具有合法性。除了法律规定的计量认证外，监测机构还有实验室认可的非强制性规定，而监测结果的公正性也是国际标准之一——实验室认可的一项重要的认可内容，也是保证监测质量，使监测数据达到准确和精密的一种质量管理办法。[128]通过实验室认可的昆明市环境监测中心出具的监测报告在国际上也是有效的。反之，被告

126　《计量法》的规定是对从事环境监测的机构使用的计量器具要经过强制检定，而非对机构进行检定。

127　吴邦灿，齐文启．环境监测管理学[M]．北京：中国环境科学出版社，2004：194.

128　吴邦灿，齐文启．环境监测管理学[M]．北京：中国环境科学出版社，2004：202.

虽然也委托了两家具有其他计量认证资质的单位对受污染水体进行了监测，但被告所委托的两家单位由于缺乏环境监测的专业资质，其从事环境监测活动的合法性存在问题。

（2）环境监测行为的合法性。

按照《环境保护法》和《水污染防治法》的规定，环境监测是环境监测机构的法定职责。原国家环保总局《污染源监测管理办法》（环发[1999]246 号）、《关于加强环境质量分析工作的通知》（环办[2004]60号）和《关于进一步加强突发性环境污染事故应急监测工作的通知》（环发[2001]197 号）等行政规章规定：环境监测机构在履行监督性监测职能时具有法定强制性。[129]就本案而言，承担环境应急性监测的法定部门为昆明市环境监测中心和嵩明县环境监测站，在发生环境污染事件时承担的是突发性环境应急监测的职能，其监测结果具有法定性，因此，其应急性监测数据的合法性不存在问题。

（3）环境监测的依据和结果的客观性保障。

环境监测还必须严格按照相关的技术规范和标准进行，这样才能保证在现有的科学技术条件下得出的监测数据的客观性。环境标准是指为保护环境质量，维持生态平衡，保障人群健康和社会财富，由公认的权威机关批准并以特定形式发布的各种技术规范和技术要求的总称。[130]环境标准是环境法体系的重要组成部分和执法的技术依据，还是环境司法中评价、衡量环境行为是否违法的尺度。环境标准是环境科学成果的体现，是以科学技术与实践的综合成果为依据制定的技术规范。如就水污染监测活动而言，必须遵循《地表水环境质量标准》（GB 3838—2002）、《地下水质量标准》（GB/T 14848—93）、《污水综合排放标准》（GB 8978—1996）、《水质—湖泊和水库采样技术指导》（GB/T 14581—93）、《地表水和污水监测技术规范》（HJ/T 91—2002）和《地下水环境监测技术规范》（HJ/T 164—2004）等相关技术标准和监测技术规范。本案的被告认为，由于监测机构与原告为上下级关系，且监测采样时未通知被告在场，因此，对报

129 蓝文艺. 环境行政管理学[M]. 北京：中国环境科学出版社，2004：324.

130 杨志峰，刘静玲. 环境科学概论[M]. 北京：高等教育出版社，2005：435-440.

告的效力不予认可。然而，据查前述相关技术规范和标准，均未明确环境监测人员采样时必须通知第三人在场。而且监测机构只负责对受污染水体的水质状况进行监测，而不承担对污染因果关系的认定，也并非对被告排放的污水进行直接采样分析，没有义务和责任认定被告是否污染了该水体。因此，监测单位没有必要通知被告在场。反之，一旦通知，对于监测单位而言是否可以认为就是被告污染的呢？

（4）环境监测报告作为证据的冲突。

从民事诉讼的证据规则来看，原告在诉讼启动或准备启动以后所提供的监测结论是否一定具有合法性和客观性呢？由于相关的法律法规并未规定监测机构行使监测职能的地域限制，如果被告同样委托具有环境监测资质的其他单位进行监测，假设其监测过程符合相关技术规范的要求，但是监测结果与原告所提供的不同，那法院应该采纳哪方的结论？尽管原告称其并非为自身经济利益，而是环境公益诉讼，但原告承担的所辖区域环境保护的行政职能是不争的事实，即原告在本案中具有行政利益和其他利益。原告下属监测机构虽然具有独立承担监测的法定职能，但在诉讼启动后对环境现状的监测数据作为证据的客观性和公信力仍然会受到质疑。被告根据《水污染防治法》第 89 条的规定，[131]可以委托具有环境监测资质的其他单位对水体进行监测，其监测数据的合法性和原告所提供的应该是一致的。另外，如果争议较大，法院可以依职权独立委托无利害关系的第三方进行监测。

然而，在此又会产生另外一个问题，如果采信诉讼前的应急性监测数据合法有效，而对诉讼启动后的监测数据由于存在利害关系而不采纳，是否会导致前后矛盾和产生判断依据的混乱？而且由于污染的时间性和诉讼活动的滞后性，不可能对原来的污染状况再进行监测，这就存在环境监测活动和诉讼证据规则的冲突。笔者认为，

131　《水污染防治法》第 89 条规定，"因水污染引起的损害赔偿责任和赔偿金额的纠纷，当事人可以委托环境监测机构提供监测数据，环境监测机构应当接受委托，如实提供有关监测数据。"可见，环境监测机构具有接受委托监测和如实提供监测数据的法定义务。该条解决了环境监测机构推脱责任的问题，当事人可以是原告和被告，但是在实践中由于监测数据在环境诉讼证据中处于关键地位，该条并未解决环境监测报告作为证据的客观性等问题。

应该对环境监测数据按时间节点进行分类，历史监测数据是判断污染事实和因果关系的重要依据；而现状监测数据是判断污染现状的重要依据，各自在诉讼中的证明作用是不同的。就本案而言，由于被告对污染事实和因果关系已经承认，则应急性监测数据的合法性和真实性不存在问题。[132]但现状监测数据才是本案争议的焦点，被告质疑的是污染"现状"的监测数据，因为它是认定是否继续污染、水质状况是否好转和达标的重要依据，也是环境损害评估报告中污染治理成本核算的重要依据。环境现状监测数据和损害评估报告之间形成了一个证据链，如果否定了监测数据，则评估报告的客观性同样存在重大问题。然而相关法律法规并未规定，如何判断何时的监测数据可以成为法律意义上的环境"现状"？因此，有必要在今后的监测立法或证据立法中加以完善。由于上述争议在本案的二审阶段同样存在，笔者认为，二审法院应主动进行证据调查，委托第三方进行独立、公正和合法的监测，取得真正合法、客观的证据来判断诉讼进行过程中污染现状的事实。否则，如果在诉讼程序存在瑕疵的话，案件对社会的影响和警示作用就会打折扣，甚至可能降低法院和相关部门的公信力。

7.4.4.3 环境损害评估报告的有效性和合理性问题

（1）环境损害评估的理论基础。

基于成本-效益理论基础的环境价值核算理论是环境经济学的核心。环境的总体价值包括使用价值和非使用价值，当环境受到污染或者破坏后，环境价值会减少。环境价值的评估方法主要有两类：一类是基于成本的评估技术；另一类是基于损害的评估技术。基于成本的评估方法又可以分为避免成本法和恢复成本法，其中，恢复成本法是根据具体的环境污染问题，确定具体的恢复方法或治理技术来估算恢复已造成功能退化的环境需要的成本。环境污染成本是污染经济损失和污染治理费用之和，即环境污染成本＝污染经济损

---

132 本案中历史监测数据的缺乏导致了判断污染事件发生前水体环境现状的困难，虽然该水一直被村民用于饮用，但本次污染事件发生前其水质是否达标却没有相应的证据，这就导致了要求被告恢复水质至饮用水标准的依据显得不够充分。

失＋污染治理费用。环境价值的核算在可持续发展的理念下具有十分重要的意义，由于环境质量的非市场性和公共物品特性、环境功能的多样性以及环境质量与功能关系的复杂性，环境经济核算存在不少技术难点。环境经济核算和评估并不是一门精密的科学，很大程度上依赖于专家意见和有效的科学证据的支持；但是，环境经济核算仍然被国际上广泛应用，在我国的环境影响评价和其他环境决策中也被广泛采用，甚至应用于绿色 GDP 的核算。因此，原告所出具的环境损害评估报告的评估方法具有一定的科学性和客观性，并不能因为评估单位没有评估资质而被否认。

（2）对本案环境损害评估报告的客观性分析。

①损害评估的范围过小。本案中，根据原告提供的污染损失评估报告，原告只要求被告承担治理 300 m^3/d 的污染治理成本，该治理水量是根据当地村民每天所需饮用水水量而得出。但是，该水库每天约有 1 200 m^3 的水量，那么，被告只承担其中的四分之一的污水治理成本，其余受污染的 900 m^3 的水是否还需要治理呢？如果需要治理则费用由谁承担？此外，该评估报告并未提及当地因水污染造成的经济损失，如村民的农业、渔业方面的损失等。可见，原告提出的评估成本是不完整的，这也是本案的环境公益性遭质疑的重要原因之一。

②评估标准和依据选择不合理。鉴定结论并非"科学的判决"，鉴定人也并非"科学的法官"。作为环境损害核算的重要依据之一的监测数据只到 2010 年 2 月，而本案在 12 月开庭，时间跨度为 10 个月。由于本案中的污染物多属于有机污染物，除了大肠菌群等属于微生物污染外，养殖场的猪粪尿等属于可生物降解的有机污染物，评估报告没有考虑水体中有机污染物含量的可变性，即假设没有新的污染源进入水体，则这些有机污染物会随着时间推移而在水体的自净作用下逐渐降解，即便是继续污染，其污染程度也会随时间推移而不同。由于水体的污染程度不同，污染治理所需的工艺和成本也就不一样。因此，在环境损害污染成本核算过程中，就存在如上文所说的对环境监测数据采用的时间节点问题。本案以工程费用法来核算环境损害程度，以 2 月份的监测数据为依据作出的损害评估

结论是不严谨的。

③污染治理方案应考虑不同水质功能的要求。环境标准在某种程度上成为判断污染防治技术、生产工艺与设备是否先进可行的依据，成为筛选、评价环保科技成果的一个重要尺度。上文提及其余受污染的 900 m³ 的水是否需要治理的问题，因笔者未看到评估报告，仅以庭审过程中提及的内容为依据进行进一步的分析。首先，当地村民约 300 m³/d 的饮用水的水质需要达到农村饮用水水质标准。而饮用水水源水质需要达到《地表水环境质量标准》（GB 3838—2002）的Ⅲ类以上并满足《地下水质量标准》（GB/T 14848—93）和《生活饮用水水源水质标准》（CJ 3020—93）。即便是要求水质治理至饮用水标准，由于主要污染物为有机污染物，是否一定要用反渗透和膜处理等高成本处理工艺也值得进一步商榷。而且本案中历史监测数据的缺乏导致了判断污染事件发生前的水体环境现状的困难，虽然该水一直被村民饮用，但本次污染事件发生前其水质是否达标却没有相应的证据，这就导致了要求被告恢复水质至饮用水标准的依据显得不够充分。其次，要进一步考虑大龙潭水的其他水环境功能，除了具有饮用功能外，该水体主要还具有农业用水功能。农业用水仅需满足《地表水环境质量标准》的Ⅴ类水体即可。可见，两者的水质要求是不同的，如果解决了饮用水问题，那么其余 900 m³/d 受污染的水如果用于农业用水的话，是否还需要处理呢？假设根据监测数据，这些水可以满足农业用水标准，则 900 m³/d 的水可以不用处理或仅需简单处理，那么本案要求被告承担 300 m³/d 的水污染治理成本从环境经济学的角度看就有其合理之处。如果根据水质功能要求，剩余水量不能满足其水质功能要求，则评估报告还应包括剩余 900 m³/d 的水体恢复费用。然而，在庭审过程中，并未从原告和评估报告中得到剩余的受污染水量是否进一步处理的信息。

④损害评估报告所提出的治理方案的运行费用核算存在问题。根据原告的诉求和损害评估报告，可知污染治理的总投资需要 363.94 万元，1 年的运行费用为 53.27 万元，共 417.21 万元，专项用于受污染水体的治理。法院在一审判决中以被告没有提出相反证据

足以推翻予以采信。然而，这里存在一个疑问，投资额为 363.94 万元的污染治理工艺，为什么该评估报告只考虑 1 年的运行费？是否评估方认为只要治理 1 年，该水质即可恢复正常？如果答案是肯定的，那么是否可以推断，原告和评估方认为该处理工艺只需运行 1 年，即可解决村民饮用水的问题，或者进一步推断该污染水体在 1 年后将会恢复正常？而可以设想只要被告上诉，民事案件两审的期限也将近一年，那是否到本案执行时已无执行的必要了呢？如果答案是否定的，即该治理工程需要运行不止 1 年，那么 1 年以后的高达 50 多万元的年运行费用又由谁承担？这时也不可能再要求被告支付 1 年后的运行费用。那么，找不到承担主体则治理工程极有可能在运行 1 年后因为缺乏运行费用而停止。然而，几百万元的投资只运行 1 年在经济上是否合理值得怀疑，很可能造成资源的浪费。

综上所述，科学的评估报告应该将饮用水水量的治理工艺和成本进行综合考虑，同时还应考虑剩余水量的恢复和处理问题。原告在诉讼中应完整地提出损害赔偿金额（也许远远超过 400 万元），这样既可以对社会起到警示作用，又完整地体现了本案的公益性。至于被告能否支付该笔费用，则是判决后执行的问题。

7.4.4.4　结语

从证据法的角度来看，环境保护主管部门作为环境公益诉讼原告具有取证上的优势和证据规则上的不利之处。从环境科学的角度而言，环境诉讼的复杂性和专业性、存在科学和技术上的不确定性等因素导致其诉讼难度大增，即使如本案的环境保护主管部门作为公益诉讼原告也很难完全把握诉讼中的专业问题和技术问题。对于普通公众和其他部门要进行环境公益诉讼面临的技术和资金问题更多，取证更加困难。因此，必须加强相关立法的改进，赋予一些专门技术机构提供证据的义务，并针对环境诉讼的特点完善诉讼程序，更好地将法律程序和科学技术有机结合；鼓励和培育相关的环境司法鉴定机构；鼓励广大公众尤其是专家积极参与到环境公益诉讼中来，从而进一步完善我国的环境公益诉讼，进一步保护环境。

参考文献

[1] 汪劲. 中外环境影响评价制度比较研究[M]. 北京：北京大学出版社，2006.

[2] 周国强. 环境影响评价[M]. 武汉：武汉理工大学出版社，2009.

[3] 韩广，等. 中国环境保护法的基本制度研究[M]. 北京：中国法制出版社，2007.

[4] Kulsum Ahmed，Ernesto Sanchez-Triana. 政策战略环境评价——达至良好管治的工具[M]. 林健枝，徐鹤，等译. 北京：中国环境科学出版社，2009.

[5] Therivel R，Wilson E，Thompson S，et al. Strategic Environmental Assessment[M]. London：Earthscan，1992.

[6] 王会芝，徐鹤. 战略环境评价有效性评价指标体系与方法探讨[A]//第三届中国战略环境评价学术论坛论文集，2013：1-8.

[7] Sadler B，R Verheem. Strategic Environmental Assessment：Status，Challenges and Future Directions[M]. Publication 53，Ministry of Housing，Spatial Planning and the Environment. The Hague，1996.

[8] Connor R，S Dovers. Institutional Change for Sustainable Development[M]. Cheltenham，United Kingdom：Edward Elgar，2004：165.

[9] 尚金城，包存宽. 战略环境评价导论[M]. 北京：科学出版社，2003.

[10] Thomas B. Fischer. 战略环境评价理论与实践——迈向系统化[M]. 徐鹤，李天威，译. 北京：科学出版社，2008.

[11] [英] Riki Therivel. 战略环境评价实践[M]. 鞠美庭，等译. 北京：化学工业出版社，2005.

[12] [英] John Glasson，Riki Therivel，Andrew Chadwick. 环境影响评价导论[M]. 鞠美庭，等译. 北京：化学工业出版社，2007.

[13] 张征. 环境评价学[M]. 北京：高等教育出版社，2004.

[14] 刘学谦，杨多贵，周志田，等. 可持续发展前沿问题研究[M]. 北京：科学出版社，2010.

[15] 邓一峰. 环境诉讼制度研究[M]. 北京：中国法制出版社，2007.

[16] 张红凤，张细松，等. 环境规制理论研究[M]. 北京：北京大学出版社，2012.

[17] 马彩华，游奎. 环境管理的公众参与——途径与机制保障[M]. 青岛：中国

海洋大学出版社，2009.

[18] 蒋德海. 为什么说权力制衡比权力监督更重要. 法律教育网，http://www. chinalawedu.com/news/20800/209/2004/11/li6455193416111400220790_139 772. htm.

[19] 曹延泅. 从纵向权力架构到横向权力架构：关于"权力制衡"的深度思考[J]. 理论月刊，2011（5）：138.

[20] [德] 乌尔里斯·贝克. 风险社会[M]. 何博闻，译. 北京：译林出版社，2004.

[21] 王曦. 论美国《国家环境政策法》对完善我国环境法制的启示[J]. 现代法学，2009，31（4）：177-186.

[22] 国家环境保护总局环境影响评价司. 战略环境影响评价案例讲评（第一辑）[M]. 北京：中国环境科学出版社，2006.

[23] 环境保护部环境影响评价司. 战略环境影响评价案例讲评（第二辑）[M]. 北京：中国环境科学出版社，2009.

[24] 环境保护部环境影响评价司. 战略环境影响评价案例讲评（第三辑）[M]. 北京：中国环境科学出版社，2010.

[25] 环境保护部环境影响评价司. 战略环境影响评价案例讲评（第四辑）[M]. 北京：中国环境科学出版社，2010.

[26] 孙佑海. 超越环境"风暴"——中国环境资源保护立法研究[M]. 北京：中国法制出版社，2008.

[27] 汪劲. 环保法治三十年：我们成功了吗[M]. 北京：北京大学出版社，2011.

[28] 齐晔，等. 中国环境监管体制研究[M]. 上海：上海三联书店，2008.

[29] 白贵秀. 环境行政许可制度研究[M]. 北京：知识产权出版社，2012.

[30] 汪劲. 环境法治的中国路径：反思与探索[M]. 北京：中国环境科学出版社，2011.

[31] 郜风涛. 建设项目环境保护管理条例释义[M]. 北京：中国法制出版社，1999.

[32] 万俊，章玲. 中美环境影响评价程序的权力机制研究[J]. 北方环境，2004，29（2）：68-70.

[33] 朱谦. 环境影响评价法第三十一条法律适用之困境分析[J]. 甘肃政法学院学报，2008，3.

[34] 徐韬. 我国环境影响评价的发展历程及其发展方向[J]. 法制与社会，2009，6（上）：326-327.

[35] 温英民，崔华平. 浅议《环境影响评价法》的修改[J]. 环境保护，2008，3B：47-50.

[36]　徐鹤. 规划环境影响评价技术方法研究[M]. 北京：科学出版社，2010.

[37]　包存宽，何佳，等. 基于生态文明的 SEA 2.0 版内涵与实现路径[A]//第三届中国战略环境评价学术论坛论文集. 2013：19-28.

[38]　朱坦，刘秋妹，等. 中国战略环境评价的制度化和法制化//徐鹤，陈永勤，林健枝，朱坦. 中国战略环境评价理论与实践[M]. 北京：科学出版社，2010：43-44.

[39]　李文超，陆文涛，徐鹤，等. 中国规划环境影响评价的实践进展——环评法十周年回顾[A]//第三届中国战略环境评价学术论坛论文集. 2013：9-18.

[40]　蔡守秋. 论健全环境影响评价法律制度的几个问题[J]. 环境污染与防治，2009，31（12）：14.

[41]　吕忠梅. 理想与现实——中国环境侵权纠纷现状及救济机制构建[M]. 北京：法律出版社，2011.

[42]　朱谦. 公众环境保护的权利构造[M]. 北京：知识产权出版社，2008.

[43]　赵立腾，李天威，等. 政策层面环境评价参与决策过程初探[A]//第三届中国战略环境评价学术论坛论文集. 2013：33-43.

[44]　李巍，杨志峰，等. 面向可持续发展的战略环境影响评价[J]. 中国环境科学，1998，18（增刊）：66-69.

[45]　李巍，王华东，等. 政策环境影响评价与公众参与——国家有毒化学品立法 SEA 中的公众参与[J]. 环境导报，1996，4：5-7.

[46]　王达梅. 公共政策环境影响评估制度研究[J]. 兰州大学学报，2007，35（5）：83-88.

[47]　洪尚群，贺彬，等. 基于政策规律的战略环境影响评价[J]. 重庆环境科学，2002，24（1）：9-12.

[48]　李巍，杨志峰. 重大经济政策环境影响评价初探——中国汽车产业政策环境影响评价[J]. 中国环境科学，2000，20（2）：114-118.

[49]　徐鹤，朱坦，等. 天津市污水资源化政策的战略环境评价[J]. 上海环境科学，2003，22（4）：241-246.

[50]　于书霞. 吉林省生态省建设土地利用政策评价[D]. 长春：东北师范大学，2002.

[51]　韦洪莲，倪晋仁. 面向生态的西部开发政策环境影响评价[J]. 中国人口·资源与环境，2001，11（4）：21-24.

[52]　杜安华，王志刚，等. 重大经济政策的战略环境评价研究——以国家能源发展"十二五"规划为例[A]//第三届中国战略环境评价学术论坛论文集. 2013：9-18.

[53] 曾贤刚，王新，等. 规划环评条例促"区域限批"走向成熟[J]. 环境保护，2010（4）：39-41.

[54] 林而达. 将适应气候变化纳入我国的战略环评[J]. 绿叶，2007，12：33-35.

[55] 徐鹤，白宏涛，吴婧，等. 气候变化新视角下的中国战略环境评价[M]. 北京：科学出版社，2013.

[56] [英] Barry Dalal-Clayton, Barry Sadler. 战略环境评价——国际实践与经验[M]. 鞠美庭，等译. 北京：化学工业出版社，2007.

[57] L Skipperud，G Strømman，M Yunusov，et al. Environmental Impact Assessment of Radionuclide and Metal Contamination at the Former U Sites Taboshar and Digmai，Tajikistan[J]. Journal of Environmental Radioactivity，2012.

[58] B Sadler. Taking Stock of SEA[M]. Handbook of Strategic Environmental Assessment，2011：1-18.

[59] M Cashmore，R Gwilliam，R Morgan，et al. The Interminable Issue of Effectiveness：Substantive Purposes，Outcomes and Research Challenges in the Advancement of Environmental Impact Assessment Theory[J]. Impact Assessment and Project Appraisal，2004，22（4）：295-310.

[60] J L Sax. Defending the Environment：A Strategy for Citizen Action[M]. New York：Alfred A. Knopf Company，1971.

[61] 吕忠梅，[美]王立德. 环境公益诉讼中美之比较[M]. 北京：法律出版社，2009.

[62] Stephen Jay，Carys Jones，Paul Slinn，et al. Environmental Impact Assessment：Retrospect and Prospect[J]. Environmental Impact Assessment Review，2007，27（4）：287-300.

[63] 陈虹. 环境与发展综合决策法律实现机制研究[M]. 北京：法律出版社，2013.

[64] 吴元元. 环境影响评价公众参与制度中的信息异化[J]. 学海，2007，3：150-155.

[65] 国家环境保护总局. 美国、加拿大实施战略环境影响评价[J]. 世界环境，2001，4：16-17.

[66] http://www. chinalawedu. com/news/16900/178/2004/12/li3002529341721400221 25_144165. htm[2012-4-10]，法律教育网.

[67] 张红星. 中外环境影响评价制度比较研究[D]. 大连：大连理工大学，2008.

[68] 王明远. 美国妨害法在环境侵权救济中的运用和发展[J]. 中国政法大学学报，2003，21（5）：34.

[69] 林宗浩. 环境影响评价法制研究——与韩国相关法制的比较分析为视角[M]. 北京：中国法制出版社，2011.

[70] 邓晓. 我国环境影响评价司法救济机制研究[D]. 昆明：昆明理工大学，2012.

[71] 刘春华. 内地与香港环境影响评价制度比较[J]. 环境保护，2001（4）：25.

[72] http://news. cn. yahoo. com/ypen/20110420/319134. html[2012-4-10].

[73] Van Dremumel M. Netherlands Experience with the Environmental Test in Strategic Environmental Assessment at the Policy Level：Recent Progress，Current Status and Future Prospects//B Sadler. Szentendre，Hungary：Regional Environmental Center for Central and Eastern Europe：69-75.

[74] 徐祥民，孟庆垒，等. 国际环境法基本原则研究[M]. 北京：中国环境科学出版社，2008.

[75] 吴婧，等. 气候变化融入环境影响评价——国际经验与借鉴[A]//第三届中国战略环境评价学术论坛论文集. 2013：29-32.

[76] 吴婧，张一心. 关于中国将气候变化因素融入环境影响评价的探讨[J]. 环境污染与防治，2011，9：91-94.

[77] 陈新民. 中国行政法原理[M]. 北京：中国政法大学出版社，2002.

[78] 蒋红珍. 论比例原则——政府规制工具选择的司法评价[M]. 北京：法律出版社，2010.

[79] Wood C，M Djeddour. Strategic Environmental Assessment：EA of Policies，Plans and Programmes[J]. The Impact Assessment Bulletin，1991，10（1）：3-22.

[80] 李天威，李巍. 政策层面战略环境影响评价理论方法与实践经验[M]. 北京：科学出版社，2008.

[81] 谢明. 政策透视——政策分析的理论与实践[M]. 北京：中国人民大学出版社，2004.

[82] 顾建光. 公共政策分析学[M]. 上海：上海人民出版社，2004.

[83] 冯锋，李庆均. 公共政策分析·理论与方法[M]. 合肥：中国科技大学出版社，2008.

[84] [美] 卡尔·帕顿，大卫·沙维奇. 政策分析和规划的初步方法[M]. 孙兰芝，胡启生，等译. 北京：华夏出版社，2001.

[85] 诸大建，刘淑妍，朱德米，等. 政策分析新模式[M]. 上海：同济大学出版社，2007.

[86] 王金南，葛察忠，等. 环境政策的社会经济影响评估[A]//第二届环境影响评价国际论坛——战略环评在中国会议论文集. 2007：22-30

[87] 宋国君，谭炳卿，等. 中国淮河流域水环境保护政策评估[M]. 北京：中国人民大学出版社，2007.

[88] 吴卫军，唐娅西. 区域限批：合法性问题及其法律规制[J]. 国家行政学院学报，2008，1：68-71.

[89] 胡建淼. "其他行政处罚"若干问题研究[J]. 法学研究，2005（1）：70-81.

[90] 吕成. 论区域限批的性质界定[J]. 河南社会科学，2012（3）：65-69.

[91] 姜明安. 行政法与行政诉讼法[M]. 3 版. 北京：北京大学出版社，2007.

[92] 沈福俊，邹荣. 行政法与行政诉讼法学[M]. 北京：北京大学出版社，2007.

[93] 林明锵. 论型式化之行政行为与未型式化之行政行为[A]//当代公法理论[C]. 台北：台湾月旦出版公司，1993：341.

[94] 朱新力，唐明良. 现代行政活动方式的开发性研究[J]. 中国法学，2007（2）：40-51.

[95] 黎国智. 行政法词典[M]. 济南：山东大学出版社，1989.

[96] 胡建淼. 行政法学[M]. 北京：法律出版社，2003.

[97] 张爱萍. 论行政命令[D]. 济南：山东大学，2008.

[98] 王志华. 行政命令与行政处罚关系之辨析与整合[J]. 河南公安高等专科学校学报，2008，5：83-86.

[99] 罗豪才，湛中乐. 行政法学[M]. 北京：北京大学出版社，2006.

[100] 程雨燕. 试论责令改正环境违法行为之制度归属——兼评《环境行政处罚办法》第 12 条[J]. 中国地质大学学报：社会科学版，2012，1：31-39.

[101] 王志华. 行政命令与行政处罚程序和谐关系之构建[J]. 山西省政法管理干部学院学报，2010，1：21-23.

[102] 王文革. 行政法与行政诉讼法案例教程[M]. 北京：法律出版社，2005.

[103] 陈泉生. 论环境行政命令[J]. 环境导报，1997，2：12-14.

[104] http://www. mep. gov. cn/gkml/hbb/bgt/201109/t20110905_216960. htm [2013-7-5].

[105] http://www. mep. gov. cn/gkml/hbb/bgt/201109/t20110905_216960. htm [2013-7-5].

[106] http://www. mep. gov. cn/gkml/hbb/bgth/201202/t20120213_223415. htm[2013-7-5].

[107] http://www. cenews. com. cn/xwzx/cs/qt/201105/t20110518_702466. html [2013-5-30].

[108] 曹树青. 区域限批的限批区域和限批范围[J]. 环境保护，2011，5：45-47.

[109] 应松年. 行政法与行政诉讼法词典[M]. 北京：中国政法大学出版社，1992.

[110] 吴高盛，等. 行政诉讼法讲话[M]. 北京：机械工业出版社，1989.

[111] 张树义. 冲突与选择——行政诉讼法的理论与实践[M]. 北京：时事出版社，1992.

[112] 韩林. 国家环保总局公布十类不得通过环评审批的项目. 中国网：http://big5. china. com. cn/Chinese/2004/Dee/727849. htm.

[113] 成华. 环境保护导向的中国区域限批政策研究[D]. 大连：东北财经大学，2007.

[114] 陈跃，程胜高. 2007"环评风暴"及几点思考[J]. 黄石理工学院学报，2008，2：30-34.

[115] 任景明，曹凤中，王如松. 区域限批是环境保护法运行机制软化的突破[J]. 环境与可持续发展，2009，5：16-18.

[116] 琚迎迎. 论行政处罚的新举措——区域限批[J]. 法制与社会，2008，1（下）：177.

[117] 王韵. 浅析"区域限批"制度的法律规制[J]. 法制与社会，2011，4（上）：154-155.

[118] 杨婧. 环保区域限批政策的有效利用和规制[J]. 环境保护与循环经济，2012，5：24-27.

[119] 朱谦. 对特定企业集团的环评限批应谨慎实施——华能集团、华电集团的环评限批说起[J]. 法学，2008，8：145-152.

[120] 朱邦冉. 影响环保执法的地方保护主义形式、原因及对策思考[J]. 中国资源综合利用，2006，6：41-43.

[121] 谈佳隆. 广东环保区域限批为何遭遇执行难？[J]. 经济周刊，2007，41：42-45.

[122] http://www.zhb.gov.cn/xcjy/zwhb/200906/t20090611-152671.han[2013-7-5].

[123] 李正威. 行政命令法律问题研究[D]. 重庆：西南政法大学，2009.

[124] 全国人大环境与资源保护委员会法案室. 中华人民共和国环境影响评价法释义[M]. 北京：中国法制出版社，2003.

[125] 王裴裴. 建设项目环境影响评价审批制度研究[D]. 北京：中国政法大学，2009.

[126] 陈庆伟，梁鹏. 建设项目环评与"三同时"制度评析[J]. 环境保护，2006，12A：42-45.

[127] 李良峰. 基层建设项目环保"三同时"管理存在的问题与对策[J]. 中国环境管理，2004，3：33.

[128] 环境保护部环境工程评估中心. 建设项目环境监理[M]. 北京：中国环境科学出版社，2012.

[129] 魏密苏. 环境影响后评价在环境影响评价中的意义和作用[J]. 环境，2007，9：98-99.

[130] 国家环境保护总局环境工程评估中心. 环境影响评价相关法律法规（2006年版）[M]. 北京：中国环境科学出版社，2006.

[131] 严立冬，冯静. 荷兰的环境政策及启示[J]. 环境导报，2000（2）：37-39

[132] 姜华，刘春红，韩振宇. 建设项目环境影响后评价研究[J]. 环境保护，2009，

3B：17-19.

[133] 李水生. 论环境影响后评价制度的立法完善[J]. 环境保护，2008，3B：56-58.

[134] 吴满昌，李金园. 环境风险评价机制的完善[A]//2011 全国环境资源法学会年会论文集（第一册）. 2011：279-282.

[135] 罗大平. 环境风险评价法律制度研究[D]. 武汉：武汉大学，2006.

[136] 胡二邦. 环境风险评价实用技术、方法、案例[M]. 北京：中国环境科学出版社，2009.

[137] 黄娟，邵超峰，张余. 关于环境风险评价的若干问题[J]. 环境科学与管理，2008，33（3）：171-174.

[138] 毛小苓，刘阳生. 国内外环境风险评价研究进展[J]. 应用基础与工程科学学报，2003，11（3）：266-272.

[139] 耿永生. 环境风险评价简介[J]. 环境科学导刊，2010，29（5）：86-91.

[140] 刘桂友，徐琳瑜，李巍. 环境风险评价研究进展[J]. 环境科学与管理，2007，32（2）：114-118.

[141] 武攀峰，吴为，等. 建设项目环保竣工验收环境风险检查中的问题和对策[J]. 环境监控与预警，2010，2（2）：54-56.

[142] 吕忠梅. 环境法导论[M]. 2 版. 北京：北京大学出版社，2010.

[143] 宋国君. 公众参与在环境风险评估中的作用[J]. 绿叶，2011（4）.

[144] 曾娜. 环境风险之评估：专家判断抑或公众参与[J]. 理论界，2010，8.

[145] 张梓太. 环境法律责任研究[M]. 北京：商务印书馆，2004.

[146] 张晓杰，李世萍. 刍议我国环境影响评价制度之完善[J]. 学术交流，2006，6：47-49.

[147] 吴满昌. 环境影响评价的专家责任初探[A]//第三届中国战略环境评价学术论坛论文集. 2013：100-106.

[148] Jackson，Powell. Professional Negligence. 4th ed. London：Sweet & Maxwell，1996：1.

[149] [日] 浦川道太郎. 德国的专家责任. 梁慧星译//梁慧星. 民商法论丛[M]. 5 卷. 北京：法律出版社，1996.

[150] 梁慧星. 中国民法典草案建议稿附理由——侵权行为编、继承编[M]. 北京：法律出版社，2004.

[151] 田韶华，杨清. 专家民事责任制度研究[M]. 北京：中国检察出版社，2005.

[152] 赵婧. 专家对第三人民事责任若干基本问题研究[A]//第四届明德民商法博士论坛，"侵权行为类型研究"论文集. 283-295.

[153] 王璟. 论专家第三人民事责任制度的构建——从比较法的视角兼谈我国侵权责任法的完善[J]. 民主与法制，2008，4：146-149.

[154] 周友军. 专家对第三人责任的规范模式与具体规则[J]. 当代法学，2013，1：98-104.

[155] 张全东. 论环境影响评价工程师的素养[J]. 化学工程与装备，2012，5：209-211.

[156] 蒋云蔚. 从合同到侵权专家民事责任的性质[J]. 甘肃政法学院学报，2008，7：48-55.

[157] [日]能见善久. 论专家的民事责任——其理论架构的意义[A]//梁慧星. 民法学说判例与立法研究[M]. 北京：国家行政学院出版社，1999.

[158] 何俐. 论专家责任[J]. 广西政法管理干部学院学报，2004，7：52-54.

[159] 王苏生. 基金管理人的注意义务//漆多俊. 经济法论丛[M]. 4卷. 北京：中国方正出版社，2001：158.

[160] 王勤芳. 论专家侵权民事责任的基础[J]. 求索，2006，12：111-113.

[161] 朱晶. 论专家责任的性质[J]. 广西青年干部学院学报，2006，9：67-69.

[162] 唐先锋. 论专家民事责任过错的认定[J]. 学术探索，2005，6：66-69.

[163] 陈协平. 我国专家侵权责任的归责原则[J]. 佳木斯大学社会科学学报，2012，8：38-40.

[164] 孙玉明，李军波. 论环境影响评价机构的法律地位[J]. 新乡学院学报：社会科学版，2011，1：32-37.

[165] 郭雪军. 专家契约责任的经济分析[J]. 法学论坛，2004，1：41-47.

[166] 孟醒. 浅析我国法律中的专家责任[J]. 法制与社会，2011，11（下）：21-24.

[167] 施问超，卢铁农，钱晓荣. 试论规划环评的基本属性——学习《规划环境影响评价条例》的体会[J]. 污染防治技术，2010，23（1）：33-42.

[168] 唐瑭. 我国环境影响的法律监督研究[D]. 昆明：昆明理工大学，2007.

[169] [美]卡罗尔·佩特曼. 参与和民主理论[M]. 陈尧，译. 上海：上海世纪出版集团，2006.

[170] 蔡定剑. 公众参与——风险社会的制度建设[M]. 北京：法律出版社，2009.

[171] 陈家刚. 协商民主[M]. 上海：上海三联书店，2004.

[172] 李艳芳. 公众参与环境影响评价制度研究[M]. 北京：中国人民大学出版社，2003.

[173] 贾丽虹. 外部性理论研究[M]. 北京：人民出版社，2007.

[174] Gug M Struve. The Less-Restrictive Alternative Principle and Economic Due Process，80 Harv. L. Rev. 1967：1463.

[175] Chad Davidson. Government Must Demonstrate that There Is Not a Less Restrictive Alternative before a Content-Based Restriction of Protected Speech Can Survive Strict Scrutiny, 70 Miss. L. J. 2000: 463; Renee Grewe. Antitrust Law and the Less Restictive Alternatives Doctrine, 9 Sports Law. J. 2002: 228-229.

[176] 周汉华. 行政立法与当代行政法[J]. 法学研究, 1997, 3: 31-43.

[177] 汪劲. 环境法学[M]. 北京: 高等教育出版社, 2006.

[178] 田良. 论环境影响评价中公众参与的主体、内容和方法[J]. 兰州大学学报: 社会科学版, 2005 (5): 132-133.

[179] The World Bank. Public Involvement in Environmental Assessment Requirements, Opportunities and Issues[M]. Washington D C: The World Bank, 1993.

[180] [美] 伦纳德·奥托兰诺. 环境管理与影响评价[M]. 郭怀成, 梅凤乔, 译. 北京: 化学工业出版社, 2004.

[181] 朱谦. 公众环境保护的权利构造[M]. 北京: 知识产权出版社, 2009.

[182] [美] 理查德·拉撒拉斯, 奥利弗·哈克. 环境法故事[M]. 曹明德, 等译. 北京: 中国人民大学出版社, 2013.

[183] 孙淑清. 规划环境影响评价中的公众参与探讨[J]. 污染防治与技术, 2009, 22 (2): 54-57.

[184] 张梓太. 环境纠纷处理前沿问题研究——中日韩学者谈[M]. 北京: 清华大学出版社, 2007.

[185] 孙佑海. 中华人民共和国水污染防治法解读[M]. 北京: 中国法制出版社, 2008.

[186] 余琴. NGO: 环境保护部门的"同盟军"[J]. 中国改革, 2006, 12: 30.

[187] 郭志锋. 我国环境影响评价中公众参与制度完善研究[D]. 昆明: 昆明理工大学, 2009.

[188] 朱红军. 我誓死捍卫你说话的权利——厦门 PX 项目区域环评公众座谈会全记录[N]. 南方周末, 2007-12-9.

[189] 蔡定剑. 公众参与——欧洲的制度和经验[M]. 北京: 法律出版社, 2009.

[190] 王锡锌. 公众参与和行政过程——一个理念和制度分析的框架[M]. 北京: 中国民主法制出版社, 2007.

[191] 勒庞著. 冯克利译. 乌合之众——大众心理研究[M]. 北京: 中央编译出版社, 2005.

[192] 孙法柏, 魏静. 环境影响评价公众参与机制的比较和借鉴——以奥胡斯公约为中心[J]. 黑龙江政法干部管理学院学报, 2009, 1: 122-125.

[193] [美] 罗伯特·D·帕特南. 使民主运转起来[M]. 王列, 赖海榕, 译. 南昌:

江西人民出版社，2001.

[194] 叶俊荣. 环境政策与法律[M]. 北京：中国政法大学出版社，2003.

[195] 新京报. 老太拿什么逼停了港珠澳大桥建设. http://www. chinadaily. com. cn/hqpl/zggc/2011-04-21/content_2379719. html[2011-5-3].

[196] 莫纪宏. 违宪审查的理论与实践[M]. 北京：法律出版社，2006.

[197] 王芳筠. 环境影响评估制度中公民参与机制之研析[D]. 台湾暨南国际大学，2004.

[198] 王玉梅，尚金城. 战略环境评价中公众参与程序和方法研究[J]. 环境科学与管理，2005，30（3）：107-109.

[199] http://www. qingdaonews. com/content/2009-07/26/content_8100118. htm [2009-9-26].

[200] 黎晓武. 司法救济权研究[M]. 苏州：苏州大学，2005.

[201] http://www. chinadaily. com. cn/hqpl/zggc/2011-04-21/content_2374042. html [2011-5-3].

[202] http://informationtimes. dayoo. com/html/2011-04/21/content_1329443. htm [2011-5-3].

[203] http://opinion. nfdaily. cn/content/2011-04/21/content_23011996. htm [2011-5-3].

[204] 杨建顺. 行政规制与权利保障[M]. 北京：中国人民大学出版社，2007.

[205] 王红英. 日本公害诉讼及其对我国的启示[J]. 华南热带农业大学学报，2006，3：75.

[206] 王蓉. 中国环境法律制度的经济学分析[M]. 北京：法律出版社，2003.

[207] 范进学. 论美国司法审查的实质性标准[J]. 河南政法干部管理学院学报，2011（2）：1-8.

[208] 张璐. 环境资源保护法案例与图表[M]. 北京：法律出版社，2010.

[209] [日]原田尚彦. 环境法[M]. 于敏，译. 北京：法律出版社，1999.

[210] 首届环境司法论坛会议材料——云南省环境司法的实践与探索. 2011.

[211] 陈敏华，王重阳. 一场环评诉讼案胜诉的意义[J]. 大众用电，2008，3：8-9.

[212] 吴娓婷，刘真真. 小人物叫停大工程　影响超越港珠澳大桥[N]. 经济观察报，2011-4-29.

[213] 李爱年. 中国环境公益诉讼的立法选择[J]. 法学杂志，2010，8：4-7.

[214] 徐祥民. 中国环境法学评论[M]. 北京：科学出版社，2013.

[215] 刘年夫，李挚萍. 正义与平衡——环境公益诉讼的深度探索[M]. 广州：中山大学出版社，2011.

[216] 胡玮. 环境公益诉讼：概念的迷思——一个比较法的视角//徐祥民. 中国环境法学评论[M]. 北京：科学出版社，2013：66-75.

[217] 李挚萍. 欧洲环保团体公益诉讼及其对我国的启示[J]. 中州学刊，2007，
4：88-92.

[218] 李爱年. 生态效益补偿法律制度研究[M]. 北京：中国法制出版社，2008：93-95.

[219] 齐树洁. 环境公益诉讼原告资格的扩张[J]. 法学论坛，2007：47-52.

[220] 林莉红. 法社会学视野下的中国公益诉讼//贺海云. 公益诉讼的新发展[M].
北京：中国社会科学出版社，2008：6.

[221] 吕忠梅. 建立和完善环境纠纷解决机制[J]. 求是，2008，12.

[222] 黄学贤，王太高. 行政公益诉讼研究[M]. 北京：中国政法大学出版社，2008.

[223] 李爱年，何燕. 环境公益诉讼原告主体的多元化及其冲突的解决//徐祥民.
中国环境法学评论[M]. 北京：科学出版社，2013：52.

[224] 吴勇. 专门环境诉讼：环境纠纷解决的新机制[M]. 北京：法律出版社，
2009.

[225] 颜运秋，李明耀. 中国的环境公益诉讼研究：综述与评价//徐祥民. 中国环
境法学评论[M]. 北京：科学出版社，2013：77.

[226] 于华鹏. 环保修正案二审亮点信息公开和公众参与[N]. 经济观察报，
2013-7-8.

[227] U. S. GAO Environmental Litigation，Cases against EPA and associated costs
over time，GAO-11-650，Aug. 1，2011.

[228] 金瑞林. 环境与资源保护法学[M]. 2 版. 北京：高等教育出版社，2006.

[229] 陈善哲，金城. 深港西部通道接线工程环评事件调查[N]. 21 世纪经济报
道，2005-5-14.

[230] 刘刚. 风险规制：德国的理论与实践[M]. 北京：法律出版社，2012.

[231] 张建辉. 环境监测学[M]. 北京：环境科学出版社，2001.

[232] 蓝文艺. 环境行政管理学[M]. 北京：中国环境科学出版社，2004.

[233] 江伟. 民事证据法学[M]. 北京：中国人民大学出版社，2011.

[234] 李挚萍，詹思敏. 广东海事审判中水域污染公益诉讼案件调研报告//刘年
夫，李挚萍. 正义与平衡——环境公益诉讼的深度探索[M]. 广州：中山大
学出版社，2011：17.

[235] 詹思敏，王玉飞，邓锦彪. 完善海洋油污损害司法鉴定制度探究//刘年夫，
李挚萍. 正义与平衡——环境公益诉讼的深度探索[M]. 广州：中山大学出
版社，2011：190.

[236] 杨志峰，刘静玲. 环境科学概论[M]. 北京：高等教育出版社，2005.

[237] 吴满昌，罗薇. 云南省环境公益诉讼第一案孰是孰非——以环境证据为视
角[J]. 环境保护，2011，14.

[238] B Sadler. Taking stock of SEA[M]. Handbook of Strategic Environmental Assessment，2011：1-18.

[239] M Cashmore，R Gwilliam，R Morgan，et al. The Interminable Issue of Effectiveness：Substantive Purposes，Outcomes and Research Challenges in the Advancement of Environmental Impact Assessment Theory[J]. Impact Assessment and Project Appraisal，2004，22（4）：295-310.

[240] J L Sax. Defending the Environment. A Strategy for Citizen Action [M]. New York，Alfred A. Knopf Company，1971.

[241] Stephen Jay，Carys Jones，Paul Slinn，et al. Environmental Impact Assessment：Retrospect and Prospect[J]. Environmental Impact Assessment Review，2007，27（4）：287-300.

[242] L Skipperud，G Strømman，M Yunusov，et al. Environmental Impact Assessment of Radionuclide and Metal Contamination at the Former U Sites Taboshar and Digmai，Tajikistan[J]. Journal of Environmental Radioactivity，2012.

[243] 吴卫星. 环境权研究——公法学的视角[M]. 北京：法律出版社，2007.

[244] 汪劲. 环境正义：丧钟为谁而鸣——美国联邦法院环境诉讼经典判例选[M]. 北京：北京大学出版社，2006.

[245] 陈慈阳. 环境法总论[M]. 北京：中国政法大学出版社，2003.

[246] 常纪文. 环境法律责任原理研究[M]. 长沙：湖南人民出版社，2001.

[247] 蔡守秋. 环境政策法律问题研究[M]. 武汉：武汉大学出版社，1999.

[248] 刘恒. 行政救济制度研究[M]. 北京：法律出版社，1998.

[249] 汪劲. 环境法律的理念与价值追求[M]. 北京：法律出版社，2000.

[250] 周珂. 环境法[M]. 北京：中国人民大学出版社，2000.

[251] 王曦. 美国环境法概论[M]. 武汉：武汉大学出版社，1992.

[252] [日]盐野宏. 行政法[M]. 杨建顺，译. 北京：法律出版社，1999.

[253] 李希昆，等. 环境与资源保护法学[M]. 重庆：重庆大学出版社，2002.

[254] 贺荣. 行政争议解决机制研究[M]. 北京：中国人民大学出版社，2008.

[255] 王曦. 国际环境法[M]. 北京：法律出版社，2005.

[256] 吕忠梅，等. 侵害与救济——环境友好型社会中的法治基础[M]. 北京：法律出版社，2012.

[257] 周敬宣，宇鹏. 中国战略环境评价若干关键问题的探讨[M]. 武汉：华中科技大学出版社，2011.

后 记

　　本书是教育部人文社科西部和边疆地区青年基金项目（10XJC820004）的最终成果，完成之际，感触良多。从当初选择环境法时，对自己专业背景的自信满满，到犹豫徘徊找不到方向，再到现在的坚定，不禁感叹人生犹如过山车般的变幻。

　　自本科学习化学工程伊始，对环境问题的兴趣日渐浓厚。2000年，终于成为一名环境工程硕士研究生，师从宁平教授从事大气污染防治研究，参与其云南省省院省校重点合作项目的研究。在进行黄磷尾气预净化技术的研发过程中，从茫然无知的仓促上阵到近9个月的试验失败，最后，在工厂的总工指导下，从一本近30年前的资料中受到启发，成功地完成了课题的研究。我的动手能力、工程实践能力有了极大的提高，小试的实验设备和流程均靠自己设计、购买、组装，并全程参与中试设备的制造和工艺运行。工厂的条件艰苦，实验中常常与高浓度的 CO 接触，以至于课题结束时自己开玩笑说，今后对煤气等含 CO 的气体的耐受能力绝对超强。导师宁平教授在德国 5 年，完成了博士学位和博士后的研究，在他广博和精深的环境工程领域的知识指导下，我体验到的科研的乐趣和成就感是无可比拟的。当然，也认识到自己在科研方面的长处和不足，长处在于动手能力和工程实践能力，不足则是抽象思维能力和数学基础的薄弱。博士阶段师从废弃物资源化国家工程研究中心主任孙可伟教授，从事城市生活垃圾厌氧消化技术的研究。孙老师毕业于上海交通大学，并在日本留学多年，科研能力和水平一流，对科研问题的看法独到而精准，并放手让我带领一个由研究生组成的团队进行研究。由于更换了研究领域和方向，一切从头开始，但受到训练的科研思维仍然起到了作用。然而，由于是国家工程研究中心的一项开创性的研究工作，实验设备尤其是检测设备的缺乏常常令我束手无策，研究的思路和实验无法得到结果和验证是非常痛苦的事情。其中的甘苦自知，最大的体验就是，从事自然科学技术方面的研究，资金和设备是非常关键和必不可少的。为此，有时也会简单地想，也许从事文科方面的研究，只要有资料就行了（当然，这种想法是偏颇的）。未曾想到，以后真的有机会转为从事人文社科方面的教学和学术研究工作。

感谢昆明理工大学法学院原副院长李希昆教授。李老师以其独特的学科背景成为环境法学界享有盛誉的前辈，正是他的慧眼才使我有机会进入昆明理工大学法学院，成为环境法学研究的一员。

感谢云南省环保厅环境工程评估中心主任杨永宏高工，将我带入了环境影响评价领域，让我有机会接触环境影响评价的技术评估工作。感谢评估中心的原总工程师李柳琼教授，李老师是昆明理工大学退休的资深环评专家，年近古稀，但其学习的热情和能力令我自愧不如，我虽然在学校没有聆听过李老师的课程（当我读研究生的时候，她已经退休），但有幸在评估中心得到了她的指教。感谢于洋博士和评估中心的诸多同仁，在参与中国-瑞典战略环境影响评价地方培训员的项目中相互学习，一起成长。正是有了这些实践的基础，才使我最终能够通过国家环境影响评价工程师职业资格考试，并对环境影响评价有了全新的认识。

感谢昆明理工大学法学院党委书记杨士龙教授、院长曾粤兴教授。杨老师以其严谨的逻辑和缜密的法律思维指点了我学术研究的方向和思路，曾老师的博学和宏观思维让我受益匪浅。感谢法学院齐虹丽教授，齐老师的科研能力和经验以及法学思维对我撰写人文社科尤其是法学课题的申请材料起到了极大的帮助作用。

感谢武汉大学环境法研究所的蔡守秋教授、王树义教授、李启家教授、秦天宝教授和胡斌博士，让我有机会于 2011 年 3 月参加武汉大学环境法研究所与 IUCN 环境法学院联合举办的"环境法教学高级研修班"。为期一周的研修，聆听了诸多国际、国内知名的环境法学教授的讲授，让我对环境法学的范围和教学有了系统的认识。

感谢加拿大西安大略大学法学院的 Mark Perry 教授，在他担任主管学术的法学院副院长期间，给予了我加拿大唯一的一家法学院的邀请函，让我有机会于 2012 年 4 月—2013 年 4 月到法学院做访问学者，弥补了我未经历的法学教育背景，领略了加拿大法学院的教学和科研风采。感谢我的指导教授 Sara Seck，其在环境法学和国际法学方面的精深和广博令我倾倒，尤其在企业社会责任（包括环境责任）方面的研究令我深受启发。

昆明理工大学法学院是一个非常年轻的法学院，成立时间短，而且教师队伍非常年轻，许多知名高校的法学博士的加盟，让我收获不浅。感谢王嘎利博士在诉讼法方面的帮助，感谢付文佚博士、周建军博士、谭民博士、李婉琳博士、郭丁铭博士、舒旻博士、罗薇博士和刘昊波老师，与他们的交流，可以体会到学术水平的提高和友谊的增长。

我的研究生郭志锋、彭晓敏、邓晓在课题研究中作出了一定的贡献，帮助完成了本书的部分文字整理方面的工作，曾倩和吴艳婷同学进行了课题资料的收集和部分事务性工作，在此一并表示感谢。

最后，还要感谢我的父母和家人，他们在我的成长过程中付出了不可估量的贡献，在此的一声谢谢已不足以表达我对他们的感激之情，唯有继续努力，以回报他们。

吴满昌

2013 年 8 月 18 日于昆明莲花池畔